大学数学への架け橋

教科書に載らない
王道数学

石谷 茂 著

現代数学社

本書は 1999 年 6 月に小社から出版した
『大学入試／高校生に贈る　教科書にない高校数学』
を書名変更・リメイクし、再出版するものです。

はじめに

　人の豊かな表情に負けず，数学の問題も多彩な表情をみせる．一読，解きたくなるものがあるかと思えば，どうにも気乗りのしないものもあるというわけで．

　大学の入試，数学オリンピック，その他参考書などの中から，良い問題，珍しい問題，新鮮な問題，美しい問題，面白い問題などを拾い出し，それをめぐりて散策を試みたい．

　軽いショルダーバッグを忘れずに．収穫はいろいろ期待されよう．敢えて分類をというなら，第1に数学を，第2に問題の解き方と答える．

　限られた時間では，教えたくとも教え切れない数学があろう．高校生にも十分理解できるのに，教科書にないから教えないというものもあろう．筆者としては，ぜひ分ってほしいというものもある．どう見るかは読者の自由である．

　問題の解き方には先人の貴重な遺産が満ちているが，バッグに拾い集めるのみでは「宝の持ち腐れ」で効用に乏しい．拾った種は大地に播き，育ててこそ実を結ぶ．学ぶのではなく体得するのだ．農民の稲作の知恵のように．母より受けつぐ子育ての知恵のように．解き方は体得によって個性に富む知恵に育てようではないか．

石谷　茂

目　　次

1 次変換の性質

よい問題を見付けた

　よい問題かどうかの判断は人により異なるようで，意外と一致するものである．

> **例題**　座標平面において，正方形
> $$D=\{(x,\ y)\mid |x|\leqq 1,\ |y|\leqq 1\}$$
> を考える．
> 　行列 $\begin{pmatrix} a & b \\ c & d \end{pmatrix}$ で表される 1 次変換 f によって D が D の部分集合にうつされるための必要十分条件は
> $$|a|+|b|\leqq 1 \quad \text{かつ} \quad |c|+|d|\leqq 1$$
> であることを証明せよ．

　一読，スマートな感じ．過去に見かけなかった新鮮さを買いたい．解いてみたいという意欲をさそうではないか．

解き方を探る

　解き易いように題意を整理することからスタート．特に，この問題ではそれが重要．どこが必要条件の証明で，どこが十分条件の証明か分らないような解答を避けるために．

　座標平面上の任意の点 $\begin{pmatrix} x \\ y \end{pmatrix}$ は，1 次変換 f によって
$$\begin{pmatrix} a & b \\ c & d \end{pmatrix}\begin{pmatrix} x \\ y \end{pmatrix}=\begin{pmatrix} ax+by \\ cx+dy \end{pmatrix}$$
にうつされる．そこで

$$p:|x|\leqq 1 \quad \text{かつ} \quad |y|\leqq 1$$
$$q:|ax+by|\leqq 1 \quad \text{かつ} \quad |cx+dy|\leqq 1$$
$$r:|a|+|b|\leqq 1 \quad \text{かつ} \quad |c|+|d|\leqq 1$$

とおけば，問題は次の見易い構図に整理される．

> 必要条件　p かつ $q \rightarrow r$
> 十分条件　p かつ $r \rightarrow q$

　証明は必要条件から十分条件へと進めるのが常識であるが，解き方を探る過程では，こだわらなくてよい．とにかく，易しいものを見付け，心にゆとりを作ることを心掛けたい．

　絶対値に関する不等式の用い方には一方通行に似た制約がある．
$$|ax+by|\leqq |ax|+|by|$$
$$=|a|\cdot|x|+|b|\cdot|y|$$
これを p，r とくらべてみる．p を用いて
$$|ax+by|\leqq |a|+|b|$$
さらに r を用いて
$$|ax+by|\leqq 1$$
全く同様にして
$$|cx+dy|\leqq 1$$
も導けて十分条件の証明が先に解決された．

　こうなったら全力を必要条件の証明に集中すればよい．

　p，q から r を導くのは易しくない．仮定は p を満たすすべての x，y について q は成り立つということ．これを用いる重要な技法に特殊な値の代入がある．

(x, y) に $(1, 1)$ と $(1, -1)$ を代入して

$$|a+b|\leqq 1, \quad |c+d|\leqq 1$$
$$|a-b|\leqq 1, \quad |c-d|\leqq 1$$

これらの 4 式から r を導けるなら，十分条件の証明は済むのだが…．

不等式において，式の変形が行き詰ったときの助け舟に領域の図解がある．領域の一致から，次の同値が分る．

$$\begin{cases} |a+b|\leqq 1 \\ |a-b|\leqq 1 \end{cases} \Longleftrightarrow |a|+|b|\leqq 1$$

c, d に関しても同様である．

解答はほどほどに略して

この頃の街には空地が目立つ．「虫食いのよう」とはうまい表現．すべてを公園にでもと思うが，わがもの顔に占領しているのはクルマである．数学の答案は計算を適当に省略し，空地を作る程度がよい．とばし過ぎると「ごまかしたナ」などと疑われて損することもあるらしいが．

（解答）

必要条件の証明

f によって D が D 内にうつされたとすると，点 $(1, 1)$，$(1, -1)$ の像

$$\begin{pmatrix} a & b \\ c & d \end{pmatrix}\begin{pmatrix} 1 \\ 1 \end{pmatrix}=\begin{pmatrix} a+b \\ c+d \end{pmatrix}, \begin{pmatrix} a & b \\ c & d \end{pmatrix}\begin{pmatrix} 1 \\ -1 \end{pmatrix}=\begin{pmatrix} a-b \\ c-d \end{pmatrix}$$

は D 内にうつされるから

①$\begin{cases} |a+b|\leqq 1 \\ |a-b|\leqq 1 \end{cases}$　　②$\begin{cases} |c+d|\leqq 1 \\ |c-d|\leqq 1 \end{cases}$

①の表わす領域は，図の正方形の周と内部であり，これは $|a|+|b|\leqq 1$ の領域と一致する．したがって①は $|a|+|b|\leqq 1$ と同値である．②についても同様であるから

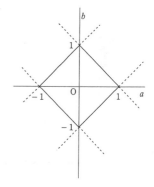

$$|a|+|b|\leqq 1 \quad かつ \quad |c|+|d|\leqq 1 \qquad ③$$

十分条件の証明

逆に③が成り立つとする．D 内の任意の点を (x, y) とすると

$$|x|\leqq 1 \quad かつ \quad |y|\leqq 1 \qquad ④$$

この点の像は

$$\begin{pmatrix} a & b \\ c & d \end{pmatrix}\begin{pmatrix} x \\ y \end{pmatrix}=\begin{pmatrix} ax+by \\ cx+dy \end{pmatrix}$$

$$\begin{aligned} |ax+by| &\leqq |a|\cdot|x|+|b|\cdot|y| \\ &\leqq |a|+|b| \qquad （④による） \\ &\leqq 1 \qquad\quad （③による） \end{aligned}$$

$$|ax+by|\leqq 1$$

同様にして　$|cx+dy|\leqq 1$

教科書にない絶対値と不等式

絶対値に関する不等式で，よく用いるものを書き並べ，教科書にはない視点から眺めてみたい．

絶対値と不等式
(1)　$|a|=\max\{a, -a\}$
(2)　$|a|\geqq a, \quad |a|\geqq -a$
(3)　$|a+b|\leqq |a|+|b|$
(4)　$|a-b|\leqq |a|+|b|$
(5)　$||a|-|b||\leqq |a+b|$
(6)　$|ab|=|a|\cdot|b|$
(7)　$\left|\dfrac{a}{b}\right|=\dfrac{|a|}{|b|}$
(8)　$|a|^2=a^2$

予想したより多いだろう．バラバラに記憶するのは，いわゆる物知りであって，クイズのタレントには向くが，知恵のある人種とはいいがたい．

(1) これは絶対値の定義と同じもの．しかし中高の教科書にはない．どんな定義を習ったか思い出し，この等式とくらべてごらん．

(2) (1)からの当然の結果

(3) どんな証明を習ったか思い出そう．おそらく，両辺を平方したであろう．そのとき(2)が役に立つはず．ここでは絶対値の定義に選んだ(1)による証明を示す責任があろう．

$$|a|+|b|=\max\{a, -a\}+\max\{b, -b\}$$
$$=\max\{a+b, -a-b, a-b, -a+b\}$$
$$=\max\{\max\{a+b, -(a+b)\},$$
$$\max\{a-b, -(a-b)\}\}$$
$$=\max\{|a+b|, |a-b|\}$$
$$\therefore \quad |a|+|b| \geqq |a+b| \qquad (3)$$
$$|a|+|b| \geqq |a-b| \qquad (4)$$

2つ同時に証明された．(4)は(3)の b を $-b$ で置き換えたものに過ぎない．

(5) 用いることは少ない．(4)から導かれる．推論の練習に向いていよう．

$$|a|=|a+b-b| \leqq |a+b|+|b|$$

移項して $\quad |a|-|b| \leqq |a+b|$

a, b をいれ換えて $\quad |b|-|a| \leqq |a+b|$

2式をまとめて

$$||a|-|b|| \leqq |a+b|$$

(6), (7), (8) 解説するほどのものでない．

$$\times \qquad \qquad \times$$

例題の解答では，次の同値関係を領域を用いて証明した．式のみによる証明が可能か．

$$|a+b| \leqq 1 \text{ かつ } |a-b| \leqq 1 \Longleftrightarrow |a|+|b| \leqq 1$$

(3), (4)の証明に現れた式

$$|a|+|b|=\max\{|a+b|, |a-b|\}$$

に着目しよう．

もし，$|a+b|$, $|a-b|$ がともに1以下ならば，それらの最大値も1以下であることは明白．したがって $|a|+|b| \leqq 1$ となるから，→

は証明された．

逆に $|a|+|b| \leqq 1$ とすると，$|a+b|$, $|a-b|$ の最大値は1以下．当然この2式は1以下となって，← が証明される．

必要も積もればやがて十分となる

例題では2つの必要条件を用い，それが十分条件になることを示した．「必要も積もれば…」は「塵も積もれば山となる」にあやかったもの．

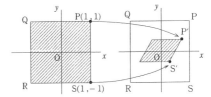

読者の諸君，不思議に思いませんか．変換 f によれば，正方形 D の2つの頂点 $(1, 1)$，$(1, -1)$ が D 内に移れば，D 全体が D 内に移るというのです．一般の変換では，このようなことは起きない．例題に限って起きるのは変換 f が1次変換という特殊な変換のためと予想できよう．そこで，1次変換の基本的性質を探ってみる．

教科書にない1次変換の性質

1次変換 f を

$$\begin{pmatrix} x' \\ y' \end{pmatrix} = \begin{pmatrix} a & b \\ c & d \end{pmatrix} \begin{pmatrix} x \\ y \end{pmatrix} \quad (ad-bc \neq 0)$$

とする．ただし簡単に

$$\vec{x'}=A\vec{x} \qquad |A| \neq 0$$

と表すことも併用したい．$|A|$ は $ad-bc$ のことで行列 A の**行列式**という．

$$\times \qquad \qquad \times$$

1次変換の性質

(i) 原点は原点に移る．

(ii) 直線は直線に移る．

(iii) 平行な線分は平行な線分に移り，長さの比は変らない．

(iv)　３角形の内部は内部へ，外部は外部
　　　へ移る．

(i)　は自明に近い．原点は変換により動か
ない．このような点を**不動点**という．

(ii)　直線の方程式は
$$\vec{x} = \vec{a} + t\vec{v} \quad (t \text{ は実数})$$
この両辺に変換 f を行うと
$$A\vec{x} = A(\vec{a} + t\vec{v}) = A\vec{a} + tA\vec{v}$$
$A\vec{x} = \vec{x'}$, $A\vec{a} = \vec{a'}$, $A\vec{v} = \vec{v'}$ とおくと
$$\vec{x'} = \vec{a'} + t\vec{v'} \quad (t \text{ は実数})$$
明らかに直線を表す．

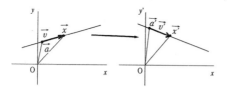

(iii)　２つの平行な線分はベクトルを用いて
$m\vec{v}$, $n\vec{v}$ と表される．これに変換 f を行っ
たものは $mA\vec{v}$, $nA\vec{v}$ で，長さの比 $m:n$
は変らない．

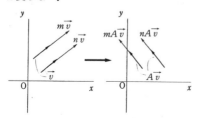

この性質から，点が線分を分ける比も不変
なことが分る．

(iv)　(ii)と(iii)から導かれる．図をみれば明ら
かであろう．

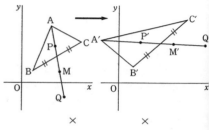

これらの性質を総合して考えれば，例題の
謎もおのずから解明される．

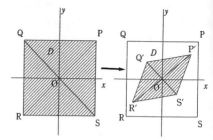

変換 f によって P が P′ へ，S が S′ へ移っ
たとすると，P の O に関する対称点 R は P′ の
O′ に関する対称点 R′ へ移る．同じ理由で Q
は Q′ へ移る．正方形 PQRS は平行 4 辺形
P′Q′R′S′ へ移り，その内部は内部へ．結局 D
は D の内部へ完全に移り，謎は解けた．

……………… 偶関数と奇関数

段階式の問題

今回も難問という名誉あるマークつきの問題を選んでみた．問題は段階式と呼ばれている形式のもの．(1)→(2)→(3)の順に解けば易しいよとの深い親心らしいが，採点に好都合との下心もあるらしい．世相を反映してか，最近は「解き方の押しつけはケシカラン」と向きになる進歩的文化人もおると聞く．見方によっては，そんな気がしないでもない．問題指示の解き方は得意でないが，他の方法なら自信ありという人もいよう．自由な発想を尊ぶ数学にそぐわないとの説もありうる．「われら大衆を愚民あつかいすることの平気な役人根性丸出しではないか」という説になると被害妄想の感もあるが……．前おきは，ほどほどにして問題を提示しよう．

例題1 $f(x)$ は x の整式で $f(x)=f(1-x)$ を満たすとき，つぎの問に答えよ．

(1) $f(x)$ の次数は偶数である．

(2) $f(x)-f(0)=x(x-1)g(x)$ となる整式 $g(x)$ があることを示せ．

(3) $f(x)$ は $x(x-1)$ の整式であることを証明せよ．

解き方を探る

解き方1──段階を尊重して.

一般化すると関数方程式
$$f(x)=f(1-x) \qquad (*)$$
を解く問題になるが，本問は $f(x)$ を x の整式に制限してあるので高校数学の範囲で解決される．(1),(2)は(3)への誘導であることは分るが，その正体が簡単には見えないのが妬ましい．見えれば先は明るいが．

(1) $f(x)$ は整式とあるから
$$f(x)=a_n x^n+\cdots\cdots+a_1 x+a_0 \qquad (a_n\neq 0)$$
とおいて，n が偶数になることを示せばよい．
$$f(1-x)-f(x)=a_n\{(1-x)^n-x^n\}+\cdots$$
$$=\{(-1)^n-1\}a_n x^n+\cdots$$
$$\{(-1)^n-1\}a_n=0$$
$a_n\neq 0$ と仮定したから
$$(-1)^n-1=0 \rightarrow n \text{ は偶数}$$

(2) $f(x)-f(0)$ は $x(x-1)$ を因数に持つことを示すのであるから因数定理が頭に浮ぶ．$F(x)=f(x)-f(0)$ とおいて，$x=0$ と $x=1$ を代入してみる．
$$F(0)=f(0)-f(0)=0$$
$$F(1)=f(1)-f(0)=?$$
仮定の $f(x)=f(1-x)$ に $x=1$ を代入すれば $f(1)=f(0)$，したがって
$$F(1)=0$$
$F(x)$ は $x(x-1)$ を因数にもつから
$$F(x)=x(x-1)g(x)$$

(3) これからが本番である．上の式から
$$f(x)=x(x-1)g(x)+a \quad (a \text{ は定数})$$
$g(x)$ の次数は $f(x)$ の次数より 2 だけ小さ

いことから，数学的帰納法で解決できそうと
の予感がある．

　(1)により，証明では偶数次の整式 $f(x)$ を取
り扱ったのでよい．

　出発点の関数は 0 次の整式，つまり定数で
あるが，定値関数が（＊）を満たすというのは
気持ち悪いなら 2 次式からはじめたのでよい．

　2次式 $f(x)$ が（＊）を満せば(2)により
$$f(x)=x(x-1)a+b \quad (a,\ b は定数)$$
あきらかに，$f(x)$ は $x(x-1)$ の整式である．

　n 次式が（＊）を満せば，$x(x-1)$ の整式に
なると仮定する．

　$(n+2)$ 次式 $f(x)$ が（＊）を満せば，(2)によ
り
$$f(x)=x(x-1)g(x)+k \qquad ①$$
を満たす n 次の整式 $g(x)$ と定数 k がある．

　①の x を $1-x$ で置きかえると
$$f(1-x)=x(x-1)g(1-x)+k \qquad ②$$
$f(x)=f(1-x)$ であるから，①と②から
$$x(x-1)g(x)=x(x-1)g(1-x)$$
これは恒等式であるから
$$g(x)=g(1-x)$$
$g(x)$ は n 次式で，しかも（＊）をみたすことが
分ったから，仮定により $x(x-1)$ の整式であ
る．したがって①の式から $f(x)$ は $x(x-1)$ の
整式である．

　これで数学的帰納法にあてはまり(3)は証明
された．

　　　　　×　　　　　　×

　どうにか証明を済ましはしたが，とにかく
神経を使う帰納法である．絶えず「（＊）を満
すならば」を付けるところが要点．これを無
視すると推論が曖昧になる．

偶関数を洞察

解き方2――(3)の証明

　本問は(3)の証明に(1)，(2)を用いることを期
待しているが，それが無理なら自己流で強行
突破を試みればよい．

　関数方程式

$$f(x)=f(1-x)$$

を見て，グラフの対称性に気付くようなら頼
もしい．この等式は $y=f(x)$ のグラフが直
線 $x=\dfrac{1}{2}$ に関して対称であることを表して
いる．

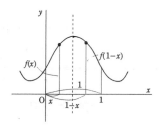

　グラフを左へ $\dfrac{1}{2}$ だけずらせば，y 軸に関し
て対称，ということは関数が偶関数になるこ
と．

　グラフを左へ $\dfrac{1}{2}$ だけずらしたものの関数
を求めるには $f(x)$ の x を $X+\dfrac{1}{2}$ で置きかえ
ればよい．その関数を
$$f(x)=f\left(X+\dfrac{1}{2}\right)=F(X)$$
と表してみよ．$F(X)$ は偶関数になる．念のた
めそれを明らかにしておく．X の符号をかえ

$$F(-X)=f\left(-X+\dfrac{1}{2}\right)=f(1-x)$$
$$=f(x)=F(X)$$

　$F(X)$ が整関数で偶関数ならば
$$f(x)=F(X)=X^2 の整式 =\left(x-\dfrac{1}{2}\right)^2 の整式$$
$$=x^2-x+\dfrac{1}{4} \ の整式$$
$$=x^2-x \ の整式$$
となって一気に解決される．

　　　　　×　　　　　　×

　例題の誘導による解よりも，この方がはる
かに簡単である．易しくしようとして難しく
なったのは皮肉である．世にいう「有難迷惑」
のたぐいであろう．

寝た子を起こす話

解き方1の(1)の証明の中に，
$$x(x-1)g(x)=x(x-1)g(1-x) \qquad ①$$
は恒等式であるからと断って
$$g(x)=g(1-x) \qquad ②$$
を導くところがあった．

何げなく通り過ぎれば無難．しかし「はてな，それホント？」とひとたび踏みとどまるとやっかいなことになる．「あーら可愛い．マーチャンの寝顔，すてき」なんて大声を立てると「キャー」と眼をさます．人生にも似たことがある．「オレなんのために生きてる？」なんて考え出したらきりがない．あの有名な秀才の若者のように「万有の真理は一言につく，曰く，不可解」の遺書を残し，華厳の滝に身をなげるとなっては大変．

①から②を導くことは整式の4則の定義と深い関係があり，解析的に捉えるか関数として捉えるかに大別されよう．高校の数学では整式はたんに関数として捉えればよく，①と②は恒等式とみる．

①が恒等式とすると，x のすべての実数値に対し成り立つ．そこで当然0と1を除くすべての実数について成り立つから $x(x-1)$ で両辺を割った②は，0と1を除くすべての実数について成り立つ．ここで「2つの n 次式は，異なる $n+1$ 個の実数で等しくなるならば，すべての実数で等しくなる」という定理を思い出そう．この定理により②はすべての実数について成り立つ．

まあ，高校なら，これで満足せざるを得ない．参考書によっては分数関数に変え
$$\frac{x(x-1)g(x)}{x(x-1)}=g(1-x) \quad (x \neq 0,1)$$
連続という高級な考えで説明したものもある．そこまでやる必要はなかろう．

偶関数と奇関数

一般の関数 $f(x)$ において

偶関数： $f(-x)=f(x)$

奇関数： $f(-x)=-f(x)$

これは定義であり，グラフでみれば，偶関数ならば y 軸について対称で，奇関数ならば原点Oに関して対称である．

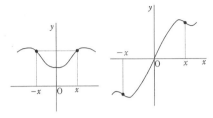

特に $f(x)$ が整関数のときは

偶関数： 偶数次の項から成る．

奇関数： 奇数次の項から成る．

偶関数・奇関数の名はここから出た．

関数の奇・偶は整関数以外にもある．身近なものでは，$\cos x$ は偶関数で，$\sin x$ が奇関数である．

べき級数に展開すると $\cos x$ は偶数次の項のみで，$\sin x$ は奇数次の項のみとなって，その名にふさわしい姿を見せる．

本番はこれからである．

　　　　　×　　　　　　×

偶関数と奇関数の乗除

この乗除は正の数と負の数の乗除に似ている．

> **定理1**　偶関数を(偶)，奇関数を(奇)と略すと
> $$(偶)×(偶)=(偶) \quad (奇)×(奇)=(偶)$$
> $$(偶)×(奇)=(奇) \quad (奇)×(偶)=(奇)$$

証明はやさしい．応用が大切．たとえば
$$x \sin x \quad や \quad \frac{\sin x}{x}$$
を見たら「あ！　偶関数だ」と洞察できるようでありたい．

　　　　　×　　　　　　×

偶関数と奇関数の和

整関数 $f(x)$ は，たとえば

$$f(x) = x^4 + 5x^3 - 2x^2 + 6x + 8$$
$$= (x^4 - 2x^2 + 8) + (5x^3 + 6x)$$

のように，偶関数と奇関数の和で表すことができる．不思議なことに，この事実はすべての関数でいえる．

> **定理2**　任意の関数は偶関数と奇関数の和で表すことができる．

証明がいたって簡単なのも不思議．

任意の関数 $f(x)$ を次の形に変形してみよ．

$$f(x) = \frac{f(x) + f(-x)}{2} + \frac{f(x) - f(-x)}{2}$$
$$= g(x) + h(x)$$

$$g(x) = \frac{f(x) + f(-x)}{2}, \; g(-x) = \frac{f(-x) + f(x)}{2}$$

$$\therefore \quad g(-x) = g(x)$$

$$h(x) = \frac{f(x) - f(-x)}{2}, \; h(-x) = \frac{f(-x) - f(x)}{2}$$

$$\therefore \quad h(-x) = -h(x)$$

明らかに $g(x)$ は偶関数で $h(x)$ は奇関数である．

この興味ある例が e^x と双曲線関数との関係である．

$$e^x = \frac{e^x + e^{-x}}{2} + \frac{e^x - e^{-x}}{2}$$

双曲線正弦　$\sinh x = \dfrac{e^x - e^{-x}}{2}$

双曲線余弦　$\cosh x = \dfrac{e^x + e^{-x}}{2}$

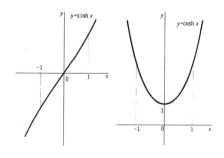

似たもの同志

数学でも，ものまね大会をやれば，おもしろいソックリさんが現れるだろう．最初に登壇するのは，偶関数と奇関数にソックリな対称式と交代式である．

×　　　　　　　×

対称式と交代式

2文字 a, b の多項式（分数式でもよい）を $f(a, b)$ とするとき

対称式：　$f(b, a) = f(a, b)$
交代式：　$f(b, a) = -f(a, b)$

こんなことは，いまさら説明するまでもなかろう．

対称式と交代式が偶関数と奇関数に似る点は2つある．その1つは乗法との関係である．

> **定理3**　対称式を（対），交代式を（交）と略記すると
> （対）×（対）=（対）　（交）×（交）=（対）
> （対）×（交）=（交）　（交）×（対）=（交）

証明はやさしい．読者におまかせしよう．

第2に似ている点は，次の定理というほどでない定理である．

> **定理4**　a, b の多項式（分数式でも可）$f(a, b)$ は対称式と交代式の和で表される．

証明も偶関数と奇関数の場合にソックリである．$f(a, b)$ はつねに，次の形にかきかえられる．

$$f(a, b) = \frac{f(a, b) + f(b, a)}{2} + \frac{f(a, b) - f(b, a)}{2}$$

右辺の第1式を $g(a, b)$，第2式を $h(a, b)$ とおいて，a と b をいれかえて

$$g(b, a) = g(a, b), \; h(b, a) = -h(a, b)$$

が成り立つことを確めよ．

簡単な実例で実感を高めておく．

$f(a, b) = a^2 b$ とすると

$$a^2 b = \frac{a^2 b + b^2 a}{2} + \frac{a^2 b - b^2 a}{2}$$

$$= \frac{ab(a + b)}{2} + \frac{ab(a - b)}{2}$$

1次の分数式の変換

1次の分数式の変換の問題

1次の分数式とは，分子と分母が1次の式のことである．今回はこの式で表された変換

$$f(x) = \frac{ax+b}{cx+d}$$

に関する問題を取り挙げてみたい．

この変換は射影幾何という幾何で重要な役割を果しているが，この話は別のチャンスにゆずりたい．高校では変数 x が実数の場合を取り扱って来たが，複素数を重視する傾向にあるので，これからは複素変数の変換が見直されるであろう．その先取りといいたいような問題をみつけた．

> **例題** 虚部が正の複素数の全体を H とする．すなわち，
>
> $H = \{z = x + yi \,|\, x,\ y$ は実数で $y > 0\}$ とする．以下 z を H に属する複素数とする．q を正の実数とし，
>
> $$f(z) = \frac{z+1-q}{z+1}$$
>
> とおく．
>
> (1) $f(z)$ もまた H に属することを示せ．
> (2) $f_1(z) = f(z)$ と書き，以下 $n = 2, 3, 4, \cdots\cdots$ に対して
> $f_2(z) = f(f_1(z))$, $f_3(z) = f(f_2(x))$, $\cdots$, $f_n(z) = f(f_{n-1}(z))$ とおく．このとき，H のすべての元 z に対して，$f_{10}(z) = f_5(z)$ が成立する

ような q の値を求めよ．

見るからに難問の風格を備えている．しかし(1)は易しい，というよりは平凡．「なぜこんな問を……」と思うであろうが，それでは読みが浅い．実は(2)のための補足なのだ．それが分らないようでは(2)の解決はおぼつかない．変換の式 $f(z)$ が意味をもつためには $z + 1 \neq 0$ が必要．(1)はその保証である．

$z \in H$ ならば z は虚数 $\longrightarrow z + 1 \neq 0$

(1)が成り立てば $z_1 = f(z) \in H \to z_1 + 1 \neq 0$

再び(1)により $z_2 = f(z_1) \in H \to z_2 + 1 \neq 0$

というように，代入を，つまり変換の合成を限りなく続けることができる．この保証がないと(2)の「H のすべての元 z に対して $f_{10}(z) = f_5(z)$ が成立する」の解決があやしくなる．深慮遠謀には脱帽……．

数学は例外を嫌うので，複素数に仮想の数 ∞ を追加した広義の複素数を考え，分数関数が常に用いられるようにする工夫も試みられている．

解き方を探る

まず，(1)の証明をすましておこう．

z に $x + yi$ を代入して

$$f(z) = 1 - \frac{q}{z+1}$$

$$= 1 - \frac{q}{(x+1) + iy}$$

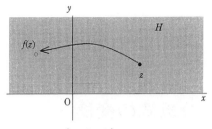

$$=1-\frac{q(x+1-iy)}{(x+1)^2+y^2}$$

仮定によれば $q>0$, $y>0$ であるから

$$虚部=\frac{qy}{(x+1)^2+y^2}>0$$

$$\therefore\quad f(z)\in H$$

以後はおもに(2)の解き方を考える.

計算力で押し切る解

解き方 1

目標は $f_{10}(z)=f_5(z)$ をみたす q の値を求めること. このままでは手に負えない. 第1歩は $f_{10}(z)=f_5(z)$ を簡単にすること. f_n の表し方の約束から

$$f_{10}(z)=f(f_9(z))=f(f(f_8(z)))=\cdots$$
$$\cdots=f(f(f(f(f(f_5(z))))))$$

最後の式は $f_5(f_5(z))$ に等しいから

$$f_5(f_5(z))=f_5(z)$$

$f_5(z)$ も変数なので, これを z で表すと

$$f_5(z)=z$$

$f_5(z)$ は恒等変換であることがわかった.

次の目標は $f_5(z)$ を求めること. 分数式に分数式を代入することを数回繰り返さねばならない. 実行にはかなりの勇気がいる. しかし, 「へたな考え休むに似たり」とばかり, 自信のある計算力に頼るとしよう. とはいっても苦労を減らす多少の智恵は期待したい.

$f_5(z)=f_3(f_2(z))$ を用いれば, 5回の代入計算は3回で済む.

$$f_1(z)=f(z)=\frac{z+(1-q)}{z+1}$$

途中の計算は省き, 結果を挙げる.

$$f_2(z)=\frac{(2-q)z+2(1-q)}{2z+(2-q)}$$

$$f_3(z)=\frac{(4-3q)z+(1-q)(4-q)}{(4-q)z+(4-3q)}$$

$$f_5(z)=f_3(f_2(z))=\frac{Az+B}{Cz+D}\quad とおく.$$

$$A=(4-3q)(2-q)+2(1-q)(4-q)$$
$$=16-20q+5q^2$$
$$B=(4-3q)(2-2q)+(2-q)(1-q)(4-q)$$
$$=(1-q)(16-12q+q^2)$$
$$C=(4-q)(2-q)+2(4-3q)$$
$$=16-12q+q^2$$
$$D=(4-3q)(2-q)+2(1-q)(4-q)$$
$$=16-20q+5q^2$$

ここで $f_5(z)=z$ が成り立つ条件を $A, B,$ C, D で表すことが必要になった.

$$\frac{Az+B}{Cz+D}=z\qquad Cz^2+(D-A)z-B=0$$

これが z の任意の値で成り立つことから

$$C=0,\quad D-A=0,\quad B=0$$

なお, 見落しがちな条件 C, D は共には0でないことが必要. これは, $f_5(z)$ が定義できいことを避けるためのもの. まとめて

$$A=D,\quad B=C=0,\quad C^2+D^2\neq0$$

計算の結果をみると, $A=D$ を満たしてる. $B=C=0$ から

$$q^2-12q+16=0\qquad \therefore\quad q=6\pm2\sqrt5$$

これを D に代入して

$$D=176\pm80\sqrt5\quad よって\quad C^2+D^2\neq0$$

$$答\quad q=6\pm2\sqrt5$$

教科書にない行列による代行

1次の分数式の代入計算は行列で代行することが可能.

$$f(z)=\frac{az+b}{cz+d}\qquad g(z)=\frac{a'z+b'}{c'z+d'}$$

$f(z)$ の z に $g(z)$ を代入してみよ.

$$f\circ g(z)=f(g(z))=\frac{(aa'+bc')z+(ab'+bd')}{(ca'+dc')z+(cb'+dd')}$$

3つの分数式から係数を取り出し, 正方列に並べてみると, 行列の乗法そのものにな

っている.

$$\begin{pmatrix} a & b \\ c & d \end{pmatrix}\begin{pmatrix} a' & b' \\ c' & d' \end{pmatrix}=\begin{pmatrix} aa'+bc' & ab'+bd' \\ ca'+dc' & cb'+dd' \end{pmatrix}$$

$f(z)$, $g(z)$ に対応する行列を F, G で表せば $f\circ g(z)$ の行列は FG である. 予期しない発見. 応用しない手はない.

×   ×

しかし, ここには盲点がある. おいしい魚には骨があるように. 分数式は, たとえば

$$\frac{2x+5}{4x-1}=\frac{6x+15}{12x-3}$$

のように, 分子と分母に 0 でない同じ数を掛けても中味は変らない. したがって, 一般に

$$\frac{az+b}{cz+d}=\frac{a'z+b'}{c'z+d'}$$

となる条件は行列でみると

$$\begin{pmatrix} a & b \\ c & d \end{pmatrix}=\begin{pmatrix} a' & b' \\ c' & d' \end{pmatrix}$$

ではなく, 数 $k\,(k\neq0)$ をかけた等式

$$\begin{pmatrix} a & b \\ c & d \end{pmatrix}=\begin{pmatrix} ka' & kb' \\ kc' & kd' \end{pmatrix}$$ すなわち

$$\begin{pmatrix} a & b \\ c & d \end{pmatrix}=k\begin{pmatrix} a' & b' \\ c' & d' \end{pmatrix}$$

となる.

これを $f_5(z)=z$ に当てはめてみよ.

$$\frac{Az+B}{Cz+D}=\frac{z+0}{0\cdot z+1}\Longleftrightarrow\begin{pmatrix} A & B \\ C & D \end{pmatrix}=k\begin{pmatrix} 1 & 0 \\ 0 & 1 \end{pmatrix}$$

0 と異なる任意の数 k を忘れてはならない.

×   ×

解き方2 —— 行列の応用

分数の変換

$$f(z)=\frac{z+(1-q)}{z+1}$$

を 2 次の正方行列

$$P=\begin{pmatrix} 1 & 1-q \\ 1 & 1 \end{pmatrix}$$

で表せば, $f_{10}(z)=f_5(z)$ は $P^{10}=kP^5$ で表される.

P において $1\times1-(1-q)\times1=q\neq0$, $(q>0)$ であるから, P には逆行列 P^{-1} がある. したがって, 単位行列を E とすると, $P^{10}=kP^5$ は

$$P^5=kE\quad(k\neq0)$$

と同値である.

次になすべきことは P^5 を求めること. 行列の n 乗の求め方は数通りある. それをすべて紹介するのは別の機会にゆずり, ここでは n 乗の求めやすい行列 Q を用い, P を Q の1次式で表す, すなわち

$$P=aQ+bE$$

と書きかえる初歩的方法を明らかにしよう. この方法はすべての行列に有効なのではなく, 特に

$$\begin{pmatrix} a & b \\ c & d \end{pmatrix},\quad(a=d)$$

のタイプの行列で有効である. 本問の P はこのタイプに属す.

$$P=Q+E\qquad Q=\begin{pmatrix} 0 & 1-q \\ 1 & 0 \end{pmatrix}$$

Q と E の乗法は交換可能であるから $(Q+E)^5$ の展開はやさしい.

$$\begin{aligned} P^5&=(Q+E)^5 \\ &=Q^5+5Q^4+10Q^3+10Q^2+5Q+E\quad① \end{aligned}$$

ところが

$$\begin{aligned} Q^2&=\begin{pmatrix} 0 & 1-q \\ 1 & 0 \end{pmatrix}\begin{pmatrix} 0 & 1-q \\ 1 & 0 \end{pmatrix} \\ &=\begin{pmatrix} 1-q & 0 \\ 0 & 1-q \end{pmatrix}=(1-q)E \end{aligned}$$

$$Q^3=(1-q)Q$$

$$Q^4=(1-q)Q^2=(1-q)^2E$$

$$Q^5=(1-q)^2Q$$

これらの式を①に代入して

$$\begin{aligned} P^5&=(1-q)^2Q+5(1-q)^2E+10(1-q)Q \\ &\qquad\qquad+10(1-q)E+E \\ &=(q^2-12q+16)Q+(5q^2-20q+16)E \end{aligned}$$

この行列が kE の形になるためには

$$q^2-12q+16=0\quad\therefore\quad q=6\pm2\sqrt5$$

このとき $P^5=(5q^2-20q+16)E$ となるので, $5q^2-20q+16$ が 0 にならないことを確かめなければならない.

$$5q^2-20q+16=176\pm80\sqrt5\neq0$$

教科書にない1次変換の変形

解き方3

分数の変換には n 回の合成を手早く求める変形法がある.

$$z'=1-\frac{q}{z+1} \qquad ①$$

不動点を求める.それには $z'=z$ とおいて z について解けばよい.

$$z=1-\frac{q}{z+1}, \quad z=\pm\sqrt{1-q} \qquad ②$$

$q\neq1$ のとき

不動点が2つある. $\alpha=\sqrt{1-q}, \beta=-\sqrt{1-q}$ とおく. α, β を②の左の方程式に代入して

$$\alpha=1-\frac{q}{\alpha+1} \cdots③ \qquad \beta=1-\frac{q}{\beta+1} \cdots④$$

①-③ $$z'-\alpha=\frac{q(z-\alpha)}{(z+1)(\alpha+1)} \qquad ⑤$$

①-④ $$z'-\beta=\frac{q(z-\beta)}{(z+1)(\beta+1)} \qquad ⑥$$

⑤の両辺を⑥の両辺で割る(⑥の両辺は, $q>0$, $z\neq\beta$ だから0となることはない.)と q と $z+1$ が消去されて

$$\frac{z'-\alpha}{z'-\beta}=\left(\frac{\beta+1}{\alpha+1}\right)\frac{z-\alpha}{z-\beta}$$

この式を次のように簡単に表そう.

$$F(z')=\rho F(z), \quad F(z)=\frac{z-\alpha}{z-\beta}, \quad \rho=\frac{\beta+1}{\alpha+1}$$

1次変換 $f(z)$ によって z_{n-1} が z_n に移った,すなわち $z_n=f(z_{n-1})$ とすると

$$F(z_n)=\rho F(z_{n-1})$$

この式は数列 $F(z)$, $F(z_1)$, $F(z_2)$, …が,公比 ρ,初項 $F(z)$ の等比数列をなすことを示している.したがって

$$F(z_n)=\rho^n F(z)$$

$n=5$ とおくと

$$F(z_5)=\rho^5 F(z)$$

$z_5=z$ であるから $F(z)=\rho^5 F(z)$,これが任意の z に対して成り立つことから $\rho^5=1$

$$(1+\alpha)^5=(1+\beta)^5$$

$$(1+\sqrt{1-q})^5=(1-\sqrt{1-q})^5$$

両辺を展開し,簡単にすると

$$5+10(1-q)+(1-q)^2=0$$

$$q=6\pm2\sqrt5$$

$q=1$ のとき 元の式に戻る.

$z'=1-\dfrac{1}{z+1}$ かきかえて $\dfrac{1}{z'}=1+\dfrac{1}{z}$

$$\frac{1}{z_n}=1+\frac{1}{z_{n-1}}$$

この漸化式を解いて

$$\frac{1}{z_n}=n+\frac{1}{z}, \quad z_n=\frac{z}{nz+1}$$

$n=5$ とおくと $z_5=\dfrac{z}{5z+1}$, この式は $z_5=$ と異なり仮定に反する.

×   ×

分数の変換 $f(z)$ によりガウス平面上の点が移るようすを知りたいところであるが,その余裕なく,幕を閉じる.

対合という1次変換

難問となっていたが

難問とことわってあったが，筆者には見当がつかない．1次変換といえば行列とくるのが高校の数学．ところが，この問題は1次変換に満たされているのに行列とはおよそ縁のないような表情．それが高校生には受けないのであろうか．

例題 平面上に原点Oを中心とする正5角形 $A_1A_2A_3A_4A_5$ があり

$$\overrightarrow{OA_i} = \overrightarrow{a_i} \quad (i = 1, 2, \cdots, 5)$$

とする．この平面上の1次変換 f が次の性質をもつものとする．

(1) 恒等写像でない．
(2) どの頂点 A_i に対しても $f(\overrightarrow{a_i}) = \overrightarrow{a_j}$ となる頂点 A_j がある．
(3) すべての A_i に対して $f(f(\overrightarrow{a_i})) = \overrightarrow{a_i}$ である．

このとき，次の(i), (ii), (iii)を証明せよ．
(i) $f(\overrightarrow{a_i}) = \overrightarrow{a_i}$ となる $\overrightarrow{a_i}$ がある．

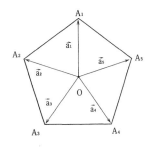

(ii) 上記のような点は1つに限る．
(iii) $f(\overrightarrow{a_1}) = \overrightarrow{a_1}$ とすれば，$f(\overrightarrow{a_2}) = \overrightarrow{a_5}$, $f(\overrightarrow{a_3}) = \overrightarrow{a_4}$ となる．

証明で用いそうな計算法則を思い出しておこう．

1次写像で基本になるのは次の2つで，線型性と呼ばれている．

$$f(\overrightarrow{x_1} + \overrightarrow{x_2}) = f(\overrightarrow{x_1}) + f(\overrightarrow{x_2})$$
$$kf(\overrightarrow{x}) = f(k\overrightarrow{x})$$

逆変換がある1次変換では，異なるベクトルには異なるベクトルが対応する．すなわち

$$\overrightarrow{x_1} \neq \overrightarrow{x_2} \longrightarrow f(\overrightarrow{x_1}) \neq f(\overrightarrow{x_2})$$

対偶をとった

$$f(\overrightarrow{x_1}) = f(\overrightarrow{x_2}) \longrightarrow \overrightarrow{x_1} = \overrightarrow{x_2}$$

が応用に向くこともあろう．

本問の1次変換を特徴づけているのは，正5角形との関係(2)と(3)である．正多角形の辺数が奇数であることも重要．正5角形の5個の頂点は平等である．さらに中心を通る直線に関して対称であるが，中心に関しては対称でない．対称性を上手に用いよ．

×　　　　　　×

解き方

(i) 不動点があることの証明

A_1 に着目．これに対応する頂点は5個あるが，正5角形の対称性を考慮すると，A_1, A_2, A_3 の3つを選んだので十分である．

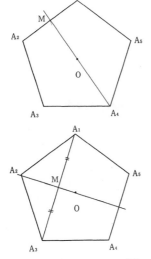

A_1 に A_1 が対応のとき．　$f(\overrightarrow{a_1})=\overrightarrow{a_1}$

頂点 A_1 が不動点である．

　A_1 に A_2 が対応のとき．　$f(\overrightarrow{a_1})=\overrightarrow{a_2}$

両辺に f を作用させると　$f(f(\overrightarrow{a_1}))=f(\overrightarrow{a_2})$

仮定(3)を用いると左辺は $\overrightarrow{a_1}$ に等しいから

$$f(\overrightarrow{a_2})=\overrightarrow{a_1}$$

A_1A_2 の中点を M とすると　$\overrightarrow{OM}=\frac{1}{2}(\overrightarrow{a_1}+\overrightarrow{a_2})$

A_4 は直線 OM 上にあるから

$$\overrightarrow{a_4}=m(\overrightarrow{a_1}+\overrightarrow{a_2})$$

と表される．よって

$$\begin{aligned}
f(\overrightarrow{a_4})&=mf(\overrightarrow{a_1}+\overrightarrow{a_2})\\
&=m\{f(\overrightarrow{a_1})+f(\overrightarrow{a_2})\}\\
&=m(\overrightarrow{a_2}+\overrightarrow{a_1})\\
&=\overrightarrow{a_4}
\end{aligned}$$

よって頂点 A_4 は不動点である．

　A_1 に A_3 が対応のとき

　上と同様にして

$$f(\overrightarrow{a_2})=\overrightarrow{a_2}$$

頂点 A_2 が不動点である．

　以上により，不動点の必ずあることが分った．

　(ii)　不動点は１つに限ることの証明

　　２つあったとし，それを A_i, A_j $(i\neq j)$ とする．$\overrightarrow{OA_i}$ と $\overrightarrow{OA_j}$ は１次独立である．つまり平行でないから，平面上の任意の点を X, $\overrightarrow{OX}=\overrightarrow{x}$ とすると，$\overrightarrow{x}$ は $\overrightarrow{a_i}$, $\overrightarrow{a_j}$ によって

$$\overrightarrow{x}=p\overrightarrow{a_i}+q\overrightarrow{a_j}$$

と表される．したがって

$$\begin{aligned}
f(\overrightarrow{x})&=f(p\overrightarrow{a_i}+q\overrightarrow{a_j})\\
&=pf(\overrightarrow{a_i})+qf(\overrightarrow{a_j})\\
&=p\overrightarrow{a_i}+q\overrightarrow{a_j}=\overrightarrow{x}
\end{aligned}$$

　平面上の任意の点が不動点になるから f は恒等写像であり，仮定(1)に反する．

　(iii)の証明

　A_2 に対応する頂点によって分ける．

　A_2 に A_1 が対応すれば，A_4 が不動点

　A_2 に A_2 が対応すれば，A_2 が不動点

　A_2 に A_4 が対応すれば，A_3 が不動点

　以上はどれも A_1 が不動点であることに反する．A_2 に A_5 が対応するときに限って反しない．

　最後に残った A_3 には A_4 が対応せざるを得ない．なぜなら，異なる点には異なる点が対応するのだから．

教科書にない１次変換の整理

　２次元のベクトル $\overrightarrow{x}=(x,y)$ の集合を２次元のベクトル空間という．この空間を V_2 で表しておく．

　高校の数学で学ぶ１次写像というのは，V_2 上の写像，すなわち

$$f:V_2\rightarrow V_2$$

のうち，次の式で表されるものである．

$$f(\overrightarrow{x})=A\overrightarrow{x}\qquad A=\begin{pmatrix}a&b\\c&d\end{pmatrix},\ \overrightarrow{x}=\begin{pmatrix}x\\y\end{pmatrix}\ ①$$

　この１次写像では，普通，線型性として親しまれている次の等式が成り立つ．

──────── 線形性 ────────
(i)　$f(\overrightarrow{x_1}+\overrightarrow{x_2})=f(\overrightarrow{x_1})+f(x_2)$
(ii)　$kf(\overrightarrow{x})=f(k\overrightarrow{x})$
────────────────────

証明は行列の計算に戻ればよい．

興味をそそるのはこの逆，すなわち写像が線型性を満たせば①の式で表される1次写像になるかという疑問である．

定理1 写像 $f : V_2 \to V_2$ が線型性を満たすならば

$$f(\vec{x}) = A\vec{x} \quad A = \begin{pmatrix} a & b \\ c & d \end{pmatrix}, \quad \vec{x} = \begin{pmatrix} x \\ y \end{pmatrix}$$

と表される．

写像 f によって，単位ベクトルと任意のベクトルとが，次のように移るとする．

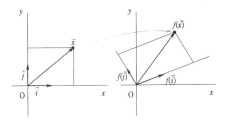

$$f(\vec{i}) = \begin{pmatrix} a \\ c \end{pmatrix}, \ f(\vec{j}) = \begin{pmatrix} b \\ d \end{pmatrix}, \ f(\vec{x}) = \begin{pmatrix} x' \\ y' \end{pmatrix}$$

$\vec{x} = x\vec{i} + y\vec{j}$ であるから

$$\begin{aligned}
f(\vec{x}) &= f(x\vec{i} + y\vec{j}) = f(x\vec{i}) + f(y\vec{j}) \\
&= xf(\vec{i}) + yf(\vec{j}) \\
&= x(a\vec{i} + c\vec{j}) + y(b\vec{i} + d\vec{j}) \\
&= (ax + by)\vec{i} + (cx + dy)\vec{j}
\end{aligned}$$

これが $x'\vec{i} + y'\vec{j}$ に等しいことから

$$x' = ax + by, \quad y' = cx + dy$$

まとめてベクトルの形式にかけば

$$\begin{pmatrix} x' \\ y' \end{pmatrix} = \begin{pmatrix} ax + by \\ cx + dy \end{pmatrix} = \begin{pmatrix} a & b \\ c & d \end{pmatrix}\begin{pmatrix} x \\ y \end{pmatrix}$$

$$\therefore \ f(\vec{x}) = A\vec{x}$$

このような証明になじめれば数学への興味は本物といえる．

一般の写像

$$f : S \to R$$

では，異なる元が同じ元に移ることがある．つまり $x_1 \neq x_2$ なのに $f(x_1) = f(x_2)$ となることがある．また R の元には相手の S の元のないことがある．もちろん，S にはそのよう

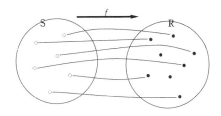

な元はない．写像の定義により S のすべての元に R の元が1つずつ対応することが保証されているのだから

このような欠陥は1次写像

$$f : V_2 \to V_2 \qquad f(\vec{x}) = A\vec{x}$$

にも見られることは周知のことであろう．その欠陥は行列 A として逆列のあるものを選ぶことによって除かれる．A^{-1} によって作られた写像を f の逆写像といい f^{-1} で表す．

$$f^{-1}(\vec{x}) = A^{-1}\vec{x}$$

f^{-1} については $ff^{-1} = f^{-1}f = e$（恒等写像）の成り立つことも常識であろう．

定理2 $f(\vec{x}) = A\vec{x}$ に逆写像 $f^{-1}(\vec{x}) = A^{-1}\vec{x}$ があるならば $f(\vec{x})$ は次の2条件を満たす．

(i) $\vec{x_1} \neq \vec{x_2} \to f(\vec{x_1}) \neq f(\vec{x_2})$

(ii) V_2 の任意の元 $\vec{x_1}$ に対して $f(\vec{x_2}) = \vec{x_1}$ となる元 $\vec{x_2}$ がある．

この証明をのせた参考書は少ないようなので補っておく．

(i) 対偶を証明するのがよい．$f(\vec{x_1}) = f(\vec{x_2})$ とすると，両辺に逆写像 f^{-1} を作用させて

$$f^{-1}f(\vec{x_1}) = f^{-1}f(\vec{x_2}) \to e(\vec{x_1}) = e(\vec{x_2})$$
$$\to \vec{x_1} = \vec{x_2}$$

(ii) V_2 の任意の元を $\vec{x_1}$ とし，$f^{-1}(\vec{x_1}) = \vec{x_2}$ とおく．両辺に f を作用させて

$$ff^{-1}(\vec{x_1}) = f(\vec{x_2}) \to e(\vec{x_1}) = f(\vec{x_2})$$
$$\to \vec{x_1} = f(\vec{x_2})$$

教科書にない対合という１次変換

例題の仮定に等式 $f(f(\vec{a_i}))=\vec{a_i}$ があった. 一般に任意の元 x について

$$f(f(x))=x$$

の成り立つ変換は**対合的**であるという. この式は元 x に f を２回行うともとの x に戻ることを表している.

１次変換

$$f: V_2 \rightarrow V_2 \qquad f(\vec{x})=A\vec{x}$$

が対合的であることは $f(f(\vec{x}))=\vec{x}$ で表されるが, $\vec{x}$ を略して $ff=e$(恒等変換), または行列を用いて $A^2=E$ (単位行列) と表すこともできる.

この変換は点がどのように具体的にうつるのかを知りたい. 移動でみると, 原点に関する対称移動, 原点を通る直線に関する対称移動が条件をみたすことは明らか.

対合の正体を探る

対合的１次変換 f の１組の対応点

$$\text{P}(\vec{p}), \ \text{Q}(\vec{q}), \ \vec{p}\neq\vec{q}, \ \vec{q}=f(\vec{p}) \qquad ①$$

を選ぶと, $f(\vec{q})=f(f(\vec{p}))=\vec{p}$ である.

線分 PQ の中点を $\text{M}(\vec{m})$ とすると

$$\vec{m}=\frac{1}{2}(\vec{p}+\vec{q})$$

この像は

$$f(\vec{m})=\frac{1}{2}f(\vec{p}+\vec{q})=\frac{1}{2}\{f(\vec{p})+f(\vec{q})\}$$
$$=\frac{1}{2}(\vec{q}+\vec{p})=\vec{m}$$

この結果はMが不動点であることを示す.

さて f が恒等変換, または, 原点に関する対称移動であるとすると, 明らかに対合的である. f がそうでないときは, Oに関し対称でない２点 P, Q を選ぶことが可能である. そのように P, Q を選んでおくと, $\vec{p}$ と $\vec{q}$ は１次独立である(平行でない)から, 平面上の任意の点を $\text{X}(\vec{x})$ とすると $\vec{x}$ は必ず $\vec{p}$, $\vec{q}$ によって

$$\vec{x}=h\vec{p}+k\vec{q} \qquad (h, k \text{は実数})$$

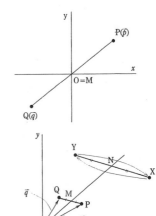

と表される. よって

$$f(\vec{x})=hf(\vec{p})+kf(\vec{q})=h\vec{q}+k\vec{p}$$
$$f(\vec{x})=\vec{y} \quad \text{とおくと}$$
$$\vec{y}=k\vec{p}+h\vec{q}$$

$\vec{y}$ の点を Y, 線分 XY の中点を $\text{N}(\vec{n})$ とすると

$$\vec{n}=\frac{1}{2}(\vec{x}+\vec{y})=\frac{h+k}{2}(\vec{p}+\vec{q})=(h+k)\vec{m}$$

この式はNが直線 OM 上にあることを表している.

このときの１次変換 f は, 原点を通る直線 OM に関する対称移動ではないが, それによく似ているから**疑似対称移動**と名づけておこう.

定理3　対合的１次変換は次のいずれかである.

(1) 不動 (恒等変換)

(2) 原点に関する対称移動

(3) 原点を通る直線に関する疑似対称移動

……………… 和が 0 の実数

当然と思う問題

世の中には「そんなの当り前」と思うのだが，その正体は容易につかめないものがある．砂漠や海上の蜃気楼のように，あるいは虹のように追えば追うほど逃げてゆくような感じ．数学の問題にも似たものがあるのは楽しい．

例題 1 すべては 0 でない n 個の実数 a_1, a_2, ……, a_n があり，かつ

$$a_1 \leqq a_2 \leqq \cdots\cdots \leqq a_n$$

かつ $a_1 + a_2 + \cdots\cdots + a_n = 0$

を満たすとき

$$a_1 + 2a_2 + \cdots\cdots + na_n > 0$$

が成り立つことを証明せよ． (京大)

なかなかの良問である．当然の内容と見えるのに解こうとすると手応えがあり，スルスルと逃げるうなぎのような感触がなんとも妙である．そこが良問の良問たるゆえんであろうか．

解き方を探る

参考書と称するものを見ると，数学的帰納法で大上段にかまえたものがある．「これはすごい！」と思ったが，問題を再び眺めて「なるほど，帰納法が頭に浮かぶような問題だ」という気がして来た．その紹介から話をはじめよう．

× ×

解き方 1 —— 数学的帰納法

ここの帰納法はよく見掛けるものと少々趣が異なる．よく見掛けるものは $n = 1, 2, \cdots\cdots$ に進むにつれ新しい数や式を追加する．野次馬みたいなもの．はじめは 1 人，次に 2 人，…，いつの間にか数百人．これに対し，ここの帰納法は $n = k$ から $n = k+1$ へ進むと数が全く入れかわる．スポーツでみると走るたびに選手がいれかわる 100m 競走の予選に似ていよう．

<u>$n = 1$ のとき</u> 第 1 の仮定から $a_1 \neq 0$，第 2 の仮定から $a_1 = 0$ となって矛盾するので，この場合は起きない．

<u>$n = 2$ のとき</u> 第 1，第 2 の仮定から $a_1 < 0$，$a_2 > 0$，よって $a_1 + 2a_2 = a_2 > 0$ は成り立つ．

<u>$n = k$ のとき</u> $a_1, a_2, \cdots\cdots, a_k$ が

$$a_1 \leqq a_2 \leqq \cdots\cdots \leqq a_k$$

かつ $a_1 + a_2 + \cdots\cdots + a_k = 0$ ①

をみたすとき

$$a_1 + 2a_2 + \cdots\cdots + ka_k > 0$$ ②

が成り立つと仮定する．

<u>$n = k+1$ のとき</u> ここの $k+1$ 個の実数は，前の k 個の実数とは数そのものは別のもの．誤解のないように．

$a_k + a_{k+1}$ を 1 つの実数とみるのが要点で，①と②から

$$a_1 \leqq a_2 \leqq \cdots\cdots \leqq a_{k-1} \leqq (a_k + a_{k+1})$$

$$a_1+a_2+\cdots\cdots+a_{k-1}+(a_k+a_{k+1})=0$$

k 個の実数 a_1, a_2, $\cdots\cdots$, a_{k-1}, (a_k+a_{k+1}) は $n=k$ のときと同様の仮定をみたすから, 結論

$$a_1+2a_2+\cdots+(k-1)a_{k-1}+k(a_k+a_{k+1})>0$$

も成り立つ. 右辺に正の数 a_{k+1} を加えても不等号の向きは同じであるから

$$a_1+2a_2+\cdots\cdots+ka_k+(k+1)a_{k+1}>0$$

　　　　×　　　　　　　　×

以上の証明は, 数学的帰納法の練習にはよいが, 例題1の解き方としては大袈裟で, さしみを作るのにナタを持ち出した感じである.

解き方2——数を符号で分ける

実数を正の数, 零, 負の数と振り分けて, 等式のカラクリを透し見ようとする試みもあってよい. 実数は小から大へと並べてあるから, 始めの方は負の数で終りの方は正の数, その間が零である. 正の数と負の数は必ず有るが, 零は有るとは限らない.

a_1 から a_k までは負の数とすると a_{k+1} 以後は0か正の数である.

$$0=a_1+a_2+\cdots\cdots+\underbrace{a_k}_{\text{負の数}}+\underbrace{a_{k+1}+\cdots\cdots+a_n}_{\text{0か正の数}} \quad ①$$

$$P=a_1+2a_2+\cdots\cdots+ka_k+(k+1)a_{k+1}$$
$$+\cdots\cdots+na_n \quad ②$$

②から①の k 倍をひくと

$$P=\underbrace{(1-k)a_1+(2-k)a_2+\cdots\cdots+(-1)a_{k-1}}_{Q}$$
$$+\underbrace{a_{k+1}+\cdots\cdots+(n-k)a_n}_{R}$$

Q の部分は「負の数×負の数」の和であるから $Q>0$, R の部分は「正の数×0か正の数×正の数」の和であるから $R>0$, よって

$$P=Q+R>0$$

　　　　×　　　　　　　　×

巧妙な解き方ではあるが,「②から①の k 倍をひく」が気になる. おいそれとは気付かないアイデアで, 第3者には天下りと受け取られそう. アイデアとはそういうものではある

が.

こんな易しい解もある

中学生にも分かるような解を考えた. ウォーミングアップの積もりで, 実例を示せば理解を一層助けよう.

6個の実数として, たとえば -4, -3, -1, 0, 3, 5 を選び, 順に並べて

$$-4\leqq-3\leqq-1\leqq0\leqq3\leqq5$$

加える	$-4-3-1+0+3+5=0$
-4 を省く	$-3-1+0+3+5>0$
-3 を省く	$-1+0+3+5>0$
-1 を省く	$0+3+5>0$
0を省く	$3+5>0$
3を省く	$5>0$

以上の6個の式を加える.

$$(-4)+2(-3)+3(-1)+4\cdot0+5\cdot3+6\cdot5>0$$

これで万事終了. 一般化すれば一流大学の入試問題の正解とは楽しいではないか.

最近, 役所に対し情報の公開要求が盛んになった. 役所の行政がスケスケに見えるようになることを期待したい. 数学の問題も同様レントゲン写真のように内部の骨格が見えてくると, よい解き方が頭に浮かぶ.

解き方3——中学生にも分かる

仮定により a_1, a_2, $\cdots\cdots$, a_n には負の数と正の数が必ずある. a_1 から a_k までを負の数とすると残りは0か正の数である.

仮定から

$$a_1+a_2+\cdots+a_k+a_{k+1}+a_{k+2}+\cdots+a_n=0$$
$$a_2+\cdots+a_k+a_{k+1}+a_{k+2}+\cdots+a_n>0$$
$$\cdots\cdots\cdots\cdots\cdots\cdots\cdots\cdots\cdots$$
$$\cdots\cdots\cdots\cdots\cdots\cdots\cdots\cdots\cdots$$
$$a_{k+1}+a_{k+2}+\cdots+a_n>0$$
$$a_{k+2}+\cdots+a_n>0$$
$$\cdots\cdots\cdots\cdots$$
$$\cdots\cdots\cdots$$
$$a_n>0$$

以上の n 個の式を加えて

$$a_1+2a_2+\cdots\cdots+na_n>0$$

類題を見付けた

例題1と同様に「和が0になる実数」で、しかも0でないものを含んでいる。

例題2 n 個の実数 x_1, x_2, ……, x_n があり、かつ、次の3つの条件をみたす。

$$x_1 \leq x_2 \leq \cdots\cdots \leq x_n \qquad ①$$
$$x_1 + x_2 + \cdots\cdots + x_n = 0 \qquad ②$$
$$|x_1| + |x_2| + \cdots\cdots + |x_n| = \delta > 0 \qquad ③$$

このとき、実数 a_1, a_2, ……, a_n の最大値を M, 最小値を m とすれば

$$|a_1 x_1 + a_2 x_2 + \cdots\cdots + a_n x_n| \leq \frac{(M-m)\delta}{2}$$

解き方

③をみれば x_1, x_2, ……, x_n には0でない数のあることが分かる。さらに②を考慮すれば正の数と負の数が必ずある。0の存在は明らかでない。例題1にならい、負の数とその他の数に2分割する。

$$\underbrace{x_1 \leq x_2 \leq \cdots\cdots \leq x_k}_{\text{負の数}} \underbrace{\leq x_{k+1} \leq \cdots\cdots \leq x_n}_{\text{0, 正の数}}$$

$x_{k+1} + \cdots\cdots + x_n = s$ とおくと②によって
$x_1 + x_2 + \cdots\cdots + x_k = -s$ である。次に③から

$$(-x_1 - x_2 - \cdots\cdots - x_k) + (x_{k+1} + \cdots\cdots + x_k) = \delta$$

$$s + s = \delta \qquad s = \frac{\delta}{2}$$

$P = a_1 x_1 + \cdots\cdots + a_n x_n$ とおくと
$$P \leq m(x_1 + \cdots + x_k) + M(x_{k+1} + \cdots + x_n)$$
$$= m(-s) + Ms = (M-m)s$$
$$P \leq (M-m)s$$

同様にして
$$P \geq (m-M)s$$

2式を合わせて
$$-(M-m)s \leq P \leq (M-m)s$$
$$\therefore \quad |P| \leq (M-m)s = \frac{(M-m)\delta}{2}$$

感じの似た問題

和が零の条件はないが、例題1に似た感触

がある。出題者が同じではなかろうか。

例題3 5つの実数 a_1, a_2, a_3, a_4, a_5 があり、どの a_i も他の4つの相加平均より大きくないという。

このような a_1, a_2, a_3, a_4, a_5 をすべて求めよ。

「へたな考え休むに似たり」と気取るか、「正直は一生の宝」と信じ、題意を表す式をコツコツと書きはじめるか。

解き方1 ── 手探りの過程

題意をそのまま式で表せば

$$\frac{a_1 + a_2 + a_3 + a_4}{4} \geq a_5$$

分母を払う。同様の式を5個並べる。

$$a_1 + a_2 + a_3 + a_4 \geq 4a_5 \qquad ①$$
$$a_1 + a_2 + a_3 + a_5 \geq 4a_4 \qquad ②$$
$$a_1 + a_2 + a_4 + a_5 \geq 4a_3 \qquad ③$$
$$a_1 + a_3 + a_4 + a_5 \geq 4a_2 \qquad ④$$
$$a_2 + a_3 + a_4 + a_5 \geq 4a_1 \qquad ⑤$$

5式を全部加えても収穫はない。はじめの4式を加えて整理すると

$$4a_1 \geq a_2 + a_3 + a_4 + a_5$$

⑤と組合わせると等式に変わる。

$$4a_1 = a_2 + a_3 + a_4 + a_5$$

同様の式が5個できる。

$$-4a_1 + a_2 + a_3 + a_4 + a_5 = 0 \qquad ①'$$
$$a_1 - 4a_2 + a_3 + a_4 + a_5 = 0 \qquad ②'$$
$$a_1 + a_2 - 4a_3 + a_4 + a_5 = 0 \qquad ③'$$
$$a_1 + a_2 + a_3 - 4a_4 + a_5 = 0 \qquad ④'$$
$$a_1 + a_2 + a_3 + a_4 - 4a_5 = 0 \qquad ⑤'$$

式の特徴を見抜いて

②'−①' $\quad 5a_1 - 5a_2 = 0 \quad \therefore \quad a_1 = a_2$
③'−①' $\quad 5a_1 - 5a_3 = 0 \quad \therefore \quad a_1 = a_3$
④'−①' $\quad 5a_1 - 5a_4 = 0 \quad \therefore \quad a_1 = a_4$
⑤'−①' $\quad 5a_1 - 5a_5 = 0 \quad \therefore \quad a_1 = a_5$

まとめて $\quad a_1 = a_2 = a_3 = a_4 = a_5$

答 a_1, a_2, a_3, a_4, a_5 は等しい実数

$\times \qquad\qquad \times$

以上のようなドロ臭い解も悪くはないが，スマートな解を望むのも人の常か．大げさな式を眺めていると，なんとかならんかという気がしてくる．5 数の和を 1 文字で表し，簡単な式にかえることが考えられる．

解き方 2 —— 無駄をそぐ

$a_1 + a_2 + a_3 + a_4 + a_5 = s$ とおく．題意により

$$a_i \leqq \frac{a_i \text{を除く 4 数の和}}{4} = \frac{s - a_i}{4}$$

$$\therefore \quad a_i \leqq \frac{s}{5} \qquad \qquad ①$$

a_1, a_2, a_3, a_4, a_5 はすべて $\frac{s}{5}$ 以下であるから，どの 4 数の平均も $\frac{s}{5}$ 以下である．すなわち

$$\frac{s - a_i}{4} \leqq \frac{s}{5} \qquad \therefore \quad a_i \geqq \frac{s}{5} \qquad ②$$

①と②から　$a_i = \frac{s}{5}$　$(i = 1, 2, \cdots, 5)$

　　答　a_1, a_2, a_3, a_4, a_5 は等しい実数

一般性を失わずに

一般には $a_1 \leqq a_2 \leqq a_3 \leqq a_4 \leqq a_5$ のように，すべての数に大小順を指定するが，例題 3 では $a_1 \leqq a_2, a_3, a_4 \leqq a_5$ のように最小と最大を指定したので十分である．

解き方 3 —— max, min の指定

$a_1 \leqq a_2, a_3, a_4 \leqq a_5$ と仮定しても一般性を失わない．

題意から

$$a_5 \leqq \frac{a_1 + a_2 + a_3 + a_4}{4}$$

初めの仮定を用い a_2, a_3, a_4 を a_5 で置きかえて，a_1 と a_5 のみの式を導く．

$$a_5 \leqq \frac{a_1 + a_5 + a_5 + a_5}{4} \quad \therefore \quad a_5 \leqq a_1$$

これと仮定 $a_1 \leqq a_5$ とから　$a_1 = a_5$

$$\therefore \quad a_1 = a_2 = a_3 = a_4 = a_5$$

　　　　×　　　　　　　　×

この解き方には「一般性を失わない」という不思議な 1 句が現れた．数学以外では余り見掛けないもの．管理者の好きな「芝生に入るべからず」のたぐいか．使いこなす学生も少なくない．「それどういう意味」ときくと，しどろもどろな答弁．見様見真似で学ぶのであろう．

$a_1, a_2, \cdots$ という文字は実数につけたラベルのようなもの．最初から，最小のものに a_1 を，最大のものに a_5 を，残りには適当に a_2, a_3, a_4 をはりつけてあったとみれば，問題の本質は何ら変わらない，というような意味である．

6

⋮‥‥‥‥‥‥ 重心座標と 4 心

重心座標とは何か

平面上の点の位置は平行でない 2 つのベクトルを用いて表される．これを △ABC にあ

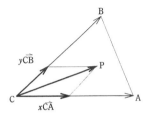

てはめるときは，頂点のひとつ，たとえば C を原点と考え，2 つのベクトル $\overrightarrow{\mathrm{CA}}$, $\overrightarrow{\mathrm{CB}}$ を基本ベクトルと見なし，任意の点 P は

$$\overrightarrow{\mathrm{CP}}=x\overrightarrow{\mathrm{CA}}+y\overrightarrow{\mathrm{CB}}$$

と表す．

以上の方法はベクトルにふさわしいもので応用も広いが，強いて欠点を挙げれば，3 点 A, B, C が平等に取り扱われていないことである．3 角形の性質には 3 頂点が平等に現れておる，つまり 3 頂点について対称なものが多い．そこで，当然 3 頂点について平等な点の位置の定め方が望まれる．この期待に答えるのが，次に明らかにする重心座標である．

      ×   ×

平面上に 3 角形 ABC があるとき，原点 O を適当に選び，A, B, C の位置ベクトルを $\vec{a}$, $\vec{b}$, $\vec{c}$ とする．この平面上の任意の点 P の位置座標は $\vec{a}$, $\vec{b}$, $\vec{c}$ によって，どのように表さ

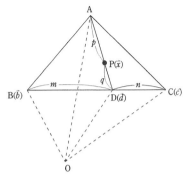

れるだろうか．

A, P を通る直線が BC と交わる点を D とすると，P の位置は次の 2 つの比によって定まる．

    D が BC を分ける比 $m:n$

    P が AD を分ける比 $p:q$

D, P の位置ベクトルをそれぞれ $\vec{d}$, $\vec{x}$ とすると

$$\vec{d}=\frac{n\vec{b}+m\vec{c}}{m+n}, \quad \vec{x}=\frac{q\vec{a}+p\vec{d}}{p+q}$$

2 式から $\vec{d}$ を消去して

$$\vec{x}=\frac{q}{p+q}\vec{a}+\frac{pn}{(p+q)(m+n)}\vec{b}$$

$$+\frac{pm}{(p+q)(m+n)}\vec{c}$$

ここで $\vec{a}$, $\vec{b}$, $\vec{c}$ の係数を α, β, γ で表すと

$$\begin{cases}\vec{x}=\alpha\vec{a}+\beta\vec{b}+\gamma\vec{c}\\ \alpha+\beta+\gamma=1\end{cases} \quad (*)$$

　重要なのはこの逆，式からPの位置をどう読みとるかである．

定理1　3点 $A(\vec{a})$, $B(\vec{b})$, $C(\vec{c})$ を頂点とする3角形の平面上の点 $P(\vec{x})$ が前の式（＊）で表されるとする．直線 AP が BC と交わる点をLとすれば，

　L は線分 BC を $\gamma:\beta$ に分け，

　P は線分 AL を $\beta+\gamma:\alpha$ に分ける．

　定理の内容も証明も重要である．特に式を次のように変えるところに注目されたい．

$$\vec{x}=\alpha\vec{a}+(\beta+\gamma)\frac{\beta\vec{b}+\gamma\vec{c}}{\beta+\gamma}$$

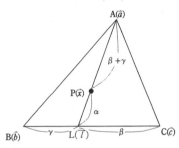

　ここで $\vec{l}=\dfrac{\beta\vec{b}+\gamma\vec{c}}{\beta+\gamma}$ とおいてみよ．式から明らかに点 $L(\vec{l})$ は BC を $\gamma:\beta$ に分ける点である．さらに

$$\vec{x}=\alpha\vec{a}+(\beta+\gamma)\vec{l},\quad \alpha+(\beta+\gamma)=1$$

から点 $P(\vec{x})$ は AL を $\beta+\gamma:\alpha$ に分ける点である．

　　　　　×　　　　　　　×

　BP が CA と交わる点を M，CP が AB と

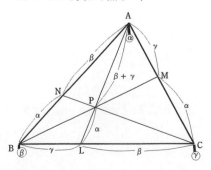

交わる点をNとすると，定理1と同様にして

　M は CA を $\alpha:\gamma$ に分け，

　N は AB を $\beta:\gamma$ に分ける．

　比のとり方を間違いがちであるが，質量をつけた質点とみると分りやすい．

　3点 A, B, C にそれぞれ質量 α, β, γ をつけてみよ．L は質点 B, C の重心で，BC を質量 β, γ の順序を入れかえて作った比 $\gamma:$ に分ける．

　次にLを質量 $\beta+\gamma$ を持つ質点とみると，P は質点 A, L の重心で，AL を $\beta+\gamma:\alpha$ に分けることも了解されよう．

　　　　　×　　　　　　　×

　点 $P(\vec{x})$ の位置は（＊）によって与えられるので，これをPの**重心座標**または**3点座標**と呼んでいる．

　重心座標のベクトルは3数 α, β, γ の比によって定まるので $\alpha:\beta:\gamma$ で表すこともできる．もっと省略し (α, β, γ) と表すこともある．

　平面は3直線 BC, CA, AB によって7つの領域に分割される．Pがこれらの領域のいずれに属するかは α, β, γ の符号によって定まる．

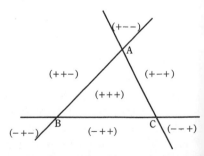

　Pが3角形の内部にあるのは α, β, γ がすべて正の場合で，図では（＋＋＋）と表してある．その他も同様．直線上の場合は読者にまかせ．

P を原点にとれば

　P自身を原点に選んだとすると，Pの位置

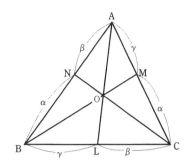

ベクトルは $\overrightarrow{0}$ であるから（*）の式は無用の
長物となりそう．いや，そうではない．等式
$$\alpha\vec{a}+\beta\vec{b}+\gamma\vec{c}=\overrightarrow{0} \qquad (**)$$
は生き残って，3つのベクトル
$$\overrightarrow{OA}=\vec{a},\ \overrightarrow{OB}=\vec{b},\ \overrightarrow{OC}=\vec{c}$$
の関係を表し，応用の道も広い．怪我の功名
というべきだろう．

　（**）は両辺に何をかけてもよいから
$$\alpha+\beta+\gamma=1$$
は不要である．

例題1 3角形 ABC において
$$5\overrightarrow{OA}+3\overrightarrow{OB}+6\overrightarrow{OC}=\overrightarrow{0}$$
を満たす点Oはどんな位置にあるか．

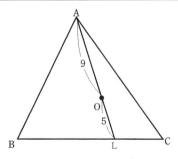

　与えられた式を次のように書きかえるアイ
デアが重要．
$$-\frac{5}{9}\overrightarrow{OA}=\frac{\overrightarrow{OB}+2\overrightarrow{OC}}{3}$$
BC を 2：1 に分ける点をLとすると
$$\overrightarrow{OL}=\frac{\overrightarrow{OB}+2\overrightarrow{OC}}{3},\quad -\frac{5}{9}\overrightarrow{OA}=\overrightarrow{OL}$$

よってLは BC を 2：1 に分ける点で，O は
AL を 9：5 に分ける点である．

5 心の重心座標

（i）重心の重心座標

　よく知られている．3点を A$(\vec{a})$，B$(\vec{b})$，
C$(\vec{c})$ とし，重心を G$(\vec{g})$ とすると
$$\vec{g}=\frac{\vec{a}+\vec{b}+\vec{c}}{3}$$
もし，$\vec{a}+\vec{b}+\vec{c}=0$ ならば重心は原点で
もある．

（ii）内心の重心座標

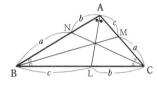

　Lは BC を $c：b$ に，Mは CA を $a：c$
に，Nは AB を $b：a$ に分けるから，A, B, C
に質量 a, b, c をつけた場合の重心とみよ．

　内心を I$(\vec{i})$ とすると
$$\vec{i}=\frac{a\vec{a}+b\vec{b}+c\vec{c}}{a+b+c}$$
ただし a, b, c は3辺 BC, CA, AB の長さ
を表す．

　係数もベクトルで表したければ a, b, c を
それぞれ $|\vec{b}-\vec{c}|$, $|\vec{c}-\vec{a}|$, $|\vec{a}-\vec{b}|$ で置き
かえればよい．

（iii）垂心の重心座標

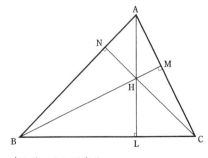

　少々やっかいである．
　図において（ただし，3角形 ABC は直角3角

形ではないとしておく.）

BL＝AL cot B

LC＝AL cot C

よって

　　　BL：LC＝cot B：cot C＝tan C：tan B

同様にして

　　　CM：MA＝tan A：tan C

　　　AN：NB＝tan B：tan A

垂心を H($\vec{h}$) とすると

$$\vec{h}=\frac{\tan A\,\vec{a}+\tan B\,\vec{b}+\tan C\,\vec{c}}{\tan A+\tan B+\tan C}$$

係数もベクトルで表そうとすると一層複雑なものになる. tan A は

$$\cos A=\frac{(\vec{b}-\vec{a})\cdot(\vec{c}-\vec{a})}{|\vec{b}-\vec{a}|\cdot|\vec{c}-\vec{a}|}$$

から求め, 置きかえる. tan B, tan C も同様に行う. ちなみに

$$\vec{b}=\frac{(c^2+a^2-b^2)(a^2+b^2-c^2)\vec{a}}{(a+b+c)(a-b+c)(a+b-c)(-a+b+c)}$$
$$+\frac{(a^2+b^2-c^2)(b^2+c^2-a^2)\vec{b}}{(a+b+c)(a-b+c)(a+b-c)(-a+b+c)}$$
$$+\frac{(b^2+c^2-a^2)(c^2+a^2-b^2)\vec{c}}{(a+b+c)(a-b+c)(a+b-c)(-a+b+c)}$$

となる.

これでは役に立ちそうもない.

　　　　　×　　　　　　　×

$\vec{h}$ の式は原点の選び方によっては簡単になるのではないか. 苦しまぎれの一策は, 外心を原点にとること.

［例題 2］　3角形 ABC の外心を O, 垂心をHとすると

$$\overrightarrow{OH}=\overrightarrow{OA}+\overrightarrow{OB}+\overrightarrow{OC}$$

となることを証明せよ.

言いかえれば, 外心Oを原点にとり A, B, C, Hの位置ベクトルを $\vec{a},\vec{b},\vec{c},\vec{h}$ とすれば, H の重心座標は

$$\vec{h}=\vec{a}+\vec{b}+\vec{c}$$

と表されるということ.

　　　　　×　　　　　　×

解き方1 ── オイラー線を用いる.

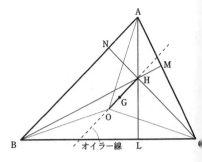

よく見かける証明は初等幾何で有名なオイラー線を用いるものである.

3角形の外心 O, 重心 G, 垂心Hは1直線上にある. この直線を**オイラー線**という. G は線分 OH を1：2に内分することも知られている. これらの事実を用いるならば $\vec{h}$ を求めるのは容易である.

$$\vec{h}=3\vec{g}=\vec{a}+\vec{b}+\vec{c}$$

ただの1行で済むが, ベクトルがこのように無能扱いされては腹が立つだろう. ベクトルの問題に古典幾何の難しい定理を用いるのも気になる.

　　　　　×　　　　　　×

解き方2 ── ベクトルの内積を用いる.

$\overrightarrow{AH}\perp\overrightarrow{CB}$ であるから内積を用いて

　　$\overrightarrow{AH}\cdot\overrightarrow{CB}=(\vec{h}-\vec{a})\cdot(\vec{b}-\vec{c})=0$

一方, 原点は外心Oであるから $|\vec{b}|^2=|\vec{c}|^2$

　　$\therefore$ $(\vec{b}+\vec{c})\cdot(\vec{b}-\vec{c})=0$

2式の差をとって

　　$(\vec{h}-\vec{a}-\vec{b}-\vec{c})\cdot(\vec{b}-\vec{c})=0$ ①

同様にして

　　$(\vec{h}-\vec{a}-\vec{b}-\vec{c})\cdot(\vec{c}-\vec{a})=0$ ②

もし, $\vec{h}-\vec{a}-\vec{b}-\vec{c}=\vec{0}$ でなかったら, このベクトルは平行でない2つのベクトル $\overrightarrow{CB}$, $\overrightarrow{AC}$ に直交することになり矛盾する. よって

　　　　$\vec{h}-\vec{a}-\vec{b}-\vec{c}=\vec{0}$

　　$\therefore$　$\vec{h}=\vec{a}+\vec{b}+\vec{c}$

鮮やかに証明された.

(iv)　外心そのものの重心座標

これは重心と垂心を1:3に外分して得られる．ちなみに外心を$K(\vec{k})$とすると

$$\vec{k}=\frac{a^2(b^2+c^2-a^2)\vec{a}+b^2(c^2+a^2-b^2)\vec{b}+c^2(a^2+b^2-c^2)\vec{c}}{(a+b+c)(a-b+c)(a+b-c)(-a+b+c)}$$

である．

外心を原点にとった問題

新鮮な良問を見付けた．

> **例題3** △ABC の外心Oから直線BC，CA，AB に下した垂線の足をそれぞれP，Q,R とするとき，
> $$\overrightarrow{OP}+2\overrightarrow{OQ}+3\overrightarrow{OR}=\vec{0}$$
> が成立しているとする．
> (1) $\overrightarrow{OA},\overrightarrow{OB},\overrightarrow{OC}$ の関係式を求めよ．
> (2) ∠A の大きさを求めよ．

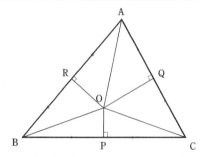

(1)は(2)の求め方をやさしくするための準備と読むのが常識であろう．

(1) P,Q,R は辺 BC,CA,AB の中点であるから

$$\overrightarrow{OP}=\frac{\overrightarrow{OB}+\overrightarrow{OC}}{2}$$

$$\overrightarrow{OQ}=\frac{\overrightarrow{OC}+\overrightarrow{OA}}{2}$$

$$\overrightarrow{OR}=\frac{\overrightarrow{OA}+\overrightarrow{OB}}{2}$$

これらの3式を仮定の等式に代入して
$$5\overrightarrow{OA}+4\overrightarrow{OB}+3\overrightarrow{OC}=\vec{0}$$

(2) $\overrightarrow{OA},\overrightarrow{OB},\overrightarrow{OC}$ をそれぞれ $\vec{a},\vec{b},\vec{c}$ で表せば
$$5\vec{a}+4\vec{b}+3\vec{c}=\vec{0} \qquad ①$$
さらに $|\vec{a}|=|\vec{b}|=|\vec{c}|$ であるから

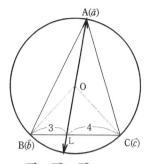

$$|\vec{a}|=|\vec{b}|=|\vec{c}|=1$$

とおいても一般性を失わない．

△ABC に関するOの位置を知るため①を書きかえる．

$$\frac{4\vec{b}+3\vec{c}}{7}=-\frac{5}{7}\vec{a}$$

BC を3:4に内分する点をLとすると

$$\overrightarrow{OL}=-\frac{5}{7}\overrightarrow{OA}$$

ところで，∠A と∠BOC は劣弧BC に対応する円周角と中心角になるから
$$∠BOC=2∠A$$
よって∠A を求めるには ∠BOC を求めればよい．

①から
$$4\vec{b}+3\vec{c}=-5\vec{a}$$
$$|4\vec{b}+3\vec{c}|^2=|5\vec{a}|^2$$
$$16|\vec{b}|^2+9|\vec{c}|^2+24\vec{b}\cdot\vec{c}=25|\vec{a}|^2$$
$$\vec{b}\cdot\vec{c}=0,\quad ∠BOC=90°$$
$$∠A=45°$$

> **例題4** 平面上のベクトル $\vec{x},\vec{y},\vec{z}$ があり $\vec{x}=\vec{y}=\vec{z}$ ではなく，かつ
> $$\vec{x}\cdot\vec{y}=\vec{y}\cdot\vec{z}=\vec{z}\cdot\vec{x}$$
> が成り立つとする．
> このとき $\vec{x}+\vec{y}+\vec{z}=\vec{0}$ であるための必要十分条件は $|\vec{x}|=|\vec{y}|=|\vec{z}|$ であることを証明せよ．

チャンコ料理のように，計算をアレコレ試みたり，図をかいたりしているうちに何とかなるが，スッキリした解答への道は遠い．と

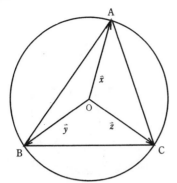

くに，十分条件の証明において……．

条件の整理からスタート．

$$\vec{x}=\vec{y}=\vec{z} \text{ ではない} \qquad\qquad ①$$
$$\vec{x}\cdot\vec{y}=\vec{y}\cdot\vec{z}=\vec{z}\cdot\vec{x} \qquad\qquad ②$$
$$\vec{x}+\vec{y}+\vec{z}=\vec{0} \qquad\qquad ③$$
$$|\vec{x}|=|\vec{y}|=|\vec{z}| \qquad\qquad ④$$

$$\times \qquad\qquad \times$$

解き方1

必要条件の証明　①，②，③ → ④

③から　$\vec{z}=-\vec{x}-\vec{y}$，これを②の　$\vec{y}\cdot\vec{z}$ $=\vec{z}\cdot\vec{x}$ に代入すると

$$-\vec{y}\cdot(\vec{x}+\vec{y})=-(\vec{x}+\vec{y})\cdot\vec{x}$$
$$|\vec{y}|^2=|\vec{x}|^2 \quad \therefore \quad |\vec{x}|=|\vec{y}|$$

同様にして　$|\vec{y}|=|\vec{z}|$

十分条件の証明　①，②，④ → ③

$|\vec{x}|=|\vec{y}|=|\vec{z}|=1$ としておく．これによって一般性を失うことはない．

$$|\vec{x}-\vec{y}|^2=2-2\vec{x}\cdot\vec{y}$$
$$|\vec{y}-\vec{z}|^2=2-2\vec{y}\cdot\vec{z}$$
$$|\vec{z}-\vec{x}|^2=2-2\vec{z}\cdot\vec{x}$$

②により $|\vec{x}-\vec{y}|$，$|\vec{y}-\vec{z}|$，$|\vec{z}-\vec{x}|$ は等しい．これらが0ならば①に反するから0でもない．したがって，$\overrightarrow{OA}=\vec{x}$，$\overrightarrow{OB}=\vec{y}$，$\overrightarrow{OC}$ $=\vec{z}$ とすると △ABC は正3角形で，O は外心である．O は重心でもあるから

$$\vec{x}+\vec{y}+\vec{z}=\vec{0}$$

$$\times \qquad\qquad \times$$

解き方2

お望みとあらば幾何に全く頼らない証明を考えてもよい．

必要条件の証明　前と同じ．省く．

十分条件の証明

$$\vec{x}=\vec{y}=\vec{z} \text{ ではない}. \qquad ①$$
$$\vec{x}\cdot\vec{y}=\vec{y}\cdot\vec{z}=\vec{z}\cdot\vec{x}=\cos\theta \qquad ②$$
$$|\vec{x}|=|\vec{y}|=|\vec{z}|=1 \qquad ③$$

②と③の右端の追加によって一般性を失うことはない．証明は①，②，③から④を導く

$$\vec{x}+\vec{y}+\vec{z}=\vec{0} \qquad ④$$

平面上の3つのベクトル $\vec{x}$，$\vec{y}$，$\vec{z}$ は1次従属であるから等式

$$\alpha\vec{x}+\beta\vec{y}+\gamma\vec{z}=\vec{0} \qquad ⑤$$

をみたし，少なくとも1つは0でない実数 α，β，γ がある．

⑤の両辺に $\vec{x}$，$\vec{y}$，$\vec{z}$ をかけて

$$\alpha+(\beta+\gamma)\cos\theta=0 \qquad ⑥$$
$$\beta+(\gamma+\alpha)\cos\theta=0 \qquad ⑦$$
$$\gamma+(\alpha+\beta)\cos\theta=0 \qquad ⑧$$

⑥-⑦　$(\alpha-\beta)(1-\cos\theta)=0$
⑦-⑧　$(\beta-\gamma)(1-\cos\theta)=0$

もし，$\cos\theta=1$ ならば $\theta=0$，これと②③から $\vec{x}=\vec{y}=\vec{z}$ となって①に反する．したがって $\cos\theta\neq1$，上の2式から

$$\alpha-\beta=0, \quad \beta-\gamma=0$$
$$\alpha=\beta=\gamma \ (\neq0)$$

よって⑤から $\vec{x}+\vec{y}+\vec{z}=\vec{0}$ である．

1の5乗根をめぐりて

1の5乗根物語

正数 a の n 乗根は方程式 $x^n = a$ を解いて求められ，この方程式を **2 項方程式**という．a の n 乗根には実数のものが必ずある．その1つを $\sqrt[n]{a}$ で表し，$x = \sqrt[n]{a}\,z$ とおくと
$$z^n = 1 \qquad (*)$$
となって，a の n 乗根を求めることは1の n 乗根を求めることに帰する．複素数は
$$z = x + yi$$
と表す慣用に従い，今後は z を用いる．

（＊）の解を極形式で $z = r(\cos\theta + i\sin\theta)$ とおくと
$$r^n(\cos\theta + i\sin\theta)^n = 1 \qquad (r > 0)$$
左辺にド・モアブルの定理を用いて
$$r^n(\cos n\theta + i\sin n\theta) = 1$$
両辺を比べて
$$r^n = 1, \ \cos n\theta = 1, \ \sin n\theta = 0$$
$$\therefore \ r = 1, \ n\theta = 2m\pi$$
さらに θ を求めると
$$\theta = m\frac{2\pi}{n}$$
m は任意の整数であるから θ は無数にあるが，z の異なる値は次の n 個に限る．
$$z_0 = \cos 0 + i\sin 0 = 1$$
$$z_1 = \cos\frac{2\pi}{n} + \sin\frac{2\pi}{n}$$
$$z_2 = \cos 2\frac{2\pi}{n} + \sin 2\frac{2\pi}{n}$$
$$\cdots\cdots\cdots\cdots\cdots$$
$$z_{n-1} = \cos(n-1)\frac{2\pi}{n} + \sin(n-1)\frac{2\pi}{n}$$

これらは $z_1 = \alpha$ とおくと，ド・モアブルの定理によって
$$\alpha^0, \alpha^1, \alpha^2, \cdots\cdots, \ \alpha^{n-1}$$
すなわち
$$1, \alpha, \alpha^2, \cdots\cdots, \alpha^{n-1}$$
と表される．以後，この便利な表し方を活用したい．

$$\times \qquad\qquad \times$$

n 乗根のことを学ぶには，その代表として5乗根について学ぶのが望ましい．2 乗根や3 乗根では単純過ぎる．4 乗根では
$$z^4 = 1 \Longleftrightarrow z^2 = 1 \ \text{または} \ z^2 = -1$$
6 乗根では
$$z^6 = 1 \Longleftrightarrow z^3 = 1, \ \text{または} \ z^3 = -1$$
のように，次数の低いものに分解される．

一般に n が合成数のときは，$z^n = 1$ は次数の低い 2 項方程式に分解される．n が素数のときの重要なことが納得されよう．

1の5乗根の基礎

1の5乗根は
$$\alpha = \cos\frac{2\pi}{5} + i\sin\frac{2\pi}{5}$$
とおくと
$$1, \alpha, \alpha^2, \alpha^3, \alpha^4$$
と表される．ところで，$\alpha^5 - 1$ は
$(\alpha - 1)(\alpha^4 + \alpha^3 + \alpha^2 + \alpha + 1)$ と因数分解され，

$\alpha^5-1=0$ で，$\alpha \neq 1$ だから

$$1+\alpha+\alpha^2+\alpha^3+\alpha^4=0 \qquad ①$$

なお $\alpha^5=1 \qquad ②$

①と②は 5 乗根に関する計算で欠くことのできないものである．

1 の 5 乗根はガウス平面上でみれば，原点を中心とする単位円の等分点，すなわち，正5角形の頂点で図示される．

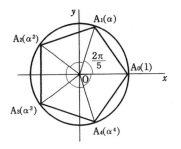

x 軸について対称な点を表す複素数は互いに共役であることにも注意しよう．α と α^4，α^2 と α^3 は互いに共役である．

$$\overline{\alpha}=\alpha^4, \ \overline{\alpha^4}=\alpha, \ \overline{\alpha^2}=\alpha^3, \ \overline{\alpha^3}=\alpha^2 \qquad ③$$

    ×   ×

以上では 1 の 5 乗根のうち，特に偏角が $\dfrac{2\pi}{5}$ のものを α で表した．

$$\alpha=\cos\frac{2\pi}{5}+i\sin\frac{2\pi}{5}$$

しかし，$\alpha^2=\beta$ とおいてみると

$$\beta^2=\alpha^4 \quad \beta^3=\alpha^6=\alpha, \ \beta^4=\alpha^8=\alpha^3$$

となって，1 の 5 乗根は

$$1, \beta, \beta^2, \beta^3, \beta^4$$

と表される．α^3 や α^4 を β とおいても同様である．したがって，1 の 5 乗根は虚数解の 1 つを α で表すと，すべてが

$$1, \alpha, \alpha^2, \alpha^3, \alpha^4$$

で表される．

したがって，①と②の α は 1 の 5 乗根の虚数解の 1 つでよい．

1 の 5 乗根の問題

例題 1 $z^5=1$ の虚数解の 1 つを α とするとき，次の式の値を求めよ．
(1) $(1-\alpha)(1-\alpha^2)(1-\alpha^3)(1-\alpha^4)$
(2) $(1+\alpha)(1+\alpha^2)(1+\alpha^3)(1+\alpha^4)$

解き方 1 ── ①，②を用いる．

(1) 第 1 と第 4，第 2 と第 3 の因数を先に掛ければ $\alpha^5=1$ がすぐに役に立つ．

$$
\begin{aligned}
与式&=(1-\alpha)(1-\alpha^4)\times(1-\alpha^2)(1-\alpha^3)\\
&=(2-\alpha-\alpha^4)(2-\alpha^2-\alpha^3)\\
&=4-2(\alpha+\alpha^2+\alpha^3+\alpha^4)\\
&\qquad\qquad+(\alpha+\alpha^4)(\alpha^2+\alpha^3)
\end{aligned}
$$

右端の積も $\alpha+\alpha^2+\alpha^3+\alpha^4$ になるから，この式を -1 で置きかえて

$$与式=4-2\times(-1)+(-1)=5$$

(2) 上と同様ゆえ計算を省く．

$$与式=1$$

    ×   ×

解き方 2 ── 恒等式の利用．

$z^5-1=0$ の解は $1, \alpha, \alpha^2, \alpha^3, \alpha^4$ であるから z^5-1 は次のように因数分解される．

$$
\begin{aligned}
&z^5-1\\
&=(z-1)(z-\alpha)(z-\alpha^2)(z-\alpha^3)(z-\alpha^4)
\end{aligned}
$$

両辺を $z-1$ で割って

$$
\begin{aligned}
&z^4+z^3+z^2+z+1\\
&=(z-\alpha)(z-\alpha^2)(z-\alpha^3)(z-\alpha^4)
\end{aligned}
$$

(1) 上の式に $z=1$ を代入してみよ．

$$5=(1-\alpha)(1-\alpha^2)(1-\alpha^3)(1-\alpha^4)$$

一気に値が求まった．

(2) 同様である．$z=-1$ を代入してみよ

$$1=(-1-\alpha)(-1-\alpha^2)(-1-\alpha^3)(-1-\alpha^4)$$

$$1=(1+\alpha)(1+\alpha^2)(1+\alpha^3)(1+\alpha^4)$$

    ×   ×

例題 2 $z^5=1$ の虚数解の 1 つを α とするとき，次の式の値を求めよ．
(1) $\dfrac{1}{1-\alpha}+\dfrac{1}{1-\alpha^2}+\dfrac{1}{1-\alpha^3}+\dfrac{1}{1-\alpha^4}$

(2) $\dfrac{1}{1+\alpha}+\dfrac{1}{1+\alpha^2}+\dfrac{1}{1+\alpha^3}+\dfrac{1}{1+\alpha^4}$

解き方1── ①，②を用いる．

(1) 第1式と第4式，第2式と第3式を組合せて加える．

$$与式=\dfrac{2-\alpha-\alpha^4}{2-\alpha-\alpha^4}+\dfrac{2-\alpha^2-\alpha^3}{2-\alpha^2-\alpha^3}=2$$

おや，バカみたい．

(2) 上と同様であろう．読者におまかせ．

$$与式=2$$

×　　　　　×

解き方2── 恒等式の利用

簡単に解決したのに別解ですかと問いたいところか．簡単な解でも一般化に向かないものは価値が低い．

$f(z)=z^4+z^3+z^2+z+1$ とおくと

$$f(z)=(z-\alpha)(z-\alpha^2)(z-\alpha^3)(z-\alpha^4)$$

この式を微分する．対数微分法という奇策があった．両辺の対数（自然対数）をとり

$$\log f(z)=\log(z-\alpha)+\log(z-\alpha^2)$$
$$+\log(z-\alpha^3)+\log(z-\alpha^4)$$

両辺を z の関数とみて微分すれば

$$\dfrac{f'(z)}{f(z)}=\dfrac{1}{z-\alpha}+\dfrac{1}{z-\alpha^2}+\dfrac{1}{z-\alpha^3}+\dfrac{1}{z-\alpha^4}$$

一方，$\dfrac{f'(z)}{f(z)}=\dfrac{4z^3+3z^2+2z+1}{z^4+z^3+z^2+z+1}$

(1) 上の2式に $z=1$ を代入して

$$与式=\dfrac{10}{5}=2$$

(2) $z=-1$ を代入して

$$与式=2$$

×　　　　　×

例題3 $z^5=1$ の虚数解の1つを α とするとき，次の式の値を求めよ．

$$\dfrac{\alpha^2}{1+\alpha}+\dfrac{\alpha^4}{1+\alpha^2}+\dfrac{\alpha}{1+\alpha^3}+\dfrac{\alpha^3}{1+\alpha^4}$$

解き方1── ①，②を用いる．

第1と第4，第2と第3の式を組合せる．

$$与式=\dfrac{\alpha^2+\alpha+\alpha^3+\alpha^4}{2+\alpha+\alpha^4}+\dfrac{\alpha^4+\alpha^2+\alpha+\alpha^3}{2+\alpha^2+\alpha^3}$$

$$=\dfrac{-1}{2+\alpha+\alpha^4}+\dfrac{-1}{2+\alpha^2+\alpha^3}$$

$$=-\dfrac{4+\alpha+\alpha^2+\alpha^3+\alpha^4}{(2+\alpha+\alpha^4)(2+\alpha^2+\alpha^3)}$$

分子$=4-1=3$

分母$=4+2(\alpha+\alpha^2+\alpha^3+\alpha^4)$
$$+(\alpha+\alpha^4)(\alpha^2+\alpha^3)$$
$$=2+(\alpha^3+\alpha^4+\alpha+\alpha^2)=1$$

$$与式=-3$$

×　　　　　×

解き方2── 問題創作のタネにもどる

第3式の分子は α^6，第4式の分子は α^8 と書きかえてよいから

$$与式=\sum_{k=1}^{4}\dfrac{\alpha^{2k}}{1+\alpha^k}$$

この式をかきかえる．

$$\dfrac{\alpha^{2k}}{1+\alpha^k}=\dfrac{\alpha^{2k}-1+1}{1+\alpha^k}=\alpha^k-1+\dfrac{1}{1+\alpha^k}$$

$$与式=\sum_{k=1}^{4}\alpha^k-4+\sum_{k=1}^{4}\dfrac{1}{1+\alpha^k}$$

右端の式は例題2の(2)と同じもの．

$$与式=-1-4+2=-3$$

逆にたどれば問題創作の過程が丸見え．

5乗根と3角関数

1の5乗根に関係の深い3角関数の頻出問題を取り挙げてみる．

例題4 次の式の値を求めよ．

$$\sin\dfrac{\pi}{5}\sin\dfrac{2\pi}{5}\sin\dfrac{3\pi}{5}\sin\dfrac{4\pi}{5}$$

次に示す5通りの解き方はそれぞれ特色があり応用も広い．

×　　　　　×

解き方1── 余弦の式にかえる．

$\sin\dfrac{4\pi}{5}=\sin\dfrac{\pi}{5}$，$\sin\dfrac{3\pi}{5}=\sin\dfrac{2\pi}{5}$ であるから

$$与式=\left(\sin\dfrac{\pi}{5}\sin\dfrac{2\pi}{5}\right)^2$$

（　）の中の式をNとおくと

$$N=2\sin^2\dfrac{\pi}{5}\cos\dfrac{\pi}{5}$$

$$= -2\cos^3\frac{\pi}{5} + 2\cos\frac{\pi}{5}$$

$\cos\frac{\pi}{5}$ の値を求めればよいことが分った.

$\frac{\pi}{5} = \theta$ とおくと $5\theta = \pi$, $3\theta = \pi - 2\theta$

$$\sin 3\theta = \sin 2\theta$$

加法定理と2倍角の公式を用いると

$$\sin 2\theta \cos\theta + \cos 2\theta \sin\theta = \sin 2\theta$$

$$2\sin\theta\cos^2\theta + (2\cos^2\theta - 1)\sin\theta$$
$$= 2\sin\theta\cos\theta$$

$\sin\theta \neq 0$, よって $\sin\theta$ で両辺を割り

$$4\cos^2\theta - 2\cos\theta - 1 = 0$$

$\cos\theta > 0$ を考慮して解けば

$$\cos\theta = \frac{1+\sqrt{5}}{4}$$

これを N に代入すれば

$$N = \frac{\sqrt{5}}{4}$$

$\therefore$ 　与式 $= N^2 = \frac{5}{16}$

$$\times \qquad\qquad \times$$

解き方2 —— 方程式を導く

$\sin\frac{\pi}{5}$, $\sin\frac{2\pi}{5}$, $\sin\frac{3\pi}{5}$, $\sin\frac{4\pi}{5}$ を解とする4次方程式を導き，解と係数の関係を用いることを考える.

$\frac{\pi}{5}$, $\frac{2\pi}{5}$, $\frac{3\pi}{5}$, $\frac{4\pi}{5}$ のいずれも θ で表すと，$\sin 5\theta = 0$ が成り立つ.

これに加法定理などを用いるか，またはド・モアブルの定理の応用によって，$\sin\theta$ についての方程式を導く．ここでは後者による.

$$\cos 5\theta + i\sin 5\theta = (\cos\theta + i\sin\theta)^5$$

右辺を2項定理によって展開し，両辺の虚部同士を等しいとおく.

$$\sin 5\theta = 5\cos^4\theta\sin\theta - 10\cos^2\theta\sin^3\theta$$
$$+ \sin^5\theta$$

$\sin\theta$ のみで表し，$\sin\theta = x$ とおくと

$$\sin 5\theta = 16x^5 - 20x^3 + 5x$$

$\therefore$ 　$(16x^4 - 20x^2 + 5)x = 0$

$x \neq 0$ であるから

$$16x^4 - 20x^2 + 5 = 0$$

この方程式の4つの解は $\sin\frac{\pi}{5}$, $\sin\frac{2\pi}{5}$, $\sin\frac{3\pi}{5}$, $\sin\frac{4\pi}{5}$ であるから，解と係数の関係によって

$$\sin\frac{\pi}{5}\sin\frac{2\pi}{5}\sin\frac{3\pi}{5}\sin\frac{4\pi}{5} = \frac{5}{16}$$

$$\times \qquad\qquad \times$$

解き方3 —— 共役複素数の利用.

基本事項③によると α と α^4, α^2 と α^3 は互いに共役であったから

$$\alpha = \cos\frac{\pi}{5} + i\sin\frac{\pi}{5}$$

$$\alpha^4 = \overline{\alpha} = \cos\frac{\pi}{5} - i\sin\frac{\pi}{5}$$

$\therefore$ 　$\frac{\alpha - \alpha^4}{2i} = \sin\frac{\pi}{5}$

同様にして

$$\frac{\alpha^2 - \alpha^3}{2i} = \sin\frac{2\pi}{5}$$

したがって

与式 $= \left(\sin\frac{\pi}{5}\sin\frac{2\pi}{5}\right)^2$

$$= \left(\frac{\alpha - \alpha^4}{2i} \cdot \frac{\alpha^2 - \alpha^3}{2i}\right)^2$$

$$= \frac{1}{16}(1 + 2\alpha^2 + 2\alpha^3)^2$$

$$= \frac{1}{16}\{9 + 4(\alpha^4 + \alpha^3 + \alpha^2 + \alpha)\}$$

基本事項の①が役に立って

与式 $= \frac{1}{16}(9-4) = \frac{5}{16}$

$$\times \qquad\qquad \times$$

解き方4 —— 図解による.

線分 A_0A_1, A_0A_2, …… の中点をそれぞれ M_1, M_2, …… とすると

$$A_0M_1 = \frac{|1-\alpha|}{2} = \sin\frac{\pi}{5}$$

$$A_0M_2 = \frac{|1-\alpha^2|}{2} = \sin\frac{2\pi}{5}$$

………………………………

よって

与式 $= \frac{1}{16}|1-\alpha| \cdot |1-\alpha^2| \cdot |1-\alpha^3| \cdot |1-\alpha^4|$

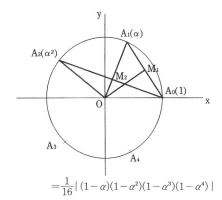

$$=\frac{1}{16}\,|\,(1-\alpha)(1-\alpha^2)(1-\alpha^3)(1-\alpha^4)\,|$$

見憶えのある式が現れた．例題 1 の(1)によれば，| | の中の式の値は 5 であるから

$$与式＝\frac{5}{16}$$

×　　　　　×

解き方 5——図解による別解

A_1A_4, A_2A_3 の中点をそれぞれ N_1, N_2 とすると

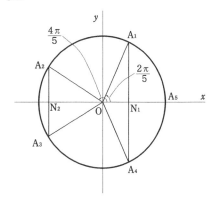

$$A_1N_1=\frac{|\,\alpha-\alpha^4\,|}{2}=\sin\frac{2\pi}{5}$$

$$A_2N_2=\frac{|\,\alpha^2-\alpha^3\,|}{2}=\sin\frac{4\pi}{5}$$

$$与式＝\left(\sin\frac{2\pi}{5}\sin\frac{4\pi}{5}\right)^2$$

$$=\left(\frac{|\,\alpha-\alpha^4\,|}{2}\cdot\frac{|\,\alpha^2-\alpha^3\,|}{2}\right)^2$$

これ以後は解き方 3 の計算と同じで

$$与式＝\frac{5}{16}$$

例題 5　次の式の値を求めよ．

$$\cos\frac{\pi}{5}\cos\frac{2\pi}{5}\cos\frac{3\pi}{5}\cos\frac{4\pi}{5}$$

例題 4 と同様の解き方が考えられる．読者の課題として残す．

1 の 10 乗根の問題

例題 6

(1)　$\cos 5\theta=f(\cos\theta)$ をみたす多項式 $f(x)$ を求めよ．

(2)　次の式の値を求めよ．

$$\cos\frac{\pi}{10}\cos\frac{3\pi}{10}\cos\frac{7\pi}{10}\cos\frac{9\pi}{10}$$

1 の 10 乗根に関係のある問題ではあるが，指定された解き方ではそれを気にしなくてよい．

(1)　ド・モアブルの定理で一気に求めることができる．それが自信ないなら加法定理や 2 倍角の公式を用いよ．計算は読者におまかせし，結果を挙げる．

$$\cos 5\theta=16\cos^5\theta-20\cos^3\theta+5\cos\theta$$

$$\therefore\ f(x)=16x^5-20x^3+5x$$

(2)　$f(x)$ を用いる．

$$\theta=\frac{\pi}{10},\ \frac{3\pi}{10},\ \frac{7\pi}{10},\ \frac{9\pi}{10}\ のとき$$

$$5\theta=\frac{\pi}{2},\ \frac{3\pi}{2},\ \frac{7\pi}{2},\ \frac{9\pi}{2}$$

どの角の場合にも $\cos 5\theta=0$ であるから，

$$x=\cos\theta=\cos\frac{\pi}{10},\cos\frac{3\pi}{10},\cos\frac{7\pi}{10},\cos\frac{9\pi}{10}$$

は方程式 $f(x)=0$ を満たし，しかも，どの値も 0 と異なり，等しいものがないから

$$16x^4-20x^2+5=0$$

の解は上の 4 数に限る．したがって，解と係数の関係により

$$与式＝\frac{5}{16}$$

指定以外の解き方

例題6の(2)の自由な解き方を考えてみる.

解き方1——sinの式に直す.

$$与式=\cos\frac{\pi}{10}\cos\frac{9\pi}{10}\times\cos\frac{3\pi}{10}\cos\frac{7\pi}{10}$$

$$=\frac{1}{4}\left(\cos\pi+\cos\frac{4\pi}{5}\right)\left(\cos\pi+\cos\frac{2\pi}{5}\right)$$

$$=\frac{1}{4}\left(1-\cos\frac{4\pi}{5}\right)\left(1-\cos\frac{2\pi}{5}\right)$$

$$=\sin^2\frac{2\pi}{5}\sin^2\frac{\pi}{5}$$

$$=\sin\frac{\pi}{5}\sin\frac{2\pi}{5}\sin\frac{3\pi}{5}\sin\frac{4\pi}{5}$$

おや,例題4と全く同じ式に変った.

$$\times \qquad\qquad \times$$

解き方2——1の10乗根で表す.

$$与式=\cos^2\frac{\pi}{10}\cos^2\frac{3\pi}{10}$$

$$=\frac{1}{4}\left(1+\cos\frac{\pi}{5}\right)\left(1+\cos\frac{3\pi}{5}\right)$$

1の10乗根の1つを

$$\alpha=\cos\frac{2\pi}{10}+i\sin\frac{2\pi}{10}=\cos\frac{\pi}{5}+i\sin\frac{\pi}{5}$$

とおくと α, α^3 の共役複素数はそれぞれ α^9, α^7 であるから

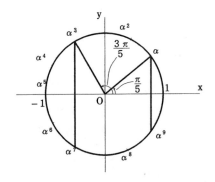

$$\cos\frac{\pi}{5}=\frac{\alpha+\alpha^9}{2},\quad \cos\frac{3\pi}{5}=\frac{\alpha^3+\alpha^7}{2}$$

$$与式=\frac{1}{16}(2+\alpha+\alpha^9)(2+\alpha^3+\alpha^7)$$

$$=\frac{1}{16}\{4+2\alpha(1+\alpha^2+\alpha^6+\alpha^8)$$

$$+(\alpha^2+\alpha^4+\alpha^6+\alpha^8)\}$$

ところが,α^2,α^4,α^6,α^8 はすべて5乗すると1になるから1の虚数の5乗根でありすべて異なる.したがって

$$1+\alpha^2+\alpha^4+\alpha^6+\alpha^8=0$$

これを上の式に用い,$\alpha^5=-1$ を考慮すると

$$与式=\frac{1}{16}\{4+2\alpha(-\alpha^4)+(-1)\}$$

$$=\frac{1}{16}(3-2\alpha^5)=\frac{5}{16}$$

……………… 内積の4面相

内積の4面相

内積というのはベクトル空間の中に長さや角を導入するための演算で，大切なものであり，その表し方はいろいろある．

(i) 成分による表し方

ベクトルが $\vec{a}=(x_1,y_1)$，$\vec{b}=(x_2,y_2)$ のように成分で表されているときは

$$\vec{a}\cdot\vec{b}=x_1x_2+y_1y_2$$

のように内積は成分で定義される．

(ii) 線分と角による表し方

ベクトルが $\overrightarrow{OA}, \overrightarrow{OB}$ のように矢線で示されているときは

$$\overrightarrow{OA}\cdot\overrightarrow{OB}=OA\times OB\cos\theta$$

（θ は一般角でもよい）と線分の長さと余弦によって定義される．

$\overrightarrow{OB}$ の $\overrightarrow{OA}$ 上への正射影を OH とすると

$$\overrightarrow{OA}\cdot\overrightarrow{OB}=OA\times OH$$

この式で注意を要するのは，線分の長さ OH は符号を持つことである．H が O に関して A と同側にあれば正で，反対側にあれば負であるとみる．

(iii) 余弦定理に代る表し方

$$\overrightarrow{OA}\cdot\overrightarrow{OB}=\frac{OA^2+OB^2-AB^2}{2}$$

内積が線分の長さのみで表されているのが特徴で，余弦の定理

$$a^2=b^2+c^2-2bc\cos A$$

と同格のものとみられる．

(iv) 中線による表し方

これは意外と知られていない．参考書で見たことがないから，むろん教科書にもない．

△OAB で辺 AB の中点をMとすると

$$\overrightarrow{OA}\cdot\overrightarrow{OB}$$
$$=m^2-n^2$$

と簡単な式になる．

導くのも易しい．

$\overrightarrow{MB}=-\overrightarrow{MA}$ であるから

$$\overrightarrow{OA}\cdot\overrightarrow{OB}=(\overrightarrow{OM}+\overrightarrow{MA})\cdot(\overrightarrow{OM}-\overrightarrow{MA})$$
$$=|\overrightarrow{OM}|^2-|\overrightarrow{MA}|^2=m^2-n^2$$

内積というのは中線平方の定理と密接な関係がある．そのことは，中線平方の定理の式

$$OA^2+OB^2=2m^2+2n^2$$

を(iii)の式に代入してみれば明らかであろう．

$$\overrightarrow{OA}\cdot\overrightarrow{OB}=\frac{2m^2+2n^2-4n^2}{2}=m^2-n^2$$

内積と中線の関係の応用

内積と中線の応用にふさわしい問題を2つ取り挙げてみる．

例題1 実数 $p,q\,(q>0)$ に対して，下の2条件①，②を満たす3角形 ABC が存在するための必要十分条件を求めよ．

$$①\ |\overrightarrow{BC}|=q \qquad ②\ \overrightarrow{AB}\cdot\overrightarrow{AC}=p$$

新鮮な問題である．3角形の存在する条件といえば

$$|AB-AC|<BC<AB+AC$$

を思い出すが，残念なことに，与えられた条件と結びつかない．

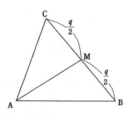

q は正の数であるから，長さ q の線分 BC はつねに作図可能．さらに3角形 ABC の作図可能なためには，直線 BC 上にない点Aをとることができればよい．それには，BC の中点をMとすると，線分 AM が作図可能ならばよい．それには $AM>0$ となればよい．そこで AM の長さを p,q で表すことを考える．内積と中線の関係の出番….

$$p=\overrightarrow{AB}\cdot\overrightarrow{AC}=AM^2-BM^2=AM^2-\frac{q^2}{4}$$

$$AM=\sqrt{p+\frac{q^2}{4}}>0$$

$$\therefore\quad p+\frac{q^2}{4}>0$$

あまりにもあっけない結末で気味悪いほどであろう．

×　　　　×

例題2　平面上の 2 点 A，Bと直線 L とがある．L 上に点Pをとり，内積
$$s=(\overrightarrow{AP},\ \overrightarrow{BP})$$
を考える．L 上で s を最小にする点PをQとおく．

(1) この平面上で L を平行移動させると，Q は 1 つの直線上を動くことを示せ．

(2) (1)で求めた直線は，AB の中点を通り，L に直交することを示せ．

内積を中線で表すのに最も向いた問題である．AB の中点をMとすると

$$s=(\overrightarrow{AP},\ \overrightarrow{BP})$$
$$=MP^2-AM^2$$

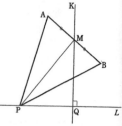

s が最小になるのは MP が最小になるときである．したがって，Mから L に下した垂線の足がQである．

QはMを通り L に垂直な直線K上を動く，となって(1)と(2)が一気に証明された．

×　　　　×

はて，さて，解き方がうま過ぎてか，問題がバカみたいに見えて来た．出題者はおそらく別の解き方を考えていたのであろう．その真相を明かす解き方は，次のようなものであろうか．

平凡な解き方

法線ベクトル $\vec{c}$，方向ベクトル $\vec{p}$ を用い

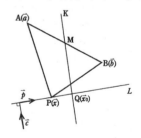

て L の方程式を
$$\vec{x}=k\vec{c}+t\vec{p}$$
とする．ただし $\vec{c}$，$\vec{p}$ は単位ベクトルで，かつ $(\vec{c},\ \vec{p})=0$ とする．

A，B の位置ベクトルをそれぞれ $\vec{a}$，$\vec{b}$ とすると
$$s=(\overrightarrow{PA},\ \overrightarrow{PB})$$
$$=(\vec{a}-k\vec{c}-t\vec{p},\ \vec{b}-k\vec{c}-t\vec{p})$$
$$=(\vec{a}-k\vec{c},\ \vec{b}-k\vec{c})-(\vec{a}+\vec{b},\ \vec{p})t+t^2$$
t についての 2 次関数であるから
$$t=\frac{(\vec{a}+\vec{b},\ \vec{p})}{2}$$

のとき s は最小で，そのときのQの位置ベクトルを $\vec{x_0}$ とすると

$$\vec{x_0}=k\vec{c}+\frac{(\vec{a}+\vec{b},\ \vec{p})}{2}\vec{p}$$

(1) L を平行移動させると実数 k は変化し，点 $\mathrm{Q}(\vec{x_0})$ は

点 $\dfrac{(\vec{a}+\vec{b},\ \vec{p})}{2}\vec{p}$ を通り $\vec{c}$ に平行

な直線 K 上を動くことは明らか．

(2) 直線 K が L に直交することは明らか．K が AB の中点 $\mathrm{M}\left(\dfrac{\vec{a}+\vec{b}}{2}\right)$ を通ることを示すには $\overrightarrow{\mathrm{MQ}}$ と $\vec{p}$ が垂直であることを示せばよい．

$$(\overrightarrow{\mathrm{MQ}},\ \vec{p})$$
$$=\left(k\vec{c}+\frac{(\vec{a}+\vec{b},\ \vec{p})}{2}\vec{p}-\frac{\vec{a}+\vec{b}}{2},\ \vec{p}\right)$$
$$=\frac{(\vec{a}+\vec{b},\ \vec{p})}{2}|\vec{p}|^2-\frac{(\vec{a}+\vec{b},\ \vec{p})}{2}=0$$

よってQの軌跡 K はMを通り L に直交する．

　　　　　×

正直にやるとこんなあんばいである．内積と中線の関係の効用を知る反面教育にはなるだろう．

内積の成分表示の応用

成分による計算が主流になる問題を取り挙げてみる．

例題3 xy 平面の原点を中心とし半径 1 の円 C 上に定点Aをとる．同じ円上の点 X に対し，平面上の点Yを

$$\overrightarrow{\mathrm{OY}}=\overrightarrow{\mathrm{OA}}-2(\overrightarrow{\mathrm{OA}}\cdot\overrightarrow{\mathrm{OX}})\overrightarrow{\mathrm{OX}}$$

で定める．ただし $\overrightarrow{\mathrm{OA}}\cdot\overrightarrow{\mathrm{OX}}$ は $\overrightarrow{\mathrm{OA}}$ と $\overrightarrow{\mathrm{OX}}$ の内積である．

このとき

(1) $|\overrightarrow{\mathrm{OY}}|=1$ であることを示せ．

(2) $\overrightarrow{\mathrm{OY}}=-\overrightarrow{\mathrm{OA}}$ となる点Xをすべて求めよ．

(3) 点Xが円 C を1回まわるとき，点Yは同じ円を2回まわることを示せ．

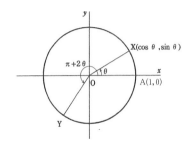

ベクトルを成分で表し，指示通りに計算をすすめればよい．計算は楽にすむのがよいから，Aは x 軸の正の部分にあるように選んでおく．

$\mathrm{A}(1,0)$ である．

$\mathrm{X}(\cos\theta,\ \sin\theta),\ (0\leqq\theta<2\pi)$ とおく．

$\overrightarrow{\mathrm{OA}}\cdot\overrightarrow{\mathrm{OX}}=(1,0)\cdot(\cos\theta,\sin\theta)=\cos\theta$

$\therefore\ \overrightarrow{\mathrm{OY}}=\overrightarrow{\mathrm{OA}}-2(\overrightarrow{\mathrm{OA}}\cdot\overrightarrow{\mathrm{OX}})\overrightarrow{\mathrm{OX}}$

$\quad=(1,0)-2\cos\theta(\cos\theta,\sin\theta)$

$\quad=(1-2\cos^2\theta,\ -2\cos\theta\sin\theta)$

$\quad=(-\cos2\theta,\ -\sin2\theta)$

$\quad=(\cos(\pi+2\theta),\ \sin(\pi+2\theta))$ (＊)

(1) $|\overrightarrow{\mathrm{OY}}|^2=\cos^2(\pi+2\theta)+\sin^2(\pi+2\theta)$

$\quad\therefore\ |\mathrm{OY}|=1$

(2) $\overrightarrow{\mathrm{OY}}=-\overrightarrow{\mathrm{OA}}$ ならば

$\quad\therefore\ (-\cos2\theta,\ -\sin2\theta)=(-1,0)$

$0\leqq2\theta<4\pi$ であるから $2\theta=0,\ 2\pi$

$\quad\quad\quad\therefore\ \theta=0,\ \pi$

$\theta=0$ のとき $\overrightarrow{\mathrm{OX}}=(\cos0,\sin0)=(1,0)$

$\theta=\pi$ のとき $\overrightarrow{\mathrm{OX}}=(\cos\pi,\sin\pi)=(-1,0)$

$\quad\therefore\ \mathrm{X}(1,0),\ \mathrm{X}(-1,0)$

(3) （＊）から $\overrightarrow{\mathrm{OY}}$ の偏角は $\overrightarrow{\mathrm{OX}}$ の偏角の 2 倍に π を加えたものである．したがってX が円 C を1周するときYは同じ円を2周する．

解けば万事終りというわけではない

計算により機械的に解いては見たものの，内容が具体的に読めなければ気持ちがスッキリしない．問題文から図形的内容を探ってみよう．

Aから直線 OX に下した垂線の足をHと

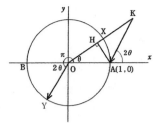

すると，$\overrightarrow{OA}\cdot\overrightarrow{OX}=\cos\theta=OH$ であるから，
OH を 2 倍に伸ばしたもの $OK=2\cos\theta$
$$2(\overrightarrow{OA}\cdot\overrightarrow{OX})\overrightarrow{OX}=2\cos\theta\,\overrightarrow{OX}=\overrightarrow{OK}$$
したがって
$$\overrightarrow{OY}=\overrightarrow{OA}-\overrightarrow{OK}=\overrightarrow{KA}$$
角は図をみれば明らかであろう．

X がAから出発して円 C 上を運動すれば，
Y はBから出発して，同じ円上をXの 2 倍の
速さで運動する．

内積の計算法則を生かす

内積の計算を支えている法則を振り返り，
フルに活用した解き方を考えたい．

内積の計算法則

(i)　$\vec{a}\cdot\vec{b}=\vec{b}\cdot\vec{a}$

(ii)　$\vec{a}\cdot(\vec{b}\pm\vec{c})=\vec{a}\cdot\vec{b}\pm\vec{a}\cdot\vec{c}$

(iii)　$k(\vec{a}\cdot\vec{b})=(k\vec{a})\cdot\vec{b}=\vec{a}\cdot(k\vec{b})$

(iv)　$|\vec{a}|^2=\vec{a}\cdot\vec{a}$

(iii)で $k=-1$ とおいて
$$-(\vec{a}\cdot\vec{b})=(-\vec{a})\cdot\vec{b}=\vec{a}\cdot(-\vec{b})$$
なお，内積では結合法則は成り立たず，
$$(\vec{a}\cdot\vec{b})\cdot\vec{c}=\vec{a}\cdot(\vec{b}\cdot\vec{c})$$
の両辺の式は意味をなさない．$(\vec{a}\cdot\vec{b})$ は実数
であるから $(\vec{a}\cdot\vec{b})\cdot\vec{c}$ は「実数×ベクトル」
であって内積にはならない．

以上によく似た等式
$$(\vec{a}\cdot\vec{b})\vec{c}=\vec{a}(\vec{b}\cdot\vec{c})$$
では，両辺の式は意味をなすが等式は成り立
たない．左辺はベクトル $\vec{c}$ の実数倍を，右辺
はベクトル $\vec{a}$ の実数倍を表すからである．

　　　×　　　　　　×

例題 4　$\vec{a}$，$\vec{b}$，$\vec{c}$ は平面上のベクトル
であり，大きさが等しく，どの 2 つのベク
トルも $120°$ の角をなすものとする．また，
$\vec{x}$ を同一平面上の任意のベクトルとする．

(1)　$\vec{a}+\vec{b}+\vec{c}=\vec{0}$ が成立することを
示せ．

(2)　$\vec{a}\cdot\vec{x}+\vec{b}\cdot\vec{x}+\vec{c}\cdot\vec{x}=0$ が成立す
ることを示せ．

(3)　$(\vec{a}\cdot\vec{x})^2+(\vec{b}\cdot\vec{x})^2+(\vec{c}\cdot\vec{x})^2$ の値
を $|\vec{a}|$ と $|\vec{x}|$ を用いて表せ．

解き方 1──計算による方法

図解に頼らず，座標も設定せず，ひたすら
内積の計算に頼ってみる．

(1)　一般に $\vec{x}=\vec{0}$ を内積の計算で示すに
は $|\vec{x}|^2=\vec{x}\cdot\vec{x}=0$ を示せばよい．
$|\vec{a}|=|\vec{b}|=|\vec{c}|=k$ とおくと
$$\vec{b}\cdot\vec{c}=\vec{c}\cdot\vec{a}=\vec{a}\cdot\vec{b}=kk\cos120°=-\frac{k^2}{2}$$
よって
$$\begin{aligned}
|\vec{a}+\vec{b}+\vec{c}|^2&=(\vec{a}+\vec{b}+\vec{c})\cdot(\vec{a}+\vec{b}+\vec{c})\\
&=|\vec{a}|^2+|\vec{b}|^2+|\vec{c}|^2\\
&\quad+2(\vec{b}\cdot\vec{c}+\vec{c}\cdot\vec{a}+\vec{a}\cdot\vec{b})\\
&=3|\vec{a}|^2+6(\vec{b}\cdot\vec{c})=3k^2+6\times\left(-\frac{k^2}{2}\right)=0
\end{aligned}$$

(2)　(1)があれば自明に近い．
$$\begin{aligned}
\vec{a}\cdot\vec{x}+\vec{b}\cdot\vec{x}+\vec{c}\cdot\vec{x}&=(\vec{a}+\vec{b}+\vec{c})\cdot\vec{x}\\
&=\vec{0}\cdot\vec{x}=0
\end{aligned}$$

(3)　$\vec{a}$，$\vec{b}$ は平行でないから，これらを用
いて $\vec{x}$ を表すことができる．
$\vec{x}=\alpha\vec{a}+\beta\vec{b}$ とおくと
$$\begin{aligned}
|\vec{x}|^2&=\alpha^2|\vec{a}|^2+\beta^2|\vec{b}|^2+2\alpha\beta(\vec{a}\cdot\vec{b})\\
&=(\alpha^2+\beta^2-\alpha\beta)k^2
\end{aligned}$$
$$\vec{a}\cdot\vec{x}=\alpha|\vec{a}|^2+\beta(\vec{a}\cdot\vec{b})=\left(\alpha-\frac{\beta}{2}\right)k^2$$
$$\vec{b}\cdot\vec{x}=\left(\beta-\frac{\alpha}{2}\right)k^2$$
$$\vec{c}\cdot\vec{x}=\alpha(\vec{c}\cdot\vec{a})+\beta(\vec{c}\cdot\vec{b})=\left(-\frac{\alpha}{2}-\frac{\beta}{2}\right)k^2$$
よって
$$(\vec{a}\cdot\vec{x})^2+(\vec{b}\cdot\vec{x})^2+(\vec{c}\cdot\vec{x})^2$$

$$=\left\{\left(\alpha-\frac{\beta}{2}\right)^2+\left(\beta-\frac{\alpha}{2}\right)^2+\left(-\frac{\alpha}{2}-\frac{\beta}{2}\right)^2\right\}k^4$$

$$=\frac{3}{2}(\alpha^2+\beta^2-\alpha\beta)k^4$$

$$=\frac{3}{2}|\vec{a}|^2|\vec{x}|^2$$

×　　　　　×

上の解と比較するために，座標を設定し，ベクトルの成分表示を用いてみる．

×　　　　　×

解き方2——座標を用いる方法

３つのベクトル $\vec{a},\vec{b},\vec{c}$ の始点を原点Oにとり，右のような図をかく．ベ

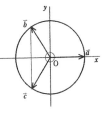

クトルの順序はこの他にもあるが，問題の中の式は $\vec{a},\vec{b},\vec{c}$ について対称であることからみて，この図でも一般性を失わない．

$|\vec{a}|=|\vec{b}|=|\vec{c}|=k$ とおくと

$$\vec{a}=(k,0),\quad \vec{b}=\left(-\frac{1}{2}k,\frac{\sqrt{3}}{2}k\right),$$

$$\vec{c}=\left(-\frac{1}{2}k,-\frac{\sqrt{3}}{2}k\right)$$

(1) $\vec{a}+\vec{b}+\vec{c}=(0,0)=\vec{0}$

(2) $\vec{a}\cdot\vec{x}+\vec{b}\cdot\vec{x}+\vec{c}\cdot\vec{x}=(\vec{a}+\vec{b}+\vec{c})\cdot\vec{x}$

$$=\vec{0}\cdot\vec{x}=0$$

(3) $\vec{x}=(\alpha,\beta)$ とおくと $|\vec{x}|^2=\alpha^2+\beta^2$

$$\vec{a}\cdot\vec{x}=\alpha k$$

$$\vec{b}\cdot\vec{x}=\left(-\frac{\alpha}{2}+\frac{\sqrt{3}\beta}{2}\right)k$$

$$\vec{c}\cdot\vec{x}=\left(-\frac{\alpha}{2}-\frac{\sqrt{3}\beta}{2}\right)k$$

よって

$$(\vec{a}\cdot\vec{x})^2+(\vec{b}\cdot\vec{x})^2+(\vec{c}\cdot\vec{x})^2$$

$$=\left\{\alpha^2+\left(\frac{\alpha}{2}-\frac{\sqrt{3}\beta}{2}\right)^2+\left(\frac{\alpha}{2}+\frac{\sqrt{3}\beta}{2}\right)^2\right\}k^2$$

$$=\frac{3}{2}(\alpha^2+\beta^2)k^2=\frac{3}{2}|\vec{a}|^2|\vec{x}|^2$$

ベクトルを図形に翻訳

前にもいったように，問題は解くだけの対

象ではない．知識をむさぼる対象とみたい．ベクトルは図形に翻訳してみれば予期しない収穫が得られる．

(1)の等式 $\vec{a}+\vec{b}+\vec{c}=\vec{0}$ は，３つのベクトルをつなぐと３角形を作ることを表す．また１点Oから３つのベクトル $\vec{a}=\overrightarrow{OA},\vec{b}=\overrightarrow{OB},\vec{c}=\overrightarrow{OC}$ をひけば，O は△ABC の重心であることを表してもいる．さらに，どの２つのベクトルも 120° の角をなすときは正３角形を作る．

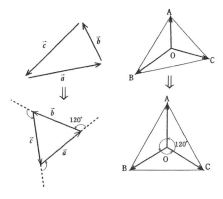

(2)の等式 $\vec{a}\cdot\vec{x}+\vec{b}\cdot\vec{x}+\vec{c}\cdot\vec{x}=0$ は何を表すか．ベクトル $\vec{x}$ の定める直線に A, B, C から下した垂線の足をそれぞれ A′, B′, C′ としてみよ．内積の定義から

$$\vec{a}\cdot\vec{x}=\overline{OX}\times A'B'$$

$$\vec{b}\cdot\vec{x}=\overline{OX}\times B'C'$$

$$\vec{c}\cdot\vec{x}=\overline{OX}\times C'A'$$

これらの和が 0 であることから

$$\overline{OX}(A'B'+B'C'+C'A')=0$$

$$A'B'+B'C'+C'A'=A'A'=0$$

正射影を表す線分 A′B′, B′C′, C′A′ は有向線分で，その和は 0 になることを表している．

内積のないベクトル空間

ベクトルと図形

　ベクトルと図形との関係は内積があるかないかによって大きく異なる。一般のベクトル空間には長さや角がない。そこへ長さと角を導入するための演算が内積であるから、内積ヌキのベクトルで取り扱う図形の性質は長さと角に関係のないものに限る。ただし長さはないが、平行なベクトルに限って、その比を考えることはできる。古典幾何のうち比例線に関する問題が内積ヌキのベクトルの活躍できる舞台とみてよい。そのとき用いられる基本事項の整理から話をはじめよう。

$$\times \qquad\qquad \times$$

　(i)　平行なベクトルの関係

　2つのベクトル $\vec{a}$, $\vec{b}$ が平行ならば

$$\vec{b}=k\vec{a}$$

をみたす実数 k が1つ定まる。これは、実は矢線ベクトルの実数倍の定義とも見られる基本的知識である。

　(ii)　2点 $\vec{a}$, $\vec{b}$ を結ぶ線分を $m:n$ に分

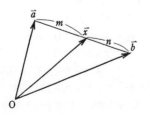

ける点を $\vec{x}$ とすると

$$\vec{x}=\frac{n\vec{a}+m\vec{b}}{m+n}$$

m と n の順序に注意されたい。式では $\vec{a}$, $\vec{b}$ の順序と m, n の順序が反対であるが、図では同じである。

　(iii)　上の公式で

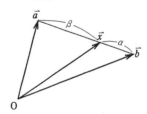

$$\frac{n}{m+n}=\alpha,\quad \frac{m}{m+n}=\beta$$

とおくと

$$\vec{x}=\alpha\vec{a}+\beta\vec{b}$$
$$(\alpha+\beta=1)$$

表現を変えたに過ぎないが、応用は広い。

　(iv)　上の公式の逆は重要である。α, β を任意の実数とすれば

$$\vec{x}=\alpha\vec{a}+\beta\vec{b}$$

で表される点 $\vec{x}$ は2点 $\vec{a}$, $\vec{b}$ を通る直線上にあるとは限らないが、もし $\alpha+\beta=1$ ならばその直線上にある。

　(v)　平面上の2つのベクトル $\vec{a}$, $\vec{b}$ は、ゼロベクトルでなく、かつ平行でもないときは1次独立であるという。1次独立でないとき

すなわち

$$\begin{cases} \vec{a}=\vec{0} \ \text{または} \ \vec{b}=\vec{0} \ \text{のとき} \\ \vec{a}\neq\vec{0}, \ \vec{b}\neq\vec{0} \ \text{でかつ} \ \vec{a}/\!/\vec{b} \end{cases}$$

のときは1次従属であるという.

1次独立に関する次の基本事項は極めて大切である.

> $\vec{a}$, $\vec{b}$ が1次独立のとき
> $\alpha\vec{a}+\beta\vec{b}=0 \to \alpha=0, \ \beta=0$
> $\alpha\vec{a}+\beta\vec{b}=\alpha'\vec{a}+\beta'\vec{b} \to \alpha=\alpha', \ \beta=\beta'$

$\vec{a}$, $\vec{b}$ が1次独立であることを確めないで $\alpha\vec{a}+\beta\vec{b}=0$ から $\alpha=0$, $\beta=0$ を導いてはいけない.

これはベクトルの等式から実数の等式を導くときに用いられる.

頻出問題の解き方

> **例題1** 3角形 ABC の辺 BC を $m:n$ に内分する点を M, 線分 AM の中点を N, 直線 BN と辺 AC との交点を P とする.
> (1) 3つのベクトル $\overrightarrow{AB}$, $\overrightarrow{AC}$, $\overrightarrow{AN}$ の間に成り立つ関係式を求めよ.
> (2) $\overrightarrow{AP}=x\overrightarrow{AC}$, $\overrightarrow{NP}=y\overrightarrow{BN}$ とするとき, x, y の値を求めよ.

類題が多く解き方も似ている. 何題も浅く学ぶよりは一題を深く極めるのがよい. 浅瀬の魚は小さいが深い海の魚は大きい.

×　　　　　×

解き方1—— 分点の公式の活用.

(1) $\overrightarrow{AM}$ は分点の公式で求め, 2分の1に縮小すれば $\overrightarrow{AN}$ である.

$$\overrightarrow{AN}=\frac{1}{2}\overrightarrow{AM}=\frac{n}{2(m+n)}\overrightarrow{AB}+\frac{m}{2(m+n)}\overrightarrow{AC}$$

(2) 上の式の $\overrightarrow{AC}$ を $\frac{1}{x}\overrightarrow{AP}$ で置きかえる.

$$\overrightarrow{AN}=\frac{n}{2(m+n)}\overrightarrow{AB}+\frac{m}{2(m+n)x}\overrightarrow{AP} \quad (*)$$

点 N は直線 BP 上にあるから基本事項(iii)

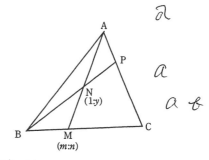

によって

$$\frac{n}{2(m+n)}+\frac{m}{2(m+n)x}=1$$

$$x=\frac{m}{2m+n}$$

（＊）から点 N が線分 BP を分ける比は

$$\frac{m}{2(m+n)x}:\frac{n}{2(m+n)}=m:nx$$

この比は $1:y$ に等しいから

$$m:nx=1:y, \ y=\frac{n}{m}x$$

$$\therefore \ y=\frac{n}{2m+n}$$

以上の解き方の要点は（＊）を導いたこと.

×　　　　　×

解き方2—— 基本のベクトルを定める.

A を原点とし, $\overrightarrow{AB}$ と $\overrightarrow{AC}$ を基本のベクトルとする座標を設定した積りでやる.

(1) 前の解き方と同じ. $\overrightarrow{AN}$ を $\overrightarrow{AB}$ と $\overrightarrow{AC}$ で表す.

$$\overrightarrow{AN}=\frac{n}{2(m+n)}\overrightarrow{AB}+\frac{m}{2(m+n)}\overrightarrow{AC} \quad ①$$

点 N は線分 BP を $1:y$ に内分するから

$$\overrightarrow{AN}=\frac{y}{1+y}\overrightarrow{AB}+\frac{1}{1+y}\overrightarrow{AP}$$

$\overrightarrow{AP}$ を $x\overrightarrow{AC}$ で置きかえて

$$\overrightarrow{AN}=\frac{y}{1+y}\overrightarrow{AB}+\frac{x}{1+y}\overrightarrow{AC} \quad ②$$

①と②の右辺は等しい. しかも $\overrightarrow{AB}$ と $\overrightarrow{AC}$ は平行でない(1次独立である)から, 基本事項の(v)によって

$$\frac{n}{2(m+n)}=\frac{y}{1+y}, \ \frac{m}{2(m+n)}=\frac{x}{1+y}$$

この2式を x, y について解く.

$$x=\frac{m}{2m+n},\quad y=\frac{n}{2m+n}$$

×　　　　　×

解き方3──幾何的方法.

　この種の問題は古典幾何の問題をベクトルに翻訳したものであるから，逆に翻訳した積りで古典幾何の方法で解くことが考えられる。(1)は前と同じこと。

　(2)　3組の比を1つの図に書き入れると混乱の恐れがある。$m:n$ は実長で ma, na というように表せばその恐れはない。

　補助線として，M から BP に平行線をひき PC との交点を Q とせよ．

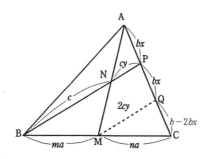

　MQ∥BP であるから

$$PQ:QC=BM:MC$$
$$bx:b-2bx=ma:na$$
$$\therefore\quad x=\frac{m}{2m+n}$$

また　MQ：BP＝MC：BC から

$$2cy:c+cy=na:ma+na$$
$$\therefore\quad y=\frac{n}{2m+n}$$

相似3角形の証明

[例題2]　3角形 ABC において，辺 AB，BC，CA をそれぞれ2：1に内分する点を A_1, B_1, C_1 とし，さらに線分 A_1B_1, B_1C_1, C_1A_1 をそれぞれ2：1に内分する点を A_2, B_2, C_2 とする。このとき3角形 $A_2B_2C_2$ は3角形 ABC に相似であるこ

とを示せ．

　△$A_2B_2C_2$ と △ABC との辺が平行になておれば辺の比は内積ヌキで求められる。行でないと内積が必要。さて，どちらか。を正確にかいてみると平行らしい。内積に出る幕がなさそう。

×　　　　　　×

解き方1──ベクトルによる方法.

　原点 O はどこにとってもよい。3頂点 AB，C の位置ベクトルをそれぞれ $\vec{a}$, $\vec{b}$, とする．

$$A_1:\frac{\vec{a}+2\vec{b}}{3}\qquad B_1:\frac{\vec{b}+2\vec{c}}{3}$$

　A_2 は A_1B_1 を2：1に内分するから

$$A_2:\frac{1}{3}\left(\frac{\vec{a}+2\vec{b}}{3}+2\times\frac{\vec{b}+2\vec{c}}{3}\right)$$
$$=\frac{\vec{a}+4\vec{b}+4\vec{c}}{9}$$

$\vec{a}$, $\vec{b}$, $\vec{c}$ をサイクリックに入れかえて

$$B_2:\frac{\vec{b}+4\vec{c}+4\vec{a}}{9}$$

よって　$\overrightarrow{A_2B_2}=\frac{3(\vec{a}-\vec{b})}{9}=\frac{\vec{a}-\vec{b}}{3}=\frac{1}{3}\overrightarrow{BA}$

$$\therefore\quad A_2B_2=\frac{1}{3}AB$$

同様にして　$B_2C_2=\frac{1}{3}BC$, $C_2A_2=\frac{1}{3}CA$

　以上により　△$A_2B_2C_2$∽△ABC

×　　　　　×

解き方2──幾何的方法.

　幾何の証明の成否は補助線のひき方で決る。C_1A_1 を延長して BC の延長との交点 D とする。AA_1 の中点 E を C_1 と結ぶと EC

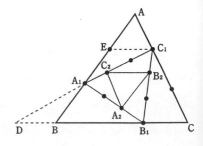

は，BC に平行になる．A_1 は BE の中点であるから C_1D の中点でもある．

$$C_1C_2 : C_2D = 1 : 2 = C_1B_2 : B_2B_1$$
$$B_2C_2 /\!/ DB_1$$
$$\therefore \quad B_2C_2 /\!/ BC$$

同様にして $C_2A_2 /\!/ CA$，$A_2B_2 /\!/ AB$ となるから $\triangle A_2B_2C_2$ は $\triangle ABC$ に相似である．

×　　　　×

解き方3── 原点を重心に選ぶ．

解き方1において原点を重心に選んでおけば $\vec{a}+\vec{b}+\vec{c}=\vec{0}$ であるから

$$A_2 : \frac{\vec{b}+\vec{c}}{3} = \frac{2}{3}\cdot\frac{\vec{b}+\vec{c}}{2}$$

BC, CA, AB の中点をそれぞれ L, M, N とすると，上の式から

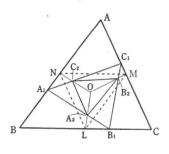

$$\overrightarrow{OA_2} = \frac{2}{3}\overrightarrow{OL}$$

同様にして

$$\overrightarrow{OB_2} = \frac{2}{3}\overrightarrow{OM}$$

$$\overrightarrow{OC_2} = \frac{2}{3}\overrightarrow{ON}$$

よって $\triangle A_2B_2C_2$ は $\triangle LMN$ を $\frac{2}{3}$ に縮小したもの．$\triangle LMN$ は $\triangle ABC$ を $\frac{1}{2}$ に縮小したもの．$\triangle A_2B_2C_2$ は $\triangle ABC$ を $\frac{1}{3}$ に縮小したものとなって解決する．

この解の方が問題の構図を浮きあがらせてくれる．

定点通過の問題

> **例題3**　$\triangle ABC$ と正の定数 k が与えられている．動点 P，Q は，a，b を実数として
> $$\overrightarrow{OP} = a\overrightarrow{OA}, \quad \overrightarrow{OQ} = b\overrightarrow{OB}, \quad \frac{1}{a}+\frac{1}{b}=\frac{1}{k}$$
> をみたしている．直線 PQ は定点を通ることを示せ．その定点を R とするとき，$\overrightarrow{OR}$ を $\overrightarrow{OA}$，$\overrightarrow{OB}$，k で表せ．

着眼の方向によっては，難問にも易問にもなりそう．古典幾何では，お馴染みの問題の焼き直しである．

×　　　　×

解き方1── ベクトルによる．

直線 PQ 上の任意の点を X とすれば

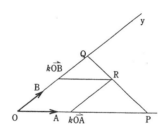

$$\overrightarrow{OX} = \alpha(a\overrightarrow{OA}) + \beta(b\overrightarrow{OB})$$
$$(\alpha+\beta=1)$$

仮定の式から

$$\frac{k}{a}+\frac{k}{b}=1$$

したがって $\alpha=\dfrac{k}{a}$，$\beta=\dfrac{k}{b}$ のときの X の位置 R は PQ 上にあり，しかも

$$\overrightarrow{OR} = \frac{k}{a}(a\overrightarrow{OA}) + \frac{k}{b}(b\overrightarrow{OB})$$
$$= k(\overrightarrow{OA} + \overrightarrow{OB})$$

となるから R は定点でもある．

以上により PQ は定点 R を通ることが明らかにされた．

余りにもあっけない結末であった．

　　　　　　×　　　　　　　×

解き方2── 座標を設定する.

　Oを原点, $\overrightarrow{OA}$, $\overrightarrow{OB}$ を基本ベクトルとして座標を定める. これは平行座標（斜交座標）であるが, 直線の方程式は直交座標のときと全く同じである. $P(a, 0)$ と $Q(0, b)$ を通る直線の方程式は

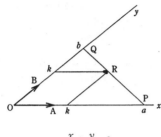

$$\frac{x}{a}+\frac{y}{b}=1$$

である. 仮定から

$$\frac{1}{b}=\frac{1}{k}-\frac{1}{a}$$

これを代入して

$$\frac{x}{a}+\left(\frac{1}{k}-\frac{1}{a}\right)y=1$$

a について整理して

$$(y-k)a+k(x-y)=0$$

a の任意の値に対して成り立つためには

$$y-k=0 \quad かつ \quad x-y=0$$

$$\therefore \quad x=y=k$$

　直線PQは定点 $R(k, k)$ を通り, しかも

$$\overrightarrow{OR}=k\overrightarrow{OA}+k\overrightarrow{OB}$$

························· 凸図形と支持直線

頻出の基本問題から出発しよう

> **例題 1** 放物線 $y=x^2$ と点 A(3, 0) と
> がある.
> (1) この放物線上の点を P とするとき,
>   AP が最小になる点 P の位置 Q を求
>   めよ.
> (2) Q における放物線の接線 QT は
>   AQ に直交することを示せ.

P における x 座標を x とすると

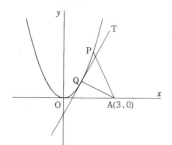

$$AP^2 \doteqdot x^4 + (x-3)^2$$

この関数を $f(x)$ とおくと

$$\begin{aligned}
f'(x) &= 4x^3 + 2(x-3) \\
&= 2(2x^3 + x - 3) \\
&= 2(x-1)(2x^2 + 2x + 3) \\
&= 4(x-1)\left\{\left(x+\frac{1}{2}\right)^2 + \frac{5}{4}\right\}
\end{aligned}$$

よって,AP は $x=1$ のとき最小になる.
そのときの P の位置は Q(1, 1) である.

$g(x)=x^2$ とおくと $g'(x)=2x$
$$g'(1)=2$$

Q における接線 QT の傾きは 2 で,AQ の傾
きは $-\dfrac{1}{2}$ であるから QT は AQ に直交する.

点と凸集合の最短距離

例題 1 の(2)と同様のことは他の曲線でも起
きる.その最も身近な例は点と円の最短距離
であろう.

中心 O の円外の点 A から,この円周上の
点 P までの距離 AP が最小になるのは,AO
と円周との交点 Q に P が一致したときであ

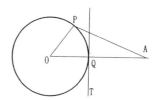

る.Q における円の接線 QT が AQ に直交す
ることは明らかである.

    ×   ×

以上の性質は,一般の凸図形において成り
立つ.凸図形というのは,その図形に属する
任意の 2 点を M, N とすると,線分 MN もそ
の図形に属するようなもののことで凸集合と
もいう.

円や楕円の周と内部は凸図形である.凸多

角形はもちろん凸図形である．線分もそうである．凸図形は有限のものとは限らない．角のように限りなく一方に延びたものでもよい．

このような凸図形 Γ と点 A において，Γ に属する任意の点を P とするとき，AP の最小値を A と Γ との距離という．

A が Γ に属しておれば距離は 0 と考える．興味があるのは A が Γ に属さない，つまり Γ の外にある場合である．

Γ に属する点を P，AP の最小値を与える P の位置を Q としたとき，Q における接線 QT は AQ に直交することを明らかにしたい．しかし，ここで気になるのは接線の存在そのものである．

たとえば扇形の凸集合でみると，弧 AB 上の点には接線が 1 つず

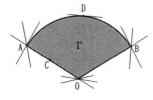

つあるが，その他の点でひけるのは偽物の接線ばかりである．頂点 A, B, O では，Γ と 1 点だけを共有する直線を無数にひける．1 点で接触するという点ではかなり接線に近い．しかし，線分 OA 上の点 C では，接線らしいものといえば直線 AC のみで，これは Γ と無数の点を共有する．

偽物の接線ではあるが凸図形を取り扱うのには欠かせない．だとすると，それらに共通な性質を見付けだして定義を与えておくのが望ましい．

共通な性質は意外と単純である．凸図形 Γ の周上の 1 点 P を通る直線で，Γ の内部の点を含まないものを点 P における Γ の支持直線という．

定理1 周と内部とからなる凸図形 Γ の点 P と Γ の外の点 A との距離 AP の最小値を与える P の位置を P_0 とすると，P_0 における支持直線のなかに AP_0 に直交するものがある．

P_0 から AP_0 に直交する直線 P_0T をひき，これが P_0 における支持直線になることを示せばよい．

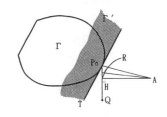

直線 P_0T に関し点 A と同じ側に Γ の点 Q があったとすると，凸図形の定義により線分 P_0Q は Γ に属する．A から P_0Q に下した垂線の足を H とし，線分 P_0H 上の点を R とすると $AR < AP_0$ で，しかも R は Γ に属するから AP_0 が最小であることに矛盾する．よって，Γ は直線 P_0T を境とし，A を含まない半平面 Γ'（P_0T を含む）に属する．Γ の点のうち直線 P_0T 上にあり得るのは周上の点で，内部の点は有り得ない．もし内部の点が P_0T 上にあったとすると，その付近の周の一部が Γ' の外にはみ出すことになって先に明らかにした事実に反する．

以上によって，直線 P_0T は P_0 における支持直線であることが明らかにされた．

以上はやや曖昧な証明であるが，集合に関する位相的知識を前提としないものとしてはまあ止むを得ないであろう．

難問をみつけた

例題2 平面内に定点 Q と 3 角形 ABC が与えられている．3 角形 ABC の内

部または周上の点からなる集合を Γ とする．Γ の点 P に対して

$$m(\mathrm{P})=\frac{1}{2}\mathrm{OP}^2-\overrightarrow{\mathrm{OQ}}\cdot\overrightarrow{\mathrm{OP}}$$

とおく．ただし，O は座標の原点，$\overrightarrow{\mathrm{OQ}}\cdot\overrightarrow{\mathrm{OP}}$ は 2 つのベクトル $\overrightarrow{\mathrm{OQ}},\overrightarrow{\mathrm{OP}}$ の内積を表すものとする．点 P が Γ 上を動くときの $m(\mathrm{P})$ の最小値を m_0 とする．このとき，Γ の点 P_0 について，つぎの 2 つの命題(i), (ii)はたがいに同値であることを証明せよ．

(i)　$m(\mathrm{P}_0)=m_0$

(ii)　Γ に属する任意の点 P に対して
$(\overrightarrow{\mathrm{OQ}}-\overrightarrow{\mathrm{OP}_0})\cdot(\overrightarrow{\mathrm{OP}}-\overrightarrow{\mathrm{OP}_0})\leqq0$

先に明らかにした凸図形や支持直線に関する予備知識のない高校生にとっては，かなりの難問であろう．

得体の知れない $m(\mathrm{P})$ の式も気になる．既知のベクトルを考慮し，中味の実体の読めるものに書きかえよう．

$$m(\mathrm{P})=\frac{1}{2}|\overrightarrow{\mathrm{OQ}}+\overrightarrow{\mathrm{QP}}|^2-\overrightarrow{\mathrm{OQ}}\cdot(\overrightarrow{\mathrm{OQ}}+\overrightarrow{\mathrm{QP}})$$
$$=\frac{1}{2}|\overrightarrow{\mathrm{QP}}|^2-\frac{1}{2}|\overrightarrow{\mathrm{OQ}}|^2$$
$$=\frac{1}{2}\mathrm{PQ}^2-\frac{1}{2}\mathrm{OQ}^2$$

OQ は一定，変化するのは PQ のみ．P が Q に近いほど $m(\mathrm{P})$ は小さくなる．そこで，2 つの場合に分けて調べる．その前に(ii)の条件も見易いものに書きかえておく．

$$\overrightarrow{\mathrm{P}_0\mathrm{Q}}\cdot\overrightarrow{\mathrm{P}_0\mathrm{P}}\leqq0 \qquad (*)$$

内積が負になるのは？　0 になるのは？と思い出してみることも大切．

(1)　Q が Γ に属するとき

P は Q と一致させることができるから P_0 $=\mathrm{Q}$，よって
$\overrightarrow{\mathrm{P}_0\mathrm{Q}}=\vec{0}$
(*)の成り立つことは明らか．

(2)　Q が Γ

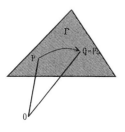

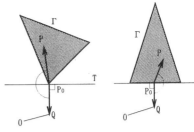

に属さないとき

P_0 は Γ の周上にある．P_0 を通り $\mathrm{P}_0\mathrm{Q}$ に直交する直線 $\mathrm{P}_0\mathrm{T}$ をひくと，Γ は直線 $\mathrm{P}_0\mathrm{T}$ の作る半平面（$\mathrm{P}_0\mathrm{T}$ を含む）のうち点 Q を含まない方に属する．したがって

$$\angle\mathrm{QP}_0\mathrm{P}\geqq90°$$
$$\overrightarrow{\mathrm{P}_0\mathrm{Q}}\cdot\overrightarrow{\mathrm{P}_0\mathrm{P}}=|\mathrm{P}_0\mathrm{Q}|\times|\mathrm{P}_0\mathrm{P}|\cos\angle\mathrm{QP}_0\mathrm{P}\leqq0$$

となって(*)は成り立つ．

以上により

$$(\mathrm{i})\to(\mathrm{ii})$$

は明らかにされた．逆に

$$(\mathrm{i})\leftarrow(\mathrm{ii})$$

が成り立つことは読者の課題としよう．(*)で等号の成り立つときに注意し，$\overrightarrow{\mathrm{P}_0\mathrm{Q}}=\vec{0}$ の場合と $\overrightarrow{\mathrm{P}_0\mathrm{Q}}\neq\vec{0}$ の場合とに分けて考えよ．

凸図形の直径

図形 Γ の中の任意の 2 点を P，Q とするとき，線分 PQ の長さ d の最大値 d_0 のことを Γ の直径という．

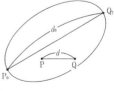

円の直径はここの意味の直径でもある．楕円の直径は長径である．三角形の直径については次の例題がある．

例題3　3 角形の直径は最大辺に等しい．

$\triangle\mathrm{ABC}$ の最大辺を BC とし，3 角形内または周上の 2 点を P，Q とするとき $\mathrm{PQ}\leqq\mathrm{BC}$

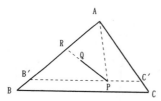

を証明すればよい.

　点 P, Q のうち辺 BC に近い方が P ならば, P を通って BC に平行線をひき AB, AC との交点を B′, C′ とすると, △AB′C′ の最大辺は B′C′ である.

　PQ を Q の方へ延ばせば辺 AB′ または AC′ と交わる. どちらでも同じことであるから, たとえば AB′ と交わる場合を選ぶ.

　さらに A と P とを結ぶと △AB′P において

$$PQ \leqq PR \leqq \max(B'P,\ AP)$$

ところが

$$B'P \leqq B'C' \leqq BC$$

さらに △AB′C′ から

$$AP \leqq \max(AB',\ AC') \leqq B'C' \leqq BC$$

したがって

$$PQ \leqq BC$$

    ×   ×

　以上で 2 回用いた, 図形の性質は次の定理である.

　　[定理 2]　3 角形 ABC の辺 BC 上の点を P とすれば, 次の式が成り立つ.

$$AP \leqq \max(AB,\ AC)$$

　証明は易しい. $AB \geqq AC$ と仮定し

$$AP \leqq AB$$

を示せばよい. 3 角形における辺の大小と角の大小の関係を用いる.

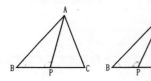

掛谷の定理 —整方程式の解の限界—

2次方程式の場合

　2次や高次の方程式の解の存在範囲を明らかにする問題は，解の分離の問題などの俗称の許に，高校生に広く親しまれている．大学の入試でも頻出問題に属するであろう．

> **例題1**　a, b, c がすべて正の数である2次方程式
> $$ax^2 + bx + c = 0$$
> が実数解をもつとき，実数解の絶対値は $\dfrac{b}{a}$ よりも小さく，$\dfrac{c}{b}$ よりも大きい．
> これを証明せよ．

　一読，簡潔で，美しい問題といいたい．
　「ホント！　ウソミタイ」なんて女子学生の声が聞こえそうな感じでもある．
　この問題は，かつて話題になった掛谷宗一の名高い定理を2次の場合に特殊化したものである．くわしいことは後に回し，とにかくこの例題の証明を済ましたい．

解き方を探る

　$\dfrac{b}{a} = h$，$\dfrac{c}{b} = k$ とおくと，h, k は正の数で，しかも
$$b = ah, \quad c = bk = ahk$$
これらを2次方程式に代入すると
$$f(x) = x^2 + hx + hk = 0$$

証明することは
$$k < |\,\text{実数解}\,| < h$$
となって見易い．証明にはこの表現を用いることにする．

　初歩的な解き方として思い付くのは，解の公式を用いる方法，解と係数の関係を用いる方法，グラフを用いる方法の3種であろう．

　　　　×　　　　　　　　×

解き方1——解の公式による方法
$$x^2 + hx + hk = 0 \quad (h,\ k > 0)$$
　2つの実数解を α, β とする．
$$\alpha = \frac{-h + \sqrt{h^2 - 4hk}}{2}, \quad \beta = \frac{-h - \sqrt{h^2 - 4hk}}{2}$$
$$|\alpha| = \frac{h - \sqrt{h^2 - 4hk}}{2}$$
$$= \frac{2h - (h + \sqrt{h^2 - 4hk})}{2} < h$$
$$|\alpha| = \frac{2hk}{h + \sqrt{h^2 - 4hk}} > \frac{2hk}{2h} = k$$
$$\therefore \quad k < |\alpha| < h$$
同様にして
$$k < |\beta| < h$$

　　　　×　　　　　　　　×

解き方2——解と係数による方法
$$x^2 + hx + hk = 0 \quad (h,\ k > 0)$$
　この方程式は $x \geqq 0$ とすると成り立たないから実数解は共に負である．それを α, β とすると
$$(-\alpha) + (-\beta) = h \quad \text{から} \quad |\alpha| + |\beta| = h$$
$$\therefore \quad |\alpha| < h \quad \text{かつ} \quad |\beta| < h$$

次に $\dfrac{1}{|\alpha|}+\dfrac{1}{|\beta|}=\dfrac{|\alpha|+|\beta|}{|\alpha\beta|}=\dfrac{h}{hk}=\dfrac{1}{k}$

$\therefore\quad \dfrac{1}{|\alpha|}<\dfrac{1}{k}$　かつ　$\dfrac{1}{|\beta|}<\dfrac{1}{k}$

$\therefore\quad k<|\alpha|$　かつ　$k<|\beta|$

まとめて

$$k<|\alpha|<h \quad かつ \quad k<|\beta|<h$$
$$\times \qquad\qquad \times$$

解き方3 —— グラフによる方法

$$f(x)=x^2+hx+hk \quad (h,\ k>0)$$

実数解を持つ場合であるからグラフは x 軸と交わる．交点の位置を知るためには $-h$ と $-k$ との大小，および $f(-h)$ と $f(-k)$ の符号を調べなければならない．判別式から

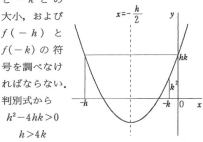

$$h^2-4hk>0$$
$$h>4k$$

よって $h>k,\ -h<-k$

$$f(-h)=hk>0,\ f(-k)=k^2>0$$

さらに $-h<-\dfrac{h}{2}<-k$ であるから放物線の対称軸は2点 $(-h,\ 0),\ (-k,\ 0)$ の間にあり，放物線はこの2点の間で x 軸と交わる．よって

$$-h<\ 解\ <-k$$
$$k<|解|<h$$

虚数解のときはどうなるか

例題1には実数解を持つ場合という制限があるが，虚数解の場合へ拡張することが可能で，次の命題にまとめられる．

> **例題2**　$a,\ b,\ c$ がすべて正の数である方程式
> $$ax^2+bx+c=0$$
> の解の絶対値は $\min\left(\dfrac{b}{a},\ \dfrac{c}{b}\right)$ 以上で，max

$\left(\dfrac{b}{a},\ \dfrac{c}{b}\right)$ 以下である．

　これを証明せよ．

$\dfrac{b}{a}=h,\ \dfrac{c}{b}=k$ とおいたときの方程式

$$x^2+hx+hk=0 \quad (h,\ k>0)$$

でみれば，証明することは

$$\min(h,\ k)\leqq|解|\leqq\max(h,\ k)\quad(*)$$

である．

実数解の場合は例題1で済ましたから虚数解の場合を証明すればよい．虚数解のときはグラフは無力で，式による計算に頼る．解と係数の関係が強力であろう．

係数が実数のときの虚数解は共役であるから $\alpha,\ \overline{\alpha}$ で表すと

$$|\alpha|^2=|\overline{\alpha}|^2=\alpha\overline{\alpha}=hk$$
$$\therefore\quad |\alpha|=|\overline{\alpha}|=\sqrt{hk}$$

相乗平均が最小数と最大数の間にあることは常識であろう．すなわち

$$\min(h,\ k)\leqq\sqrt{hk}\leqq\max(h,\ k)$$

よって

$$\min(h,\ k)\leqq|虚数解|\leqq\max(h,\ k)$$

例題1によると

$$k<|実数解|<h$$

2つの場合を1つにまとめると $(*)$ になる．

3次の場合への拡張

例題2は n 次方程式の場合へ一般化できるが，3次の場合がわかれば n 次の場合を推測するのは易しいから，以後は3次の場合で考える．その方が式も簡単なもので済む．

> **例題3**　$a,\ b,\ c,\ d$ がすべて正の数である3次方程式
> $$ax^3+bx^2+cx+d=0$$
> の解について
> $$\min\left(\dfrac{b}{a},\ \dfrac{c}{b},\ \dfrac{a}{c}\right)\leqq|解|\leqq\max\left(\dfrac{b}{a},\ \dfrac{c}{b},\ \dfrac{d}{c}\right)$$
> が成り立つことを証明せよ．

解は実数でも虚数でもよいことに注意され

たい．例題１，２にならい
$$\frac{b}{a}=h, \quad \frac{c}{b}=k, \quad \frac{d}{c}=l$$
とおいて簡素化を計る．
$$x^3+hx^2+hkx+hkl=0 \quad (h, \ k, \ l>0)$$
証明する式は
$$\min(h, \ k, \ l)\leqq|\text{解}|\leqq\max(h, \ k, \ l) \quad （＊）$$

n 次方程式にも適用できるような本格的証明はかなりやっかいであるから後に回し，初めに高校生向きの初等的証明を示そう．解と係数の関係やグラフに頼ることになろう．実数解のみの場合と，実数解と虚数解をもつ場合とに分けて考える．

×　　　×

実数解のみの場合

３つの実数解を α, β, γ とすると
$$\alpha+\beta+\gamma=-h$$
実数解は負のものに限るから
$$|\alpha|+|\beta|+|\gamma|=|\alpha+\beta+\gamma|=h$$
$$\therefore \ |\alpha|, \ |\beta|, \ |\gamma|<h$$
次に，もとの方程式の両辺を x^3 で割って
$$hkl\left(\frac{1}{x}\right)^3+hk\left(\frac{1}{x}\right)^2+h\left(\frac{1}{x}\right)+1=0$$
この３実数解は $\frac{1}{\alpha}$, $\frac{1}{\beta}$, $\frac{1}{\gamma}$ であることから
$$\frac{1}{\alpha}+\frac{1}{\beta}+\frac{1}{\gamma}=-\frac{1}{l}$$
$$\frac{1}{|\alpha|}+\frac{1}{|\beta|}+\frac{1}{|\gamma|}=\frac{1}{l}$$
$$\therefore \ \frac{1}{|\alpha|}, \ \frac{1}{|\beta|}, \ \frac{1}{|\gamma|}<\frac{1}{l}$$
したがって
$$|\alpha|, \ |\beta|, \ |\gamma|>l$$
以上の結果をまとめて
$$l<|\text{実数解}|<h \qquad ①$$
これは証明する不等式（＊）と異なる．（＊）を導くには $l\leqq k\leqq h$ を示さなければならない．頼りになるのは解と係数の関係であろう．
$$\alpha+\beta+\gamma=p, \quad \beta\gamma+\gamma\alpha+\alpha\beta=q, \quad \alpha\beta\gamma=r$$
と表しておくと
$$p=-h, \quad q=hk, \quad r=-hkl$$
これを h, k, l について解いて

$$h=-p, \quad k=\frac{q}{p}, \quad l=-\frac{r}{q}$$
$$h-k=\frac{q-p^2}{p}$$
$$k-l=\frac{pr-q^2}{pq}$$
２式の右辺を α, β, γ で表してみると，ともに正の数になる．したがって，
$$\min(h, \ k, \ l)=l, \quad \max(h, \ k, \ l)=h$$
これを用いると①から（＊）が導かれることは明らかであろう．

×　　　×

虚数解のある場合

虚数解は共役であるから α, $\overline{\alpha}$ で表し，残りの実数解は β で表しておく．

h, k, l の大小によって分類すると６つの場合が起こるが，その代表として
$$h<k<l$$
の場合を取り挙げるに止め，残りは読者の課題としよう．
$$f(-h)=hk(l-h)>0$$
$$f(-l)=l^2(h-l)<0$$
中間値の定理により，実数解 β は $-h$ と $-l$ の間にある．
$$-l<\beta<-h$$
$$h<|\beta|<l$$
解と係数との関係から
$$|\alpha|^2|\beta|=|\alpha\,\overline{\alpha}\,\beta|=hkl$$
$$|\alpha|^2=\frac{hkl}{|\beta|}<\frac{hkl}{h}$$
$$=kl<l^2$$
$$\therefore \ |\alpha|<l$$
同様に
$$|\alpha|^2>\frac{hkl}{l}=hk>h^2$$
$$\therefore \ |\alpha|>h$$
以上から，解の虚実に関係なく
$$h<|\text{解}|<l$$
したがって
$$\min(h, \ k, \ l)\leqq|\text{解}|\leqq\max(h, \ k, \ l)$$

×　　　×

h, k, l に等しいものがある場合も考えられるが，いずれも簡単であるから省略する．

掛谷の定理の3次の場合

掛谷の定理は n 次方程式に関するものであるが，簡素化のため3次のものを挙げる．

掛谷の定理　3次方程式
$$x^3+ax^2+bx+c=0$$
において $1\geqq a\geqq b\geqq c$ ならば
$$|x|\leqq 1$$
である．

例題3とは異なる．実は例題3は掛谷の定理から導かれるものなのである．

×　　　　　　×

掛谷の定理の証明はいろいろあるが，古典代数の知識で済むのは，次の予備定理を用いるものである．次数に制限はないが，3次のもので示す．

予備定理　3次の方程式
$$x^3+ax^2+bx+c=0$$
において，次の不等式が成り立つ．
$$|x|\leqq\max(1,\ |a|+|b|+|c|)$$

証明は背理法による．
$$|x|>\max(1,\ |a|+|b|+|c|)$$
であったとすると
$$|x|>1\ \text{かつ}\ |x|>|a|+|b|+|c|$$
第1の不等式から
$$1,\ |x|,\ |x|^2\leqq|x|^2$$
したがって
$$|ax^2+bx+c|\leqq|a|\cdot|x|^2+|b|\cdot|x|+|c|$$
$$\leqq(|a|+|b|+|c|)|x|^2<|x|^3$$
ところが一方 $x^3=-ax^2-bx-c$ から
$$|x|^3=|ax^2+bx+c|$$
であるから $|x|^3<|x|^3$ となって矛盾．

×　　　　　　×

掛谷の定理の証明
$$x^3+ax^2+bx+c=0$$
この両辺に $x-1$ をかけると

$$x^4-(1-a)x^3-(a-b)x^2-(b-c)x+c=0$$
予備定理は次数に制限がないから，これに適用すると
$$|x|\leqq\max(1,\ |1-a|+|a-b|+|b-c|+|c|)$$
ところが
$$|1-a|+|a-b|+|b-c|+|c|$$
$$\geqq|(1-a)+(a-b)+(b-c)+c|=1$$
$$\therefore\ |x|\leqq 1$$

掛谷の定理から例題3へ

例題3を再録しよう．方程式
$$x^3+hx^2+hkx+hkl=0$$
において h, k, l が正の数ならば
$$\min(h,\ k,\ l)\leqq|x|\leqq\max(h,\ k,\ l)\quad(\ast)$$
である．

これを証明するには，まず $x=\rho y$ とおき
$$y^3+\frac{h}{\rho}y^2+\frac{hk}{\rho^2}y+\frac{hkl}{\rho^3}=0$$
を導き，この係数が掛谷の定理の係数の条件をみたすように ρ の値を選ぶ．すなわち
$$1\geqq\frac{h}{\rho}\geqq\frac{hk}{\rho^2}\geqq\frac{hkl}{\rho^3}$$
この式から
$$\rho\geqq h,\ \rho\geqq k,\ \rho\geqq l$$
よって ρ は
$$\rho=\max(h,\ k,\ l)$$
をみたすように選べばよい．

そのように選んであれば掛谷の定理は成り立つので
$$|y|\leqq 1\quad\therefore\ \left|\frac{x}{\rho}\right|\leqq 1,\ |x|\leqq\rho$$
$$|x|\leqq\max(h,\ k,\ l)$$
次に $x=\dfrac{1}{z}$ をもとの方程式に代入して
$$z^3+\frac{1}{l}z^2+\frac{1}{kl}z+\frac{1}{hkl}=0$$
さらに $z=\lambda u$ とおいて
$$u^3+\frac{1}{\lambda l}u^2+\frac{1}{\lambda^2 kl}u+\frac{1}{\lambda^3 hkl}=0$$
係数が掛谷の定理の係数の条件をみたすように λ を選ぶ．すなわち

$$1 \geqq \frac{1}{\lambda l} \geqq \frac{1}{\lambda^2 kl} \geqq \frac{1}{\lambda^3 hkl}$$

この式から λ は

$$\lambda \geqq \frac{1}{l}, \ \lambda \geqq \frac{1}{k}, \ \lambda \geqq \frac{1}{h}$$

$$\lambda = \max\left(\frac{1}{h}, \ \frac{1}{k}, \ \frac{1}{l}\right)$$

をみたすように選べばよいことが分った．このように選んでおくと掛谷の定理により

$$|u| \leqq 1 \to \left|\frac{z}{\lambda}\right| \leqq 1 \to |z| \leqq \lambda$$

$$\to |x| \geqq \frac{1}{|z|} \geqq \frac{1}{\lambda}$$

ところが

$$\lambda = \max\left(\frac{1}{h}, \ \frac{1}{k}, \ \frac{1}{l}\right) = \frac{1}{\min(h, \ k, \ l)}$$

$$\therefore \quad |x| \geqq \max(h, \ k, \ l)$$

以上により（＊）が導かれ，証明は終る．

共役複素数の効用

武田信玄には影武者がおったというように偉い人には影武者がつきものらしい。複素数も偉い数で影武者がおっても不思議ではないだろう。複素数が偉大な数なのは、その乗法にある。加法はベクトルと全く同じで新味がない。ところが乗法は巧妙に仕組まれている。$z_1 = x_1 + y_1 i$ と $z_2 = x_2 + y_2 i$ でみると

$$z_1 z_2 = (x_1 x_2 - y_1 y_2) + (x_1 y_2 + x_2 y_1)i$$

である。実数を掛けたり、加えたり、引いたり、それらを総合したのが複素数の1つの乗法である。これを生み出す力は i の特性

$$i^2 = -1$$

にかくされている。

さて、偉大な数——複素数の影武者とは何者か。それは共役複素数ではなかろうか。

複素数 $x + yi$ と $x - yi$ とは互いに**共役**であるといい、一方を z で他方を $\bar{z}$ で表し、$\bar{z}$ を z の**共役複素数**ともいう。

実に簡単な約束であるのに、影武者と呼ぶにふさわしい働きをする。加法、乗法などの演算を手下としての自由自在の活躍には目を見張るものがある。

共役複素数の性質

共役複素数の活躍の源となるのは4則計算との関係である。

共役複素数と4則計算

(1) $\overline{z_1 + z_2} = \bar{z}_1 + \bar{z}_2$ (加法的)

(1′) $\overline{z_1 - z_2} = \bar{z}_1 - \bar{z}_2$

(2) $\overline{z_1 \times z_2} = \bar{z}_1 \times \bar{z}_2$ (乗法的)

(2′) $\overline{z_1 \div z_2} = \bar{z}_1 \div \bar{z}_2$

(2″) $\overline{z^n} = (\bar{z})^n$

(3) $\overline{\bar{z}} = z$ (対合的)

どれも証明するほどのものではないが、念のため(2)の証明を挙げる。

$z_1 = x_1 + y_1 i$, $z_2 = x_2 + y_2 i$ とすると

$$z_1 z_2 = (x_1 x_2 - y_1 y_2) + (x_1 y_2 + x_2 y_1)i$$
$$\overline{z_1 z_2} = (x_1 x_2 - y_1 y_2) - (x_1 y_2 + x_2 y_1)i$$

次に $\bar{z}_1 = x_1 - y_1 i$, $\bar{z}_2 = x_2 - y_2 i$ をかけて

$$\bar{z}_1 \bar{z}_2 = (x_1 x_2 - y_1 y_2) - (x_1 y_2 + x_2 y_1)i$$
$$\therefore \quad \overline{z_1 z_2} = \bar{z}_1 \bar{z}_2$$

(1′) は (1) から、(2′) と (2″) は (2) から導くことができる。些細なことではあるが、このような推論の構図を無視すべきではない。

たとえば (1)→(1′) は次のように。

$$\overline{z_1 - z_2} + \bar{z}_2 = \overline{(z_1 - z_2) + z_2} = \bar{z}_1$$

$\bar{z}_2$ を移項して

$$\overline{z_1 - z_2} = \bar{z}_1 - \bar{z}_2$$
$$\times \qquad\qquad \times$$

複素数 $z = x + yi$ において、x を**実部**、y を**虚部**という。

実部、虚部と共役複素数

(4) 実部 $= \dfrac{z + \bar{z}}{2}$, 虚部 $= \dfrac{z - \bar{z}}{2i}$

(5) z が実数 $\rightleftarrows$ $\bar{z} = z$

z が純虚数 $\rightleftarrows$ $\bar{z} = -z$

(4) は $z=x+yi$ と $\bar{z}=x-yi$ とを x, y について解けばよい．(5) は (4) から導く．

(4) と (5) は図形を複素数で取り扱うときに特に重要なものである．

$$\times \qquad \times$$

複素数 $z=x+yi$ において $\sqrt{x^2+y^2}$ を z の**絶対値**，または，**大きさ**といい，$|z|$ によって表わす．

複素数の絶対値

(6) $\quad |z|=\sqrt{z\bar{z}},\quad |z|^2=z\bar{z}$

(7) $\quad |z_1\times z_2|=|z_1|\times|z_2|$

(7′) $\quad |z_1\div z_2|=|z_1|\div|z_2|$

(8) $\quad |z_1+z_2|\leqq|z_1|+|z_2|$

(8′) $\quad ||z_1|-|z_2||\leqq|z_1+z_2|$

(6) はベクトルの場合と混同しがちである．ベクトルでは $|\vec{a}|^2=\vec{a}\cdot\vec{a}$ であるが，複素数では $|z|^2=z\bar{z}$，すなわち $|z|^2=z^2$ とはならない．$|z|^2$ は実数であるが z^2 は一般には複素数である．ただし $|z|^2$ と $|z^2|$ は等しい．それは (7) によって明らかであろう．

(7) の証明はやさしく，(7)→(7′) である．

(8) は3角不等式として親しまれているもの．幾何によれば自明に近いが，計算のみに頼ると，少々手応えがある．

$$|z_1|+|z_2|\geqq|z_1+z_2|$$
$$\sqrt{x_1{}^2+y_1{}^2}+\sqrt{x_2{}^2+y_2{}^2}\geqq\sqrt{(x_1+x_2)^2+(y_1+y_2)^2}$$

これを証明するには，両辺を平方した
$$\sqrt{(x_1{}^2+y_1{}^2)}\sqrt{x_2{}^2+y_2{}^2}\geqq x_1x_2+y_1y_2$$
を証明すればよい．よく知られた恒等式により
$$(x_1{}^2+y_1{}^2)(x_2{}^2+y_2{}^2)-(x_1x_2+y_1y_2)^2$$
$$=(x_1y_2-x_2y_1)^2\geqq0$$
$$\therefore\quad \sqrt{x_1{}^2+y_1{}^2}\sqrt{x_2{}^2+y_2{}^2}\geqq|x_1x_2+y_1y_2|$$
$$\geqq x_1x_2+y_1y_2$$

$$\times \qquad \times$$

共役は複素数における変換とみることもできる．z に $\bar{z}$ を対応させることを f とすると
$$f(z)=\bar{z}$$

(1) は $f(z_1+z_2)=f(z_1)+f(z_2)$

(2) は $f(z_1z_2)=f(z_1)f(z_2)$

(3) は $f(f(z))=z$

などとなって変換 f の特徴をよく表していることがわかる．

変換 f はガウス平面上でみれば，実軸に関する対称移動である．

共役複素数の応用

次の例題はよく知られているが，証明はどうであろうか．

例題1 係数が実数の3次方程式
$$f(z)=az^3+bz^2+cz+d=0$$
が虚数解 $\alpha=p+qi$ （$q\neq0$）を持つときは，$\bar{\alpha}=p-qi$ も解である．

これを証明せよ．

解き方1 —— 実部と虚部に分ける．

$\alpha=p+qi$ は $f(z)=0$ の解であるから
$$f(\alpha)=a(p+qi)^3+b(p+qi)^2+c(p+qi)+d$$
展開して実部と虚部に分けたものを
$$f(\alpha)=A+Bi=0\ \rightarrow\ A=B=0 \qquad ①$$
とおく．計算は読者におまかせ．
$$A=ap^3-3apq^2+bp^2-bq^2+cp+d$$
$$B=3ap^2q-aq^3+2bpq+cq$$

次に $\bar{\alpha}=p-qi$ を $f(z)$ に代入したものを求めるのであるが，$\bar{\alpha}$ は α の q の符号をかえたものであるから，実部と虚部も q の符号をかえて求められるはず．実部 A は q について偶数次であるから変化なくそのまま．虚部 B は q について奇数次であるから符号が変るのみで $-B$ となる．したがって
$$f(\bar{\alpha})=A-Bi$$
①によると $A=B=0$ であるから
$$f(\bar{\alpha})=0$$
これは $\bar{\alpha}$ が $f(z)=0$ の解であることを示す．

$$\times \qquad \times$$

解き方2 —— 共役複素数の性質を用いる．

上のような証明では，共役複素数の性質を

調べたことが徒労に終る．共役複素数と4則計算の関係をフルに活用してみる．

α は $f(z)$ の解であるから

$$f(\alpha)=0 \quad \therefore \quad \overline{f(\alpha)}=\overline{0}=0$$

$$\begin{aligned}\overline{f(\alpha)} &= \overline{a\alpha^3+b\alpha^2+c\alpha+d}\\ &= \overline{a\alpha^3}+\overline{b\alpha^2}+\overline{c\alpha}+\overline{d}\\ &= \overline{a}\,\overline{\alpha}^3+\overline{b}\,\overline{\alpha}^2+\overline{c}\,\overline{\alpha}+\overline{d}\\ &= a\overline{\alpha}^3+b\overline{\alpha}^2+c\overline{\alpha}+d\\ &= f(\overline{\alpha})=0\end{aligned}$$

よって $\overline{\alpha}$ も $f(z)=0$ の解である．

[例題2] a,b,c は実数とする．3次方程式

$$f(x)=x^3+ax^2+bx+c=0$$

において，1つの解が1で他の2つの解はその絶対値がいずれも1であるための必要十分条件を求めよ．

いまは亡き長谷川町子の描く「意地悪ばあさん」といった感じ．とはいっても込み上げてくるようなおかしさはないが．そのおかしさの正体は次第に明らかになろう．とにかく，1つの解答を示そう．

　　　　×　　　　　　×

解き方1

3つの解を 1, $\cos\theta+i\sin\theta$, $\cos\theta-i\sin\theta$ とおけば

$$\begin{aligned}f(x) &= (x-1)(x-\cos\theta-i\sin\theta)\\ &\qquad \times(x-\cos\theta+i\sin\theta)\\ &= (x-1)\{(x-\cos\theta)^2+(\sin^2\theta)\}\\ &= (x-1)(x^2-2x\cos\theta+1)\\ &= x^3-(2\cos\theta+1)x^2+(2\cos\theta+1)x-1\end{aligned}$$

もとの $f(x)$ とくらべて

$$a=-2\cos\theta-1, \quad b=2\cos\theta+1, \quad c=-1$$

したがって $b=-a, \ c=-1$

さらに $-1\leqq\cos\theta\leqq1$ から

$$-3\leqq a\leqq1$$

　　答 $b=-a, \ c=-1, \ -3\leqq a\leqq1$

　　　　×　　　　　　×

盲点あり

問題文をぼんやり読んでいると「1つの解は1で他の2つの解は……共役な虚数解……」と錯覚へ誘いそうな感じ．題意を分解すれば次の4つの場合になる．

実数のみ $\begin{cases}(1) & 1, & 1, & 1\\ (2) & 1, & -1, & -1\\ (3) & 1, & 1, & -1\end{cases}$

虚数があるとき

(4) 1，絶対値1の共役虚数

さらに，次の場合を許すならば，問題文は「絶対1の3つの解」で済むのだが．

(5) $-1, \ -1, \ -1$

解き方1の解答では(3)の場合が脱落．実数は自分自身と共役であるから，幸いにして(1)と(2)は脱落を免れた．$\cos\theta\pm i\sin\theta$ は

$\theta=0$ のとき 1 ± 0

$\theta=\pi$ のとき -1 ± 0

となるからである．

　　　　×　　　　　　×

解き方2── 正しい解．

上の分類に従う．

(3)のとき

$$f(x)=(x-1)^2(x+1)=x^3-x^2-x+1=0$$

$$\therefore \quad a=-1, \ b=-1, \ c=-1$$

(1), (2), (4)のとき

まとめて，3つの解を 1, $\cos\theta\pm i\sin\theta$ とおくことができる．解き方1と全く同じであるから省く．

　答 $\begin{cases}a=-1, \ b=-1, \ c=1\\ \text{または} \ b=-a, \ c=-1, \ -3\leqq a\leqq1\end{cases}$

絶対値に関する問題

[例題2] 複素数 $z=x+iy$（x, y は実数）において，$x\geqq0$ ならば

$$|1+z|\geqq\frac{1+|z|}{\sqrt{2}}$$

であることを示せ．

解き方1── 共役複素数の活用

x, y を避け，もっぱら z と $\overline{z}$ を用いる．

$x \geq 0$ は $z + \bar{z} \geq 0$ と同値. 証明する不等式は両辺が正であるから平方したものを証明すればよい.

$$(\sqrt{2}|1+z|)^2 - (1+|z|)^2$$
$$= 2(1+z)(\overline{1+z}) - (1+\sqrt{z\bar{z}})^2$$
$$= 2(1+z)(1+\bar{z}) - (1+\sqrt{z\bar{z}})^2$$
$$= z\bar{z} - 2\sqrt{z\bar{z}} + 1 + 2(z+\bar{z})$$
$$= (|z|-1)^2 + 2(z+\bar{z}) \geq 0$$
$$\therefore \quad |1+z| \geq \frac{1+|z|}{\sqrt{2}}$$

$\times$ $\times$

解き方2 ── ガウス平面上に図解.

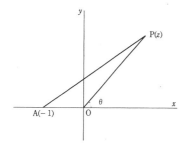

$x \geq 0$ であるから点 $P(z)$ は y 軸の右側（y 軸を含む）にある.

$\angle x\mathrm{OP} = \theta$ とおくと
$$-90° \leq \theta \leq 90°$$
さらに
$$\mathrm{AP} = |z+1| = a$$
$\mathrm{OP} = |z| = b$ とおくと証明することは
$$\sqrt{2}a \geq 1+b$$
となって，幾何の平凡な問題に姿をかえた.

$\triangle \mathrm{PAO}$ に余弦定理を用いて
$$a^2 = 1 + b^2 + 2b\cos\theta$$
よって
$$2a^2 - (1+b)^2$$
$$= 2(1+b^2+2b\cos\theta) - (1+b)^2$$
$$= b^2 - 2b + 1 + 4b\cos\theta$$
$$= (b-1)^2 + 4b\cos\theta \geq 0$$
$$\therefore \quad \sqrt{2}a \geq 1+b$$

例題3 2つの複素数 α, β が等式
$$\alpha + \beta = |\alpha| + |\beta| \qquad \text{①}$$
を満たせば，α と β はいずれも負でない実数である.

食物なら珍味といった感じの良問である.

$\times$ $\times$

解き方1 ── 共役複素数の活用

複素数の問題らしく，α, β, $\bar{\alpha}$, $\bar{\beta}$ のみをフルに用いてみる.

①から $\alpha + \beta$ は実数であるから
$$\alpha + \beta = \overline{\alpha + \beta} = \bar{\alpha} + \bar{\beta} \qquad \text{②}$$
さらに $|\alpha + \beta| = ||\alpha| + |\beta|| = |\alpha| + |\beta|$
$$\therefore \quad \sqrt{(\alpha+\beta)(\bar{\alpha}+\bar{\beta})} = \sqrt{\alpha\bar{\alpha}} + \sqrt{\beta\bar{\beta}}$$
両辺を平方して
$$\alpha\bar{\beta} + \bar{\alpha}\beta = 2\sqrt{\alpha\bar{\alpha}\beta\bar{\beta}}$$
さらに両辺を平方して
$$(\alpha\bar{\beta} - \bar{\alpha}\beta)^2 = 0, \quad \alpha\bar{\beta} - \bar{\alpha}\beta = 0$$
これに②を用いて $\bar{\beta}$ を消去すると
$$\alpha(\alpha + \beta - \bar{\alpha}) - \bar{\alpha}\beta = 0$$
$$\alpha - \bar{\alpha} = 0 \quad \text{または} \quad \alpha + \beta = 0$$
$\underline{\alpha = \bar{\alpha}}$ のときは②から $\beta = \bar{\beta}$

これらの式は α, β が実数であることを示すから $|\alpha| - \alpha \geq 0$, $|\beta| - \beta \geq 0$, ①から
$$(|\alpha| - \alpha) + (|\beta| - \beta) = 0$$
$$\therefore \quad |\alpha| = \alpha \geq 0, \quad |\beta| = \beta \geq 0 \qquad \text{③}$$
$\underline{\alpha + \beta = 0}$ のときは①から $|\alpha| + |\beta| = 0$, よって $\alpha = \beta = 0$

$\times$ $\times$

解き方2 ── 実部と虚部を用いる.

$\alpha = a + bi$, $\beta = c + di$ とおくと
$$(a+c) + (b+d)i = \sqrt{a^2+b^2} + \sqrt{c^2+d^2}$$
この式が成り立つためには $b+d=0$, 上の式を書きかえて
$$(\sqrt{a^2+b^2} - a) + (\sqrt{c^2+d^2} - c) = 0$$
（ ）の中は負にならないから
$$\sqrt{a^2+b^2} = a, \quad \sqrt{c^2+d^2} = c$$
$$\therefore \quad a \geq 0, \quad b = 0 \,; \quad c \geq 0, \quad d = 0$$
$$\therefore \quad \alpha = a \geq 0, \quad \beta = c \geq 0$$

13

…………… ガウス平面上の幾何

典型的問題

次の問題はガウス平面を用いて図形の性質を調べる典型的問題である。創作の源をたどれば古典幾何で古くから親しまれている図形の性質にたどりつく。

> **例題1**　4角形 ABCD の頂点 A, B, C, D を表す複素数をそれぞれ α, β, γ, δ とする。この4角形の外側に各辺を斜辺として直角2等辺3角形 ABP, BCQ, CDR, DAS を作る。
> (1) 点 P を表す複素数を α, β を用いて表せ。
> (2) PR＝QS かつ PR⊥QS となることを証明せよ。
> (3) 4角形 PQRS が正方形になるための条件を求めよ。

ガウス平面では角は大きさだけでなく向きも重要なので、4角形を描くときからその向きを定めておく。4角形 ABCD の向きというのは、周上を A→B→C→D の順に回ったときに、その内部が左側にあるか右側にあるかの区別である。左側にみて1周するなら**正の向き**、右側にみて1周するなら**負の向き**という。

多角形は正の向きに描くことを原則としよう。

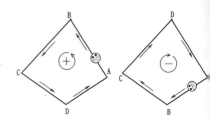

解き方を探る

解き方は1つしかない。

(1) AB の中点を M とすると $\overrightarrow{MP}$ は $\overrightarrow{MA}$ を ＋90° 回転したもの。P の座標を p とすると

$$\overrightarrow{MA} = \alpha - \frac{\alpha + \beta}{2} = \frac{\alpha - \beta}{2}$$

$$\overrightarrow{MP} = p - \frac{\alpha + \beta}{2}$$

＋90° 回転するには $\cos 90° + i\sin 90°$ すなわち i を掛けるだけでよいから

$$p - \frac{\alpha + \beta}{2} = i\frac{\alpha - \beta}{2}$$

$$\therefore \quad p = \frac{\alpha + \beta + i(\alpha - \beta)}{2}$$

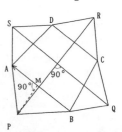

(2)　Q, R, S の座標をそれぞれ q, r, s とすれば α, β, γ, δ を順に入れ換えて

$$q = \frac{\beta + \gamma + i(\beta - \gamma)}{2}$$

$$r = \frac{\gamma + \delta + i(\gamma - \delta)}{2}$$

$$s = \frac{\delta + \alpha + i(\delta - \alpha)}{2}$$

したがって

$$\overrightarrow{PR} = r - p$$
$$= \frac{(\gamma + \delta) - (\alpha + \beta)}{2} + i\frac{(\beta + \gamma) - (\delta + \alpha)}{2}$$

$$\overrightarrow{QS} = s - q$$
$$= i\frac{(\gamma + \delta) - (\alpha + \beta)}{2} - \frac{(\beta + \gamma) - (\delta + \alpha)}{2}$$

2 式から　$i\overrightarrow{PR} = \overrightarrow{QS}$

この式は $\overrightarrow{PR}$ を 90° 回転すると $\overrightarrow{QS}$ になることを表すから

$$PR = QS \text{ かつ } PR \perp QS$$

(3)　4 角形 PQRS は対角線が等しくて直交するから，正方形になるための必要十分条件は，対角線が互いに 2 等分すること，すなわち中点が一致すること

$$\frac{p + r}{2} = \frac{q + s}{2}$$

$$\alpha + \beta + \gamma + \delta + i(\alpha - \beta + \gamma - \delta)$$
$$= \beta + \gamma + \delta + \alpha + i(\beta - \gamma + \delta - \alpha)$$
$$\therefore \quad \alpha + \gamma = \beta + \delta$$

この式は AC と BD の中点が一致することを示すから，求める条件は 4 角形 ABCD が平行 4 辺形であること．

複素数とベクトル

ガウス平面上の複素数 $z = x + yi$ は 2 つの実数 x, y の組によって定まるから，2 次元のベクトル (x, y) とみることもできる．このベクトルを仮りに $\overrightarrow{z}$ で表してみよ．複素数の加減，実数倍はベクトルの加減，実数倍と変るところがない．

$z_1 = x_1 + y_1 i$, $z_2 = x_2 + y_2 i$ において
$$z_1 \pm z_2 = (x_1 \pm x_2) + (y_1 \pm y_2)i$$
$$kz_1 = kx_1 + ky_1 i$$

これらをベクトルでみると
$$\overrightarrow{z_1} = (x_1, \quad y_1), \quad \overrightarrow{z_2} = (x_2, \quad y_2)$$
$$\overrightarrow{z_1} + \overrightarrow{z_2} = (x_1 \pm x_2, \quad y_1 \pm y_2)$$
$$k\overrightarrow{z_1} = (kx_1, \quad ky_1)$$

見掛けは違うが中味は同じ．1 人で 2 役の芸人のようなもの．しかし，これも加減，実数倍に関することで，複素数同士の乗除では事態は一変する．

×　　　　　　×

複素数×実数は，ベクトルの伸縮に過ぎないが，複素数×複素数は，ベクトルの伸縮にさらに回転が加わる．

ベクトルを表す複素数 z に，
$$\alpha = r(\cos\theta + i\sin\theta)$$
を掛けると，そのベクトルを r 倍に伸縮し，さらに θ だけ回転したベクトルになり，それを表す複素数が αz である．

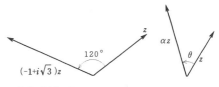

たとえば z に
$$2(\cos 120° + i\sin 120°) = -1 + i\sqrt{3}$$
を掛けたベクトルは z の表すベクトルの向きを 120° かえ，大きさは 2 倍したものになる．

> **定理 1**　複素数 z がベクトルを表しているとき，z に複素数 $\alpha = r(\cos\theta + i\sin\theta)$ を掛ければ，大きさ r 倍で，向きを角 θ だけかえたベクトルが得られ，それを表す複素数は αz である．

複素数で割ることは逆数を掛けるとみれば上の定理が生かされる．

$$z \div \alpha = z \times \frac{1}{\alpha} = z \times \frac{1}{r(\cos\theta + i\sin\theta)}$$
$$= z \times \frac{1}{r}(\cos\theta - i\sin\theta)$$
$$= z \times \frac{1}{r}\{\cos(-\theta) + i\sin(-\theta)\}$$

α で割ることは，ベクトルでみると，その大

きさを $\frac{1}{r}$ 倍し, 向きを角 $-\theta$ だけかえることである.

正3角形と複素数

> **例題2** ガウス平面上の3点 A(α), B(β), C(γ) を頂点とする3角形 ABC が正3角形であるための必要十分条件は
> $$\alpha^2+\beta^2+\gamma^2-\beta\gamma-\gamma\alpha-\alpha\beta=0$$
> であることを証明せよ.

解き方

3角形 ABC の向きによって2つの場合に分けなければならない.

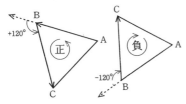

(1) 向きが正のとき

$\overrightarrow{BC}=\gamma-\beta$ は $\overrightarrow{AB}=\beta-\alpha$ を $+120°$ 回転したものであるから
$$\gamma-\beta=\omega(\beta-\alpha)$$
ただし,
$$\omega=\cos 120°+i\sin 120°=\frac{-1+i\sqrt{3}}{2}$$

ω が1の虚数の3乗根の1つであることは説明するまでもなかろう.「オメガ, オメガで半年暮らす. あとの半年寝て暮らす」なんていう歌があるほどである. ω について
$$\omega^3=1,\quad \omega^2+\omega+1=0$$
が成り立つことも周知のはず. これを用いて先の式をかきかえると
$$\omega\alpha+\omega^2\beta+\gamma=0$$
両辺に ω, ω^2 をかけると
$$\omega^2\alpha+\beta+\omega\gamma=0$$
$$\alpha+\omega\beta+\omega^2\gamma=0 \qquad ①$$
と姿をかえるが, すべて同値であるからどれを用いてもよい.

(2) 向きが負のとき

以上の $+120°$ を $-120°$ にかえたのでよ
$$\cos(-120°)+i\sin(-120°)=\frac{-1-i\sqrt{3}}{2}$$
この式は ω^2 に等しいから, 求める条件は の ω を ω^2 で置きかえた
$$\alpha+\omega^2\beta+\omega\gamma=0$$
①と②をまとめるため両辺をかける.
$$(\alpha+\omega\beta+\omega^2\gamma)(\alpha+\omega^2\beta+\omega\gamma)=0$$
左辺を展開すると
$$\alpha^2+\beta^2+\gamma^2-\beta\gamma-\gamma\alpha-\alpha\beta=0$$
以上の計算は逆にたどることができるか 求める必要十分条件は等式③である.

正3角形条件の応用

> **例題3** 3角形 ABC の外側に各辺を 1辺として正3角形 BCD, CAE, ABF を作り, その中心をそれぞれ P, Q, R とする.
> 3角形 PQR は正3角形であることを証明せよ.

解き方

A, B, C の座標をそれぞれ α, β, γ し, D, E, F;P, Q, R の座標をそれぞ d, e, f;p, q, r とする.

d を求め, それを用いて p を求めること する. d は △DCB が正の向きの正3角形 あることから求める.
$$d+\omega\gamma+\omega^2\beta=0 \qquad d=-\omega\gamma-\omega^2\beta$$
P は △DCB の重心であるから
$$p=\frac{d+\gamma+\beta}{3}=\frac{(1-\omega^2)\beta+(1-\omega)\gamma}{3}$$
$$=\frac{1-\omega}{3}(-\omega^2\beta+\gamma)$$
同様にして
$$q=\frac{1-\omega}{3}(-\omega^2\gamma+\alpha)$$
よって
$$\overrightarrow{PQ}=q-p=\frac{1-\omega}{3}(\alpha+\omega^2\beta+\omega\gamma)$$

α, β, γ を順に入れかえて

$$\overrightarrow{QR}=\frac{1-\omega}{3}(\omega\alpha+\beta+\omega^2\gamma)$$

$$\therefore\quad \omega\overrightarrow{PQ}=\overrightarrow{QR}$$

よって △ PQR は正 3 角形である.

例題 4 3 角形 ABC の外側に辺 AB, AC を 1 辺として正 3 角形 ABP, ACQ を作り, さらに AP, AQ を 2 辺とする平行 4 辺形 PAQS を作る.

3 点 S, B, C を頂点とする 3 角形は正 3 角形であることを示せ.

解き方

図のように各点の座標を表す.

△ PBA は正 3 角形(正)であるから

$p+\omega\beta+\omega^2\alpha=0$ ∴ $p=-\omega\beta-\omega^2\alpha$

△ QAC も正 3 角形(正)であるから

$q+\omega\alpha+\omega^2\gamma=0$ ∴ $q=-\omega\alpha-\omega^2\gamma$

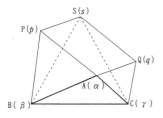

4 辺形 PAQB は平行 4 辺形であるから

$$s+\alpha=p+q$$

$$\therefore\quad s+\alpha=\alpha-\omega\beta-\omega^2\gamma$$

$$\therefore\quad s+\omega\beta+\omega^2\gamma=0$$

よって △ SBC は正 3 角形(正)である.

平行と垂直の条件

ベクトルの場合を振り返ってみると, 2 つのベクトル $\vec{\alpha}$, $\vec{\beta}$ が平行, 垂直の条件は内積を用いて次のように表された.

$$\vec{\alpha}/\!/\vec{\beta}\Longleftrightarrow\vec{\alpha}\cdot\vec{\beta}=\pm|\vec{\alpha}|\times|\vec{\beta}|$$

$$\vec{\alpha}\perp\vec{\beta}\Longleftrightarrow\vec{\alpha}\cdot\vec{\beta}=0$$

さて, 複素数ではどうなるだろうか.

定理 2 0 でない複素数 α, β の表すべ

クトルを $\vec{\alpha}$, $\vec{\beta}$ で表すと

$$\vec{\alpha}/\!/\vec{\beta}\Longleftrightarrow\frac{\alpha}{\beta}=\frac{\overline{\alpha}}{\overline{\beta}}$$

$$\vec{\alpha}\perp\vec{\beta}\Longleftrightarrow\frac{\alpha}{\beta}=-\frac{\overline{\alpha}}{\overline{\beta}}$$

証明は簡単である.

$\vec{\alpha}/\!/\vec{\beta}$ ならば $\alpha=k\beta$, (k は実数)

両辺の共役複素数を求めて $\overline{\alpha}=k\overline{\beta}$

2 式から k を消去して

$$\frac{\alpha}{\beta}=\frac{\overline{\alpha}}{\overline{\beta}}$$

逆が成り立つことは容易に分る.

$\vec{\alpha}\perp\vec{\beta}$ ならば $\alpha=ik\beta$, (k は実数)

両辺の共役複素数を求めると $\overline{\alpha}=-ik\overline{\beta}$

2 式から ik を消去して

$$\frac{\alpha}{\beta}=-\frac{\overline{\alpha}}{\overline{\beta}}$$

ベクトルの場合とは余りにも異なるのに驚くであろう.

垂直条件の応用

例題 5 ガウス平面において原点 O と点 A(α), B(β) を頂点とする 3 角形 OAB の垂心を H(h) とするとき, h を α, β で表せ.

定理の応用に手頃な問題であろう.

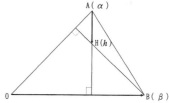

解き方

$\overrightarrow{AH}=h-\alpha$ は $\overrightarrow{OB}=\beta$ に垂直であるから

$$\frac{h-\alpha}{\beta}=-\frac{\overline{h}-\overline{\alpha}}{\overline{\beta}}$$

$$\overline{\beta}h=\alpha\overline{\beta}+\overline{\alpha}\beta-\beta\overline{h} \qquad ①$$

$\overrightarrow{BH}=h-\beta$ は $\overrightarrow{CA}=\alpha$ に垂直であるから,

$$\overline{\alpha}h=\beta\overline{\alpha}+\overline{\beta}\alpha-\alpha\overline{h} \qquad ②$$

①と②から $\overline{h}$ を消去すると

$$(\alpha\overline{\beta}-\overline{\alpha}\beta)h=(\alpha\overline{\beta}+\overline{\alpha}\beta)(\alpha-\beta)$$

$$\therefore \quad h=\frac{\alpha\overline{\alpha}\beta-\beta\overline{\beta}\alpha+\alpha^2\overline{\beta}-\beta^2\overline{\alpha}}{\alpha\overline{\beta}-\overline{\alpha}\beta}$$

$$\times \qquad\qquad\qquad \times$$

　複素数とベクトルを比較するため，次の問題を追加しておく．

例題6　平面上において原点Oと2点 A($\vec{\alpha}$), B($\vec{\beta}$) を頂点とする3角形 OAB の垂心を $\vec{h}$ とするとき，$\vec{h}$ を $\vec{\alpha}$, $\vec{\beta}$ を用いて表せ．

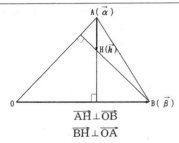

$$\overrightarrow{\text{AH}}\perp\overrightarrow{\text{OB}}$$
$$\overrightarrow{\text{BH}}\perp\overrightarrow{\text{OA}}$$

これを内積で表して

$$\left.\begin{array}{l}(\vec{h}-\vec{\alpha})\cdot\vec{\beta}=0\\(\vec{h}-\vec{\beta})\cdot\vec{\alpha}=0\end{array}\right\}(*)$$

を導いてはみたものの，先へは1歩も進めない．さて，どう切り抜けるか．

　解き方——1次結合の応用

　$\vec{\alpha},\vec{\beta}$ を用いて $\vec{h}=p\vec{\alpha}+q\vec{\beta}$ と表してみよ．これを(*)に代入すると

$$(p\vec{\alpha}+q\vec{\beta}-\vec{\alpha})\cdot\vec{\beta}=0$$
$$(p\vec{\alpha}+q\vec{\beta}-\vec{\beta})\cdot\vec{\alpha}=0$$

p, q について整理すれば

$$p(\vec{\alpha}\cdot\vec{\beta})+q|\vec{\beta}|^2=\vec{\alpha}\cdot\vec{\beta}$$
$$p|\alpha|^2+q(\vec{\alpha}\cdot\vec{\beta})=\vec{\alpha}\cdot\vec{\beta}$$

あとは p, q について解き，$\vec{h}=p\vec{\alpha}+q\vec{\beta}$ に代入するだけのこと．

$$\vec{h}=$$
$$\frac{\vec{\alpha}\cdot\vec{\beta}(|\beta|^2-\vec{\alpha}\cdot\vec{\beta})\vec{\alpha}+\vec{\alpha}\cdot\vec{\beta}(|\alpha|^2-\vec{\alpha}\cdot\vec{\beta})\vec{\beta}}{|\alpha|^2|\beta|^2-(\vec{\alpha}\cdot\vec{\beta})^2}$$

役に立ちそうもないが，複素数との比較も貴重な学習と思えば捨てたものでもなかろう．

14

……………… 面積比の最大・最小

アルプスやヒマラヤの登山はお呼びでないが1000mほどの山なら楽しめよう。中腹までは車で，ときにはロープウエイやケーブルカーで頂上近くへ。数学も同じようなものか．手のとどきそうな予感のある難問ならば十分楽しめる．孫子の兵法のように「彼を知り己を知れば，百戦殆うからず」といった対応すれすれのものがちょうどよい．「難問あり，楽しからずや」はそれをさす．

難問あり楽しからずや

筆者が楽しんだのは数学オリンピックの次の問題である．

> 例題1 4角形 ABCD の辺 AB，CD を $m:n$ に分ける点を P，Q とし，AQ と DP の交点を N，BQ と CP の交点を M とすれば
> $$k=\frac{\square\text{PMQN}}{\square\text{ABCD}}<\frac{mn}{m^2+mn+n^2}$$
> となることを証明せよ．

創作者の苦労がしのばれる問題である．その苦労は経験しないと分らない．

さて解答であるが苦労の末に3つ成功した．しかし

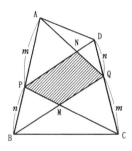

関数の変化から上限を発見したのは，ベクトルによる解き方で，他は両辺の差の符号をみることになった．

とにかく，右辺の式が気になる．そのルーツを知ろうとして，A と D が一致して4角形が3角形になる場合と，AB と DC が平行になる場合に当ってみた．一般の場合の解き方を探るために特殊な場合に当ってみるのは，よく試みられる手法である．

ウォーミングアップ（ⅰ）

次は A と D が一致した場合の問題である．

> 例題2 3角形 ABC の辺 AB，CA を $m:n$ に分ける点を P，Q とし，BQ と CP との交点を M とするとき
> $$k=\frac{\square\text{APMQ}}{\triangle\text{ABC}}$$
> を m, n の式で表せ．
> k はどんなときに最大になるか．また最大値を求めよ．

大学入試頻出の問題に類するもので，例題1よりは格段に易しい．

解き方

△BQA を直線 PMC で切ったとみてメネラウスの定理を用いる．

$$\frac{\text{BM}}{\text{MQ}}\cdot\frac{\text{QC}}{\text{CA}}\cdot\frac{\text{AP}}{\text{PB}}=-1$$

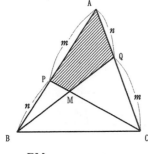

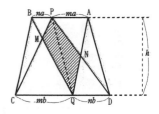

$$\frac{\mathrm{BM}}{\mathrm{MQ}}\cdot\frac{-m}{m+n}\cdot\frac{m}{n}=-1$$

$$\therefore\quad\frac{\mathrm{BM}}{\mathrm{MQ}}=\frac{n(m+n)}{m^2}$$

$$\triangle\mathrm{PMQ}=\frac{m^2}{m^2+n(m+n)}\triangle\mathrm{PBQ}$$

$$=\frac{m^2}{m^2+mn+n^2}\cdot\frac{n}{m}\triangle\mathrm{APQ}$$

$$=\frac{mn}{m^2+mn+n^2}\triangle\mathrm{APQ}$$

$$\square\mathrm{PMQA}=\triangle\mathrm{PMQ}+\triangle\mathrm{APQ}$$

$$=\frac{(m+n)^2}{m^2+mn+n^2}\triangle\mathrm{APQ}$$

$$=\frac{(m+n)^2}{m^2+mn+n^2}\cdot\frac{mn}{(m+n)^2}\triangle\mathrm{ABC}$$

$$=\frac{mn}{m^2+mn+n^2}\triangle\mathrm{ABC}$$

$$\therefore\quad k=\frac{mn}{m^2+mn+n^2}$$

この式が $m=n$ のときに最大値 $\frac{1}{3}$ になることは説明するまでもなかろう.

ウォーミングアップ（ii）

AB が DC に平行になった場合を問題にしたもの.

> **例題3** AB∥DC の台形 ABCD の辺 AB, CD を $m:n$ に分ける点を P, Q とし, AQ と DP の交点を N, BQ と CP の交点を M とすれば
> $$\frac{\square\mathrm{PMQN}}{\square\mathrm{ABCD}}\leqq\frac{mn}{(m+n)^2}$$
> となることを証明せよ.

これも大学入試にふさわしい程度の問題であろう.

$\mathrm{AP}=ma$, $\mathrm{PB}=na$; $\mathrm{CQ}=mb$, $\mathrm{QD}=nb$, さらに台形の高さ h を用いて面積を表す.

$$\mathrm{PM:MC}=\mathrm{BP:CQ}=na:mb$$

$$\therefore\quad\triangle\mathrm{PMQ}=\frac{na}{na+mb}\triangle\mathrm{PCQ}$$

$$=\frac{mnabh}{2(na+mb)}$$

同様にして

$$\triangle\mathrm{PQN}=\frac{mnabh}{2(ma+nb)}$$

2つの3角形の面積を加えて

$$\square\mathrm{PMQN}=\frac{mn(m+n)(a+b)abh}{2(ma+nb)(na+mb)}$$

$$\square\mathrm{ABCD}=\frac{(ma+na)+(nb+mb)}{2}h$$

$$=\frac{(m+n)(a+b)h}{2}$$

$$\therefore\quad\frac{\square\mathrm{PMQN}}{\square\mathrm{ABCD}}=\frac{mnab}{(ma+nb)(na+mb)}$$

上の分数式を k とおく. m, n を固定し $\frac{a}{b}$ を変化させれば

$$k=\frac{mn}{m^2+n^2+mn\left(\frac{a}{b}+\frac{b}{a}\right)}\leqq\frac{mn}{m^2+n^2+2mn}$$

$$\therefore\quad k\leqq\frac{mn}{(m+n)^2}$$

$$\times\qquad\qquad\times$$

さらに m, n を変化させれば

$$k\leqq\frac{mn}{(m+n)^2}\leqq\frac{1}{4}$$

となることは自明に近い.

どのような場合でも, □PMQN の面積が

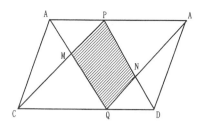

台形の面積の4分の1を越えることはない. ちょうど4分の1になるのは $a=b$ かつ $m=n$ の場合, すなわち平行4辺形 ABCD において P, Q をそれぞれ AB, CD の中点にとったときである.

はじめの例題1に戻る

AB∥CD の場合は例題3から

$$k \leq \frac{mn}{(m+n)^2} < \frac{mn}{m^2+mn+n^2}$$

となって結論の不等式は成り立つ. したがって AB∥CD でない場合を証明したのでよい. AB と CD の交点を O とする. O が AB の延長のどちらにあっても問題の本質に変りはないから, O は AB の A の方の延長にあると仮定しておく.

$\triangle \text{OAD}=S_1$

$\triangle \text{OPQ}=S_2$

$\triangle \text{OBC}=S_3$

$\square \text{ABCD}=S$

面積をこのように表すと $S=S_3-S_1$, さらに

$$\text{OA}:\text{AP}:\text{PB}=l:m:n$$

$$\text{OD}:\text{DQ}:\text{QC}=l':n:m$$

と表すと, 次の比例式が成り立つ.

$$\frac{S_1}{ll'}=\frac{S_2}{(l+m)(l'+n)}$$

$$=\frac{S_3}{(l+m+n)(l'+m+n)}$$

$$=\frac{S_3-S_1}{(l+m+n)(l'+m+n)-ll'}$$

$$=\frac{S}{(m+n)(m+n+l+l')} \quad \text{①}$$

△PQN, △PMQ の求め方

△PDO を直線 ANQ で切るとみてメネラウスの定理を用いる. 例題2で試みたと同様にして

$$\frac{\text{PN}}{\text{ND}}=\frac{m(l'+n)}{ln}$$

したがって

$$\triangle \text{PQN}=\frac{m(l'+n)}{m(l'+n)+ln}\triangle \text{DPQ}$$

$$=\frac{m(l'+n)}{mn+ml'+nl}\cdot\frac{n}{l'+n}\triangle \text{OPQ}$$

$$\therefore \quad \triangle \text{PQN}=\frac{mn}{mn+ml'+nl}S_2$$

△PMQ の面積も同様にして求められる.

$$\triangle \text{PMQ}=\frac{mn}{p+ml+nl'}S_2$$

ただし $p=m^2+mn+n^2$ である.

以上の2つの3角形の面積を加えれば4角形 PMQN の面積になる. $\square \text{PMQN}=S'$ とおくと

$$S'=\frac{mn(m+n)(m+n+l+l')}{(mn+ml'+nl)(p+ml+nl')}S_2$$

一方①から

$$S=\frac{(m+n)(m+n+l+l')}{(l+m)(l'+n)}S_2$$

よって

$$k=\frac{S'}{S}=\frac{mn(l+m)(l'+n)}{(mn+ml'+nl)(p+ml+nl')}$$

k を l, l' の関数とみて上限を求めたいが関数が複雑で成功しない. 止むを得ず, 問題に与えられている上限と k との差の符号をみざるを得ない. (上限)$-k=\delta$ とおき, さらに共通因数をくくり出して

$$\delta=\frac{mn}{p}-k=mn\frac{\beta}{\alpha}$$

とおく. ただし, $\alpha=p(mn+ml'+nl)(p+ml+nl')$. すると, $\alpha>0$ は明らか. β の符号をみればよい.

$$\beta=(mn+ml'+nl)(p+ml+nl')$$
$$-p(m+l)(n+l')$$

この式を簡単にすると

$$\beta=mn(ml+nl'+l^2+ll'+l'^2)$$

文字はすべて正の数であるから $\beta>0$

$$\therefore \quad \delta>0 \qquad \therefore \quad k<\frac{mn}{p}$$

ベクトルによる別解

　急に易しくなるだろうと期待しないでほしい．ベクトルにそのような力があるとは思えない．

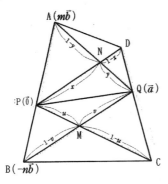

　はじめに座標を定める．P を原点に定め，$\overrightarrow{PQ}=\vec{a}$，$\overrightarrow{BA}=\vec{b}$ を基本ベクトルに選ぶと Q, A, B の座標はそれぞれ $\vec{a}$，$m\vec{b}$，$-n\vec{b}$ で表される．しかも

$$m+n=1$$

であることを忘れずに．

　次に PD，QA を N が分ける比を $x:1-x$，$y:1-y$，さらに PC，QB を M が分ける比を $u:1-u$，$v:1-v$ とおく．

$$\overrightarrow{PN}=(1-y)\vec{a}+my\vec{b}$$

$$\overrightarrow{PD}=\frac{1-y}{x}\vec{a}+\frac{my}{x}\vec{b}$$

$$\therefore \quad \overrightarrow{QD}=\frac{1-x-y}{x}\vec{a}+\frac{my}{x}\vec{b}$$

同様にして

$$\overrightarrow{QC}=\frac{1-u-v}{u}\vec{a}-\frac{nv}{u}\vec{b}$$

　仮定により線分 QD と QC は辺 CD を作っているから $m\overrightarrow{QD}+n\overrightarrow{QC}=\vec{0}$，この式に上の 2 式を代入し，$\vec{a}$ と $\vec{b}$ とは 1 次独立である（平行でない）ことを用いると，次の 2 式が

導かれる．

$$\begin{cases}\dfrac{m^2y}{x}-\dfrac{n^2v}{u}=0\\[2mm]m\dfrac{1-x-y}{x}+n\dfrac{1-u-v}{u}=0\end{cases}$$

　第 1 式は t を用いて次のように表そう．

$$y=xn^2t\cdots\cdots① \qquad v=um^2t\cdots\cdots②$$

これを第 2 式に代入すれば

$$\frac{m}{x}+\frac{n}{u}=mnt+1 \qquad\qquad ③$$

　面積の計算に移る．これにはベクトルの外積が有効である．

　ベクトル $\vec{a}$, $\vec{b}$ の外積の表し方はいろいろあるが，ここでは $[\vec{a},\ \vec{b}]$ を用いる．$\vec{a}$, $\vec{b}$ を 2 辺とする平行 4 辺形の面積は $|[\vec{a},\ \vec{b}]|$ に等しい．また対角線を表すベクトルが $\vec{c}$, $\vec{d}$ である 4 角形の面積は $\frac{1}{2}|[\vec{c},\vec{d}]|$ に等しいことも容易に分かる．

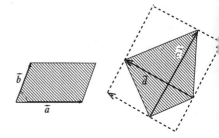

　そこで，□ABCD$=S_0$，□PMQN$=S$ とおくと

$$2S=|[\overrightarrow{PQ},\ \overrightarrow{MN}]|$$
$$=|[\vec{a},\ (v-y)\vec{a}+(my+nv)\vec{b}]|$$
$$=(my+nv)|[\vec{a},\ \vec{b}]|$$

①，②を用いて書きかえると

$$2S=mnt(mnt+1)xu|[\vec{a},\ \vec{b}]|$$

次に S_0 を求める．

$$\overrightarrow{BD}=\left(\frac{1}{x}-\frac{y}{x}\right)\vec{a}+\left(m\frac{y}{x}+n\right)\vec{b}$$

$$\overrightarrow{AC}=\left(\frac{1}{u}-\frac{v}{u}\right)\vec{a}-\left(n\frac{v}{u}+m\right)\vec{b}$$

これに①，②を代入して

$$\overrightarrow{BD}=\left(\frac{1}{x}-n^2t\right)\vec{a}+n(mnt+1)\vec{b}$$

$$\overrightarrow{AC}=\left(\frac{1}{u}-m^2t\right)\vec{a}-m(mnt+1)\vec{b}$$

$$2S_0=|[\overrightarrow{AC},\ \overrightarrow{BD}]|$$

$$=\left(\frac{n}{u}+\frac{m}{x}-mnt\right)(mnt+1)|[\vec{a},\ \vec{b}]|$$

$$=(mnt+1)|[\vec{a},\ \vec{b}]|$$

以上の結果から

$$k=\frac{S}{S_0}=xumnt \qquad ④$$

この式から u,t を消去して x,y の式にかえることを考える. ①から $t=\dfrac{y}{n^2x}$, これを③に代入し, u について解いて

$$u=\frac{n^2x}{nx+my-mn}$$

④に代入して

$$k=\frac{mnxy}{nx+my-mn}$$

$\times$ $\qquad$ $\times$

これからが本番といったところか. x,y を変化させて k の上限を求めたい. 同時に変化させては無理, 変数固定法による.

y を固定し x を変化させるために

$$k=\frac{mny}{n+\dfrac{m(y-n)}{x}},\quad (0<x<1) \qquad ⑤$$

と変形してみた. $y-n$ の符号を知りたい.

x を固定し y を変化させるために

$$k=\frac{mnx}{m+\dfrac{n(x-m)}{y}},\quad (0<y<1) \qquad ⑥$$

と変形してみた. $x-m$ の符号を知りたい.

以上の2つの願いを追って悪戦苦闘, ようやく気付いたのは AB と DC の関係. この2辺が交わるとき, 交点が AB のどちらの延長上にあるかは問題の一般性に影響がない. そこで AB の A の方で交わると仮定すれば

$$\frac{NQ}{AN}>\frac{ND}{PN} \rightarrow \frac{y}{1-y}>\frac{1-x}{x}$$

$$\rightarrow x+y>1 \rightarrow x+y>m+n$$

$$\rightarrow (x-m)+(y-n)>0$$

$$\rightarrow x-m>0 \ \ \text{or} \ \ y-n>0$$

$y-n>0$ とき, ⑤によれば k は x の増加関数であるから $x=1$ のとき上限になり

$$k<\frac{mny}{n+my-mn}=\frac{mny}{my+n^2}$$

$$=\frac{mn}{m+\dfrac{n^2}{y}}$$

ここで y を変化させて, $y=1$ のとき k の上限を与えるから

$$k<\frac{mn}{m+n^2}=\frac{mn}{m^2+mn+n^2}$$

$x-m>0$ のときも同様である.

$\times$ $\qquad$ $\times$

余談であるが, 上の推論からわかるように, $x=y=1$ のとき A と D は一致し, 上の不等号は等号に変り, 右辺の式は k の最大値で, 例題2と一致する. AB∥DC のときは, すでに例題3で明らか.

面積で面積を制す

以上の2種の解は線分の比で面積を求めたが, 面積の比で面積を表す奥の手もある. それに必要な基礎知識を振り返ってみるのが親切であろう.

(ⅰ) 高さの等しい3角形の面積の比は底辺の比に等しい.

(ⅱ) 底辺の等しい3角形の面積の比は高さの比に等しい.

(ⅲ) 4角形 ABCD の対角線の交点を O とすると BO:OD=△ABC:△ACD が成り立つ.

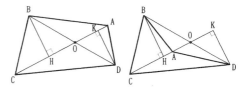

△ABC:△ACD=BH:DK=BO:DO

(ⅳ) もっと高級(?)なのが1つある.

線分 AB を共通の底辺とする △MAB, △NAB, △PAB があって, P が線分

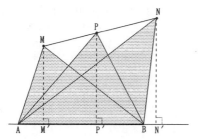

MN を $m : n$ $(m+n=1)$ に分けるならば

$$n\triangle\text{MAB}+m\triangle\text{NAB}=\triangle\text{PAB}$$

が成り立つ.

証明は垂線 MM′, NN′, PP′ をひいて考えよ.

$$n\text{MM}'+m\text{NN}'=\text{PP}'$$

両辺に $\dfrac{1}{2}\text{AB}$ をかければよい.

$$\times \qquad\qquad \times$$

解き方3──面積で面積を制す.

図に示した 4 つの 3 角形の面積 α, β, γ, δ によって他の面積を表すことを試みる. もちろん, 与えられた比 $m : n$ も用いる.

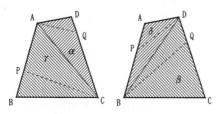

□ABCD$=S_0$, □PMQN$=S$ とおくと

$$S_0=\alpha+\gamma=\beta+\delta \qquad\qquad ①$$

次に基礎知識(iv)を用いて

$$\triangle\text{PCD}=n\alpha+m\beta$$
$$\triangle\text{QAB}=n\gamma+m\delta$$

さらに(iii)を用いて

$$\frac{\text{AN}}{\text{NQ}}=\frac{\triangle\text{APD}}{\triangle\text{DPQ}}=\frac{m\delta}{n(n\alpha+m\beta)}$$

したがって

$$\triangle\text{NPQ}=\frac{\text{NQ}}{\text{AQ}}\triangle\text{APQ}$$

$$=\frac{n(n\alpha+m\beta)}{n(n\alpha+m\beta)+m\delta}\cdot m(n\gamma+m\delta)$$

$$=\frac{mn(n\alpha+m\beta)(n\gamma+m\delta)}{\lambda}$$

（ただし $\lambda=n^2\alpha+mn\beta+m\delta$ ）

同様にして（α と γ, β と δ を入れ換える）

$$\triangle\text{MQP}=\frac{mn(n\alpha+m\beta)(n\gamma+m\delta)}{\mu}$$

（ただし $\mu=n^2\gamma+mn\delta+m\beta$ ）

以上の 2 つの面積を加えて簡単にすると

$$k=\frac{mn(n\alpha+m\beta)(n\gamma+m\delta)}{\lambda\mu}S_0$$

$$\therefore\quad k=\frac{mn(n\alpha+m\beta)(n\gamma+m\delta)}{\lambda\mu}$$

これよりも, 証明する不等式の右辺 k' が大きいことを示せばよい. 差をとって

$$k'-k=\frac{mn}{(m^2+mn+n^2)\lambda\mu}K$$

とおけば $K>0$ を示すことになる.

$$K=(n^2\alpha+mn\beta+m\delta)(n^2\gamma+mn\delta+m\beta)$$
$$-(m^2+mn+n^2)(n\alpha+m\beta)(n\gamma+m\delta)$$

展開し, $m+n=1$ を用いて簡単にし, m, n について整理する.

$$K=m^2nU+mn^2V$$

ただし

$$U=\beta^2+\delta^2+\beta\delta-\alpha\delta-\beta\gamma$$
$$V=\alpha\beta+\gamma\delta-\alpha\gamma$$

ここで①を用いて 1 文字を消去する.

$\beta=\alpha+\gamma-\delta$ を U の式に代入すれば

$$U=(\alpha-\delta)^2+\alpha\gamma>0$$

$\gamma=\beta+\delta-\alpha$ を V の式に代入すれば

$$V=(\alpha-\delta)^2+\beta\delta>0$$

よって $K>0$ となり, 証明を終る.

15 複素数と直線・円

良問散策必ずしも良問にめぐり会うとは限らない.「枯木も山の賑い」のたとえもある.ちょっと気になる問題も受身の受験生としては笑顔で付き合わざるを得ない.基礎知識を総括する前に,1問と付き合っておこう.

例題1 複素数 α, β が $|\alpha|=|\beta|=1$, $\dfrac{\beta}{\alpha}$ の偏角が $120°$ を満たす定数であるとき,次の問に答えよ.

(1) 次の条件を満たす複素数 γ は複素数平面上のどのような図形上にあるか.

$$\dfrac{\gamma-\alpha}{\beta-\alpha} \text{ は実数で,} \quad 0\leqq\dfrac{\gamma-\alpha}{\beta-\alpha}\leqq1$$

(2) γ が(1)の図形上を動くとき,$|z-\gamma|=|\gamma|$ を満たす点 z が動く部分の面積を求めよ.

日本語のつまらない論文も英語やドイツ語で発表すれば有難くなる時代があった.初等幾何のありふれた問題も複素数で表せば新傾向の良問といわれる時代らしい.本問を図形に翻訳してみよ.難解な単語は見当らない.誰でも訳せて幾何の問題に戻り,複素数との縁は完全に切れ,幾何の心得のある方ならば苦もなく解決できよう.ただし,面積を求めるところには,ちょっとした落し穴が用意されている.出題者というのは「意地悪じいさん」と心得よ.

解き方を探る

複素数 α, β の表す点は,最近の慣例に従い点 α,点 β と呼び,これらの2点を結ぶ線分は線分 $\alpha\beta$,直線は直線 $\alpha\beta$ な

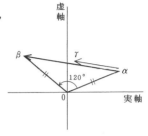

どと書くことにしよう.

題意の $|\alpha|=|\beta|=1$ は線分 0α, 0β の長さが1であること.偏角を arg で表すと

$$\arg\dfrac{\beta}{\alpha}=120°$$

は $\angle\alpha0\beta$ が $120°$ であることを表す.この角の向きは分母の α から分子の β までの正の角であることに注意しよう.逆向きに描いては失格.

(1) こけおどしの表現が続く.

$\dfrac{\gamma-\alpha}{\beta-\alpha}=t$ とおくと,t は実数で

$$\gamma-\alpha=t(\beta-\alpha), \quad (0\leqq t\leqq1)$$

ガウス平面上の複素数はベクトルを表すという常識があれば,式の内容を図形的に読みとるのは易しい.

$$\overrightarrow{\alpha\gamma}=t\,\overrightarrow{\alpha\beta}, \quad (0\leqq t\leqq1)$$

明らかに点 γ は線分 $\alpha\beta$ 上にある.

(2) $|z-\gamma|=|\gamma|$ は図形で見れば，線分 $z\gamma$ の長さが線分 0γ の長さに等しいこと，つまり点 z は中心が点 γ で原点 0 を通る円周を描くことを表す．点 γ が線分 $\alpha\beta$ 上を動けば円周も動く，その動いた領域を正しく見とどけて面積の計算へ．円をいくつか描きながら動く範囲を観察せよ．

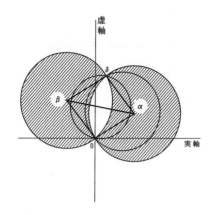

原点 0 の直線 $\alpha\beta$ に関する対称点を点 δ とすると，すべての円は 2 点 0, δ を通る．2 点 α, β を中心とする円の中にすべての円周は含まれ，意外なことに 2 円の間の空白の部分は円周の通過し得ない部分となる．通過する部分の面積は 2 つの月形の和とみよ．1 つの月形は円から 2 つの弓形（空白の部分）を除いたもの．

$$弓形の面積 = \frac{\pi}{6} - \frac{\sqrt{3}}{4}$$

$$月形の面積 = \pi - 2\left(\frac{\pi}{6} - \frac{\sqrt{3}}{4}\right) = \frac{2\pi}{3} + \frac{\sqrt{3}}{2}$$

これを 2 倍して，求める面積は

$$\frac{4\pi}{3} + \sqrt{3}$$

教科書にない直線の方程式

ガウス平面における直線の方程式はベクトルの場合に似ているが，種類は多い．

(1) 点 z_1 を通り，方向ベクトルは α.

$z = z_1 + t\alpha$, （$\alpha \neq 0$, t は実数）

(2) 異なる 2 点 z_1, z_2 を通る．

$z = sz_1 + tz_2$

（s, t は実数で $s + t = 1$）

(3) 法線ベクトル α.

$z = s\alpha + it\alpha$, （$\alpha \neq 0$, s と t は実数）

(4) 陰関数型

$\bar{\alpha}z + \alpha\bar{z} + c = 0$ （$\alpha \neq 0$, c は実数）

最初の 2 つ(1), (2)はベクトルの場合と全く同じ．説明するまでもなかろう．

(3) ベクトル $z - s\alpha$ はベクトル α の方向を $90°$ かえ，さらに伸縮したものである $90°$ の回転には i をかければよい．

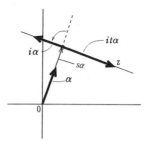

$z - s\alpha = it\alpha$

移項して

$z = s\alpha + it\alpha$

(4) 見逃してならないのは「c は実数」という条件である．

$$\bar{\alpha}z + \alpha\bar{z} + c = 0 \quad （c は実数） \qquad (*)$$

直線の方程式は(*)の形になること，逆に(*)の形の方程式は必ず直線を表すこと．この 2 つの証明が必要．不思議なことに逆の証明をのせた本は少ない．

(3)によれば，直線の方程式は

$$z = s\alpha + it\alpha$$

と表される．両辺の共役複素数を求めると

$$\bar{z} = s\bar{\alpha} - it\bar{\alpha}$$

第 1 式 $\times \bar{\alpha}$ ＋第 2 式 $\times \alpha$

$$\bar{\alpha}z + \alpha\bar{z} = 2s\alpha\bar{\alpha}$$

$2s\alpha\bar{\alpha} = 2s|\alpha|^2 = -c$ とおくと c は実数で(*)の形の方程式になる．

逆に(*)が与えられたら，c を右辺に移し両辺を $2\alpha\bar{\alpha}$ で割ると

$$\frac{1}{2}\left(\frac{z}{\alpha} + \frac{\bar{z}}{\bar{\alpha}}\right) = -\frac{c}{2|\alpha|^2}$$

左辺は複素数 $\dfrac{z}{\alpha}$ の実部を表し，それが右辺の実数であることを示す．よって右辺を s とおくと

$$\frac{z}{\alpha}=s+it$$

虚部の t は任意の実数でよいから

$$z=s\alpha+it\alpha,\ (t\text{ は実数})$$

これは(3)と一致し，法線ベクトル α の直線を表す．

$$\times \qquad\qquad \times$$

(1)の式から t を消去すると，(4)と異なる式が現れ，困惑する人がおるだろう．

$$z=z_1+t\alpha$$
$$\bar{z}=\overline{z_1}+t\bar{\alpha}$$

第1式$\times\bar{\alpha}$―第2式$\times\alpha$

$$\bar{\alpha}z-\alpha\bar{z}=\bar{\alpha}z_1-\alpha\overline{z_1}$$

右辺を $-c$ とおいても(4)の式にはならない．この違いは見掛けだけのこと．右辺は純虚数を表すから，$-i$ を両辺にかけて右辺を実数に直してみよ．

$$-i\bar{\alpha}z+i\alpha\bar{z}=-i(\bar{\alpha}z_1-\alpha\overline{z_1})$$

さらに $\bar{i}=-i$ に注意して書き直すと

$$\overline{i\alpha}z+i\alpha\bar{z}=-i(\bar{\alpha}z_1-\alpha\overline{z_1})$$

$i\alpha=\alpha'$，右辺を $-c$ とおくと

$$\bar{\alpha'}z+\alpha'\bar{z}+c=0,\ (c\text{ は実数})$$

となって(4)と同じタイプの式が得られる．

直線の方程式の応用

簡単な応用例を3つ示す．

例題2 2点 z_1，z_2 を結ぶ線分の垂直2等分線の方程式を求めよ．

解き方1――パラメータ型

線分 z_1z_2 の中点の座標は $\dfrac{z_1+z_2}{2}$，垂直2等分線の方向ベクトルはベクトル $\overrightarrow{z_1z_2}$，すなわち，z_2-z_1 の方向を $90°$ 変えた $i(z_2-z_1)$ である．よって求める方程式は

$$z=\frac{z_1+z_2}{2}+it\,(z_2-z_1)$$

解き方2――陰関数型

垂直2等分線上の任意の点 z は点 z_1 および点 z_2 から等距離にあるから

$$|z-z_1|=|z-z_2|$$

両辺を平方し，共役複素数を用いて表すと

$$(z-z_1)(\bar{z}-\overline{z_1})=(z-z_2)(\bar{z}-\overline{z_2})$$

展開して整理すれば

$$(\overline{z_2}-\overline{z_1})z+(z_2-z_1)\bar{z}+|z_1|^2-|z_2|^2=0$$
$$\times \qquad\qquad \times$$

例題3 $z=az_1+bz_2$ において，z_1，z_2 は与えられた複素数で，a，b は $a\geqq0$，$b\geqq0$ である変数とする．

$1\leqq a+b\leqq2$ のとき，点 z の存在する領域を図示せよ．

z，z_1，z_2 をベクトルにかえた場合と全く同じ問題である．

解き方

$a+b=k$ とおいて，与えられた等式を

$$z=k\frac{az_1+bz_2}{a+b},\ (1\leqq k\leqq2)$$

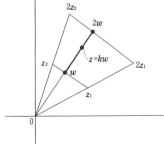

と書きかえ，さらに

$$w=\frac{az_1+bz_2}{a+b}$$
$$z=kw,\ (1\leqq k\leqq2)$$

とおくと，点 w は線分 z_1z_2 上の点で，点 z は2点 w，$2w$ を結ぶ線分上の点である．

したがって，点 z の存在する領域は，図の台形の内部または周上である．

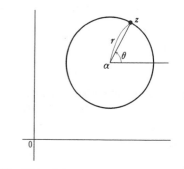

例題4 複素数 α, β の表すベクトルが平行でないとき，次の2直線の交点の座標を求めよ．
$$z=z_1+s\alpha,\ (\alpha\neq0,\ s\ \text{は実数})$$
$$z=z_2+t\beta,\ (\beta\neq0,\ t\ \text{は実数})$$

2式から s と t を消去して z を求めればよい．両辺の共役複素数を求め陰関数型の方程式を導け．
$$z=z_1+s\alpha$$
$$\bar{z}=\bar{z_1}+s\bar{\alpha}$$
s を消去して
$$\bar{\alpha}z-\alpha\bar{z}=\bar{\alpha}z_1-\alpha\bar{z_1} \qquad\text{①}$$
第2式から同様にして
$$\bar{\beta}z-\beta\bar{z}=\bar{\beta}z_2-\beta\bar{z_2} \qquad\text{②}$$
①と②から $\bar{z}$ を消去する．
$$(\bar{\alpha}\beta-\alpha\bar{\beta})z=\bar{\alpha}\beta z_1-\alpha\bar{\beta}z_2-\alpha\beta(\bar{z_1}-\bar{z_2})$$
仮定によりベクトル α, β は平行でないから $\dfrac{\beta}{\alpha}$ は実数でない．よって
$$\frac{\beta}{\alpha}\neq\frac{\bar{\beta}}{\bar{\alpha}} \quad\therefore\quad \bar{\alpha}\beta-\alpha\bar{\beta}\neq0$$
$$\therefore\quad z=\frac{\bar{\alpha}\beta z_1-\alpha\bar{\beta}z_2-\alpha\beta(\bar{z_1}-\bar{z_2})}{\bar{\alpha}\beta-\alpha\bar{\beta}}$$

教科書にはない円の方程式

ガウス平面上の円にも，それを表す方程式はいろいろあり，状況に応じて使い分ける．

(1) 中心 α, 半径 r の円．
$$|z-\alpha|=r$$
(2) パラメータ型 (θ はパラメータ)
$$z=\alpha+r(\cos\theta+i\sin\theta)$$
(3) 陰関数型
$$z\bar{z}+\bar{\alpha}z+\alpha\bar{z}+c=0,\ (c\ \text{実数})$$

(1) 説明するまでもない．
(2) θ の大きさに制限はない．状況に応じ $0\leqq\theta<2\pi$ のような制限をおくことはある．θ の変化に伴い z が変るので，点 z の位置や運動を示すのに向いている．

(4) 円はつねに
$$z\bar{z}+\bar{\alpha}z+\alpha\bar{z}+c=0 \qquad(*)$$
$$\quad(c\ \text{は実数})$$
と表されるが，逆に $(*)$ が必ずしも円を表すとは限らない．そこが直線の場合と異なる．

円の方程式(1)から
$$|z-\alpha|^2=r^2$$
$$(z-\alpha)(\bar{z}-\bar{\alpha})=r^2$$
$$z\bar{z}-\bar{\alpha}z-\alpha\bar{z}+|\alpha|^2-r^2=0$$
$-\alpha$ を α で置きかえ，さらに $|\alpha|^2-r^2=c$ とおくと $(*)$ のタイプになる．

逆に $(*)$ を与えられたときは次の変形を試みよ．
$$z\bar{z}+\bar{\alpha}z+\alpha\bar{z}+\alpha\bar{\alpha}=\alpha\bar{\alpha}-c$$
$$(z+\alpha)(\bar{z}+\bar{\alpha})=|\alpha|^2-c$$
$$|z-(-\alpha)|^2=|\alpha|^2-c$$
$|\alpha|^2-c>0$ のときは中心 $(-\alpha)$ で半径が $\sqrt{|\alpha|^2-c}$ の円を表す．

$|\alpha|^2-c=0$ のときは1点 $-\alpha$ を表す．

$|\alpha|^2-c<0$ のときは図形がない．

円の方程式の応用

次の問題は重要である．幾何では古くからアポロニウスの円として知られている．この軌跡には常に新鮮さを感じさせる魅力がある「古くて新しいもの」とはこのことか．政治の世界でみれば「健全な保守党」といったところ．何でも反対が何でも賛成に変るような政党は論外である．

例題5 複素数平面上で

(1) 次の等式を満たす z の描く図形を図示せよ。
$$\left|\frac{z+i}{z+1}\right|=2$$

(2) 次の不等式を満たす z の存在する範囲を図示せよ。
$$1<\left|\frac{z+i}{z+1}\right|<2$$

複素数の有効な問題である。幾何へ戻したのでは出題の意図に添わないだろう。それにアポロニウスの円を幾何で完全に証明できるような学生は極めて少ない。無いものねだりは避けよう。

解き方──複素数の方程式による。

(1) 与えられた等式の分母を払って
$$|z+i|=2|z+1|,\quad (z\neq-1)\qquad ①$$
$z=-1$ とおいてみると $|-1+i|=0$ となって矛盾。したがって $z\neq-1$ は不要。

平方し、共役複素数を用いて表すと
$$(z+i)(\bar{z}-i)=4(z+1)(\bar{z}+1)\qquad ②$$
$$-3z\bar{z}-(4+i)z-(4-i)\bar{z}-3=0$$
両辺を -3 で割って
$$z\bar{z}+\frac{4+i}{3}z+\frac{4-i}{3}\bar{z}+1=0\qquad ③$$
次の変形が重要である。
$$\left(z+\frac{4-i}{3}\right)\left(\bar{z}+\frac{4+i}{3}\right)=\frac{4+i}{3}\cdot\frac{4-i}{3}-1$$
$$\left|z-\frac{-4+i}{3}\right|=\frac{2}{3}\sqrt{2}\qquad ④$$

この方程式は点 $\dfrac{-4+i}{3}$ を中心とする半径 $\dfrac{2}{3}\sqrt{2}$ の円を表す。

円をかくときは、点 -1 と点 $-i$ とを結ぶ線分を $1:2$ に内分する点と

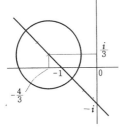

外分する点が直径の両端となることを考慮し

よう。

(2) 不等式を2つに分ける。
$$|z+1|<|z+i|$$
変形には及ばない。点 z から点 -1 までの距離は点 $-i$ までの距離よりも小さいことを示す。このような点 z が線分 $(-1),(-i)$ の垂直2等分線の上方にあることは明らかである。

第2の不等式
$$|z+i|<2|z+1|$$
の変形は(1)の等号を不等号に置き換えたのでよい。①から②までは＝を＜にかえる。②から③へ移ると＜は＞に変るから最後の④に対応する不等式は
$$\left|z-\frac{-4+i}{3}\right|>\frac{2}{3}\sqrt{2}$$

この不等式は(1)で求めた円の外部を表している。

点 z の存在する範囲は図の斜線の部分。ただし境界を除く。

奇妙な問題

次のは珍しい問題である。創作の源を知らないと奇妙に感じられよう。源の反転についてはガウス平面上の写像で取り挙げたい。

例題6 複素数平面上に原点 0 と異なる2点 $z_1=x_1+y_1i$ と $z_2=x_2+y_2i$ をとる。z_1 と z_2 はどちらも虚軸上にはなく、また $0,\ z_1,\ z_2$ は同一直線上にはないとする。このとき $0,\ z_1,\ z_2$ の3点を通る円を C とすると、C の中心 $\alpha=a+bi$ が実軸上にあるための必要十分条件は、$\dfrac{1}{z_1}-\dfrac{1}{z_2}$ が純虚数になることである。このことを証明せよ。

実部や虚部を用いることを暗示、というよりは誘っているような文章であるが、敢えて無視しよう。「親の教えにそむいてまでも、恋

に生きます…」というほどではない。基礎知識として，次の2つは重要である。

$$z は実数 \Longleftrightarrow z - \bar{z} = 0$$
$$z は純虚数 \Longleftrightarrow z + \bar{z} = 0$$

×　　　　　　×

解き方

線分 $0z_1$ の垂直2等分線は

$$|z - z_1| = |z|$$
$$(z - z_1)(\bar{z} - \bar{z_1}) = z\bar{z}$$
$$\bar{z_1}z + z_1\bar{z} = z_1\bar{z_1} \qquad ①$$

同様にして，線分 $0z_2$ の垂直2等分線は

$$\bar{z_2}z + z_2\bar{z} = z_2\bar{z_2} \qquad ②$$

①と②から $\bar{z}$ を消去し，z について解くと

$$\alpha = \frac{z_1 z_2 (\bar{z_2} - \bar{z_1})}{z_1 \bar{z_2} - \bar{z_1} z_2}$$

仮定により α は実数であるから $\bar{\alpha} = \alpha$

$$\frac{\bar{z_1}\,\bar{z_2}\,(z_2 - z_1)}{\bar{z_1} z_2 - z_1 \bar{z_2}} = \frac{z_1 z_2 (\bar{z_2} - \bar{z_1})}{z_1 \bar{z_2} - \bar{z_1} z_2}$$

分母を払い，変形すれば

$$\left(\frac{1}{z_1} - \frac{1}{z_2}\right) + \overline{\left(\frac{1}{z_1} - \frac{1}{z_2}\right)} = 0$$

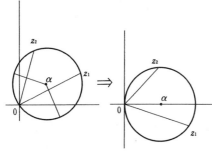

この式は $\dfrac{1}{z_1} - \dfrac{1}{z_2}$ が純虚数であることを示す。

十分条件の証明は，以上の計算を逆にたどればよい。

円のパラメータ表示の応用

例題7 複素数 z が円 $|z - p| = r$（$r > 0$）の上を動くとき

(1) $w = z^2 - 2pz - 1$ をみたす w が描く軌跡を求めよ。

(2) また，z の軌跡と w の軌跡とが一致するとき z はどのような円周上にあるか。

(3) このとき，z に対して w の位置はどのようになっているかを調べよ。

(1) $|z - p| = r$ から z を消去するため，～の式を書きかえる。

$$w + p^2 + 1 = (z - p)^2$$

このままでは代入できない。両辺の絶対値をとる。

$$|w + p^2 + 1| = |(z - p)^2|$$
$$|w + p^2 + 1| = |z - p|^2$$

ここで，ようやく代入可能となる。

$$|w + p^2 + 1| = r^2 \qquad ①$$

点 $(-p^2 - 1)$ が中心で半径 r^2 の円。

(2) ①の円が円 $|z - p| = r$ と一致するための条件は $r^2 = r$，$-p^2 - 1 = p$，すなわち

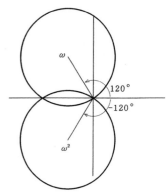

$$r = 1$$
$$p = \omega,\ \omega^2$$
$$\left(\omega = -\frac{1}{2} + i\frac{\sqrt{3}}{2}\right)$$

よって点 z は

円周 $|z - \omega| = 1$

または

円周 $|z - \omega^2| = 1$

の上にある。

(3) $z = p + (\cos\theta + i\sin\theta)$ とおくと

$$w = -p^2 - 1 + (z-p)^2$$
$$= p + (\cos\theta + i\sin\theta)^2$$
$$\therefore \quad w = p + (\cos 2\theta + i\sin 2\theta)$$
$$(p = \omega, \quad \omega^2)$$

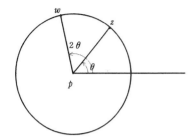

　点 z と点 w は共に中心 p で半径 1 の円上にあって，点 w の偏角は点 z の偏角の 2 倍，したがって点 z の 2 倍の速さで点 w は円周上を回る．

16

……………… 多変数の関数

良問あり楽しからずや

「はてな？」と一抹の不安と期待を抱かせて好奇心をくすぐる．そんな最良の問題にめぐり遇うのは楽しい．手垢のついていない新品ならなおさらのこと．そんな感じの一問から話をはじめよう．

> **例題1** xy 平面において，座標 (x, y) が不等式 $x \geq 0$, $y \geq 0$, $xy \leq 1$ をみたすような点 $P(x, y)$ の作る集合を $\mathbf{D}$ とする．3点 $A(a, 0)$, $B(0, b)$, $C\left(c, \dfrac{1}{c}\right)$ を頂点とし，$\mathbf{D}$ に含まれる3角形 ABC はどのような場合に面積が最大となるか．また面積の最大値を求めよ．ただし $a \geq 0$, $b \geq 0$, $c > 0$ とする．

「$\mathbf{D}$ に含まれる3角形 ABC」という条件が重要，これをどう表すかが第1関門．点Cにおける接線に気付けばしめたもの．

max, minは変数固定法

解き方1

曲線 $xy = 1$ の点 $C\left(c, \dfrac{1}{c}\right)$ における接線の方程式は

$$y - \frac{1}{c} = -\frac{1}{c^2}(x - c)$$

この接線と x 軸，y 軸との交点をそれぞれP，Qとすると $P(2c, 0)$, $Q\left(0, \dfrac{2}{c}\right)$ である．

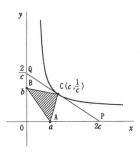

C を固定すれば P, Q は動かない．A を動かしてみよ．P を越えれば CA は曲線と交わり，△ABC の一部分が領域 $\mathbf{D}$ からはみ出る．これでAの動く範囲が分かった．B についても同様で

$$0 \leq a \leq 2c, \quad 0 \leq b \leq \frac{2}{c} \qquad (*$$

次に3角形 ABC の面積 S を求める．

$$S = \triangle COA + \triangle COB - \triangle QAB$$
$$= \frac{a}{2c} + \frac{bc}{2} - \frac{ab}{2}$$

S の最大値は変数固定法による．

c と a を固定し b を変化させる．

S を b について整理すれば

$$S = \frac{c-a}{2}b + \frac{a}{2c}, \quad \left(0 \leq b \leq \frac{2}{c}\right)$$

(1) $0 \leq a \leq c$ のとき

S は b の増加関数であるから，S の最大値を S_0 とおくと

$$S_0 = 1 - \frac{a}{2c}, \quad (0 \le a \le c)$$

ここで a を変化させて

$$\max S_0 = 1 - \frac{0}{2c} = 1$$

(2) $c < a \le 2c$ のとき

①において S は b の減少関数であるから

$$S_0 = \frac{a}{2c} \quad (c \le a \le 2c)$$

ここで a を変化させると

$$\max S_0 = \frac{2c}{2c} = 1$$

以上から S の最大値は1で,そのときの A,B,C の位置は次の2通りである.

$$A(0, 0), \quad B\left(0, \frac{2}{c}\right), \quad C\left(c, \frac{1}{c}\right)$$

$$A(2c, 0), \quad B(0, 0), \quad C\left(c, \frac{1}{c}\right)$$

$$\times \qquad\qquad \times$$

以上では c と a を固定し b を変化させた. c と b を固定し a を変化させても大差ない. S は a についても,b についても1次式であり,最初に変化させるものとして a または b を選ぶのは,変数固定法としては賢明である.

しかし,a,b を固定し c を変化させた場合を学ぶことが無益なわけではない.c については分数関数になり,その分数関数はしばしば現れる重要なタイプである.

a,b を固定し c を変化させる

解き方2

a,b を固定し c を変化させるときの c の範囲は,解き方1で導いた($*$)から求められる.

$$S = \frac{1}{2}\left(\frac{a}{c} + bc\right) - \frac{ab}{2}$$

$$\left(\frac{a}{2} \le c \le \frac{2}{b}\right) \qquad (**)$$

グラフが頭に浮かぶようなら頼もしい.関数を2つに分割し,直線

$$S = \frac{b}{2}c - \frac{ab}{2}$$

の上に直角双曲線

$$S = \frac{a}{2c}$$

を加えるとみれば,グラフの概形が見えてくるだろう.くわしく知りたいなら S の最小値

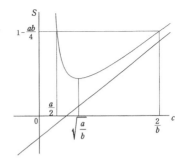

を明らかにすればよい.相加平均と相乗平均の大小関係から

$$\frac{1}{2}\left(\frac{a}{c} + bc\right) \ge \sqrt{\frac{a}{c} \cdot bc} = \sqrt{ab}$$

$$\min S = \sqrt{ab} - \frac{ab}{2}$$

ほしいのは S が最大になるところで,それは c の変域の端である.$c = \frac{a}{2}, \frac{2}{b}$ のときの S の値は一致して最大値になる.

$$S_0 = \max S = 1 - \frac{ab}{4}$$

ここで,a,b を変化させる.($**$)から ab の変域は $0 \le ab \le 4$,よって

$$\max S_0 = 1$$

$\max$,$\min$ にグラフ変動法

c を固定し,a と b を同時変化させればどうなるか.面積を求める式を a,b についての方程式と見方を変える.

$$ab - \frac{a}{c} - bc + 2S = 0$$

グラフは2次曲線,高校生にお馴染みの直角双曲線,しかも,変形すれば

$$(a - c)\left(b - \frac{1}{c}\right) = 1 - 2S$$

となって,漸近線は

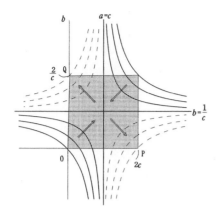

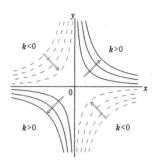

$$a = c \quad \text{と} \quad b = \frac{1}{c}$$

の２直線であることも分かる.

　$1-2S$ の値が変わればグラフは形をかえつつ位置もかえる. $1-2S>0$ のときは実線のグラフで, $1-2S<0$ のときは点線のグラフである. 図の矢印 ⇒ は $1-2S$ が減少する方向, したがって, S が増加する方向を示す.

　点 $(a,\ b)$ の領域が長方形

$$0 \le a \le 2c, \ \ 0 \le b \le \frac{2}{c}$$

であることも考慮すれば, グラフがＰまたはＱを通るときに S は最大になることを発見するだろう.

　$a=2c,\ b=0$ または $a=0,\ b=\dfrac{2}{c}$ のとき S は最大で

$$\max S = 1$$

である.

　題意の xy 平面上でみれば

　A$(2c,\ 0)$, B$(0,\ 0)$ または A$(0,\ 0)$, B$\left(0,\ \dfrac{2}{c}\right)$ のとき S の最大値は１となって解き方１の答と一致する.

　　　　　×　　　　　　　×

　上の解き方に現れたグラフの変動は, 方程式

$$xy = k$$

のグラフの変動が基になっている. 図の中の矢印 ⇒ は k の値の増加方向を示している.

教科書にない**面積の公式**

　次の問題にはいろいろの場合がある. 場合ごとにモタモタしていたのでは, 日暮れて道遠しの感がある. 予備知識を補って上手な解き方で切り抜ける道を拓きたい.

定理１　面積の公式

３角形 ABC の面積を S,

$$\overrightarrow{\mathrm{CA}} = \vec{z_1} = (x_1, y_1), \quad \overrightarrow{\mathrm{CB}} = \vec{z_2} = (x_2, y_2)$$

とすれば, 次の等式が成り立つ.

$$S = \frac{1}{2} |x_1 y_2 - x_2 y_1|$$

　証明はいろいろある. 次の３通りはぜひ習得してほしい.

　証明１──３角形と台形に分解.

　A, B から x 軸に下した垂線の足をそれぞれ H, K とする. S は△CBK と □BKHA の和から△ACH をひいた差に等しい. したがって

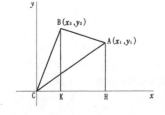

$$S=\left|\frac{x_2y_2}{2}+\frac{(y_1+y_2)(x_1-x_2)}{2}-\frac{x_1y_1}{2}\right|$$
$$=\frac{1}{2}|x_1y_2-x_2y_1|$$

証明2——極座標を用いる.

A, B の極座標をそれぞれ $(r_1,\ \theta_1)$, $(r_2,\ \theta_2)$ とすると

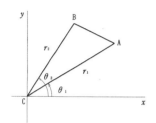

$$S=\frac{1}{2}|r_1r_2\sin(\theta_2-\theta_1)|$$
$$=\frac{1}{2}|r_1r_2\sin\theta_2\cos\theta_1-r_1r_2\cos\theta_2\sin\theta_1|$$

$r_1\cos\theta_1$, $r_1\sin\theta_1$, $r_2\cos\theta_2$, $r_2\sin\theta_2$ をそれぞれ x_1, y_1, x_2, y_2 で置きかえて

$$S=\frac{1}{2}|x_1y_2-x_2y_1|$$

証明3——内積を用いる.

期待するほどの易しさではない.

$\angle ACB=\theta$ とおくと

$$S=\frac{1}{2}|r_1r_2\sin\theta|$$
$$S^2=\frac{1}{2}\{r_1^2r_2^2-(r_1r_2\cos\theta)^2\}$$
$$=\frac{1}{4}\{r_1^2r_2^2-(\overrightarrow{z_1}\cdot\overrightarrow{z_2})^2\}$$
$$=\frac{1}{4}\{(x_1^2+y_1^2)(x_2^2+y_2^2)$$
$$-(x_1x_2+y_1y_2)^2\}$$
$$=\frac{1}{4}(x_1y_2-x_2y_1)^2$$
$$\therefore\quad S=\frac{1}{2}|x_1y_2-x_2y_1|$$

$$\times\qquad\qquad\times$$

以上の証明ではCを原点に選んであるが,ベクトル $\overrightarrow{z_1}$, $\overrightarrow{z_2}$ の位置は任意でよい.

また,3点 A, B, C の座標がそれぞれ

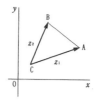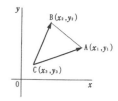

$$(x_1,\ y_1),\ (x_2,\ y_2),\ (x_3,\ y_3)$$

で与えられたときは
$$\overrightarrow{CA}=(x_1-x_3,\ y_1-y_3),\ \overrightarrow{CB}=(x_2-x_3,\ y_2-y_3)$$
となるので S は

$$S=\frac{1}{2}|(x_1-x_3)(y_2-y_3)-(x_2-x_3)(y_1-y_3)|$$

と表される.

教科書にない増減の判定

関数によっては,その増減を式の形から容易に読みとれることがある.定石通りに式を変形したり,微分法を用いたりする前に式の形に注目し,直観を働かす習慣をつけたいものである.定理というほどのものではないがまとめておく.

> **定理2** 関数 $f(x)$, $g(x)$ の値が正で
> (1) f, g が増加ならば $f\times g$ も増加
> (2) f, g が減少ならば $f\times g$ も減少

証明は平凡,主眼は応用にある.

たとえば
$$y=(x-1)(x-3)\quad(x\geqq3)$$
の増減をみるのに
$$y=x^2-4x+3=(x-2)^2-1$$

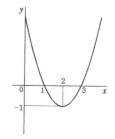

と変形し，さらにグラフもかいて，ようやく増加と判断するのはいかにも迂遠である．

式をみて，$x-1$ と $x-3$ は共に正で増加，よってその積も増加と読めば一瞬に判定できるものを…．

問題の難易は解き方次第

例題 2 平面上で放物線 $y=1-x^2$ と x 軸とで囲まれた図形に内接する 3 角形を考える．放物線上の定点 A$(a, 1-a^2)$ $(0 \leqq a \leqq 1)$ と動点 P, Q を頂点とする 3 角形 APQ の面積 S の最大値を求めよ．

難問か，良問かは解き方次第で定まるような問題である．下手な解き方をすると持て余す．

「下手な考え休むに似たり」などという気はない．「下手も上手の基」が筆者の信条．人は皆，下手で苦労を重ね次第に上手になるのだから．

×　　　　　　×

解き方──式の形で増減を読む．

P, Q は放物線上にあるから，その座標をそれぞれ $(p, 1-p^2)$，$(q, 1-q^2)$ とする．ただし，仮定 $q<p$ を加えるが一般性を損うことはない．

定点 A に対する動点 P, Q の位置によって次の 3 つの場合が起きる．ただし B, C は放

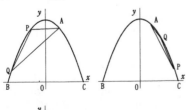

物線が x 軸と交わる点 $(-1, 0)$，$(1, 0)$ を表す．

(1) P, Q が弧 AB 上にあるとき

(2) P, Q が弧 AC 上にあるとき

(3) P が弧 AC 上で Q が弧 AB 上にあるとき

まず 3 角形 APQ の面積 S を求める．台形に分割して求めると，次のようなやっかいな式になり，意欲をそがれる．

$$2S=(a-p)(2-a^2-p^2)$$
$$+(p-q)(2-p^2-q^2)$$
$$-(a-q)(2-a^2-q^2)$$

こんなとき，用意した公式が役に立つ．

$$\overrightarrow{AP}=(p-a, a^2-p^2)$$
$$=(a-p)(-1, a+p)$$
$$\overrightarrow{AQ}=(a-q)(-1, a+q)$$

公式により

$$S=\frac{1}{2}|(a-p)(a-q)(-a-q+a+p)|$$
$$=\frac{1}{2}|(a-p)(a-q)(p-q)|$$

<u>(1)の場合</u>

$q<p<a$ を考慮し，絶対値記号を除くと

$$S=\frac{1}{2}(a-p)(a-q)(p-q)$$

p を固定し q を変化させる．$a-q$，$p-q$ は共に正で，しかも減少であるから $(a-q)(p-q)$ も減少．よって $q=-1$ のとき最大になる．そのときの最大値を $S(p)$ で表せば

$$S(p)=\frac{1}{2}(a-p)(p+1)(1+a)$$

ここで p を変化させる．$a-p$ と $p+1$ は和が $a+1$ で一定であるから，積 $(a-p)(p+1)$ は

$$a-p=p+1 \quad \text{すなわち} \quad p=\frac{a-1}{2}$$

のときに最大になる．最大値を S_1 で表すと

$$S_1=\frac{1}{2}\left(a-\frac{a-1}{2}\right)\left(\frac{a-1}{2}+1\right)(1+a)$$
$$=\frac{1}{8}(1+a)^3$$

<u>(2)の場合</u>

$a < q < p$ を考慮して S の式は

$$S = \frac{1}{2}(p-a)(q-a)(p-q)$$

(1)のときと同様にして S の最大値 S_2 は

$$S_2 = \frac{1}{8}(1-a)^3$$

<u>(3)の場合</u>

$q < a < p$ を考慮して S の式は

$$S = \frac{1}{2}(p-a)(a-q)(p-q)$$

p を固定し q を変化させる。q については減少であるから $q = -1$ のとき最大になる。その最大値を $S(p)$ とすると

$$S(p) = \frac{1}{2}(p-a)(p+1)(1+a)$$

ここで p を変化させる。p については増加であるから，$p=1$ のとき最大になる。そのときの最大値を S_3 とすると

$$S_3 = 1 - a^2$$

以上から，求める S の最大値は

$$\max(S_1,\ S_2,\ S_3)$$

$S_1 \geqq S_2$ は明らかであるから S_1 と S_3 の大小関係をみれば十分である。

$$S_1 - S_3 = \frac{1}{8}(1+a)^3 - (1-a^2)$$

$$= \frac{1}{8}(1+a)(a^2+10a-7)$$

$$= \frac{1}{8}(1+a)(a+5-4\sqrt{2})(a+5+4\sqrt{2})$$

よって，答は次のとおり。

$a \geqq 4\sqrt{2}-5$ のとき

$$\max S = S_1 = \frac{1}{8}(1+a)^3$$

$0 \leqq a < 4\sqrt{2}-5$ のとき

$$\max S = S_3 = 1 - a^2$$

複素数と図形

解き方で難易自在

　数学の問題には解き方次第で難易の極端に変るものがある．これも良問の資格であろうか．さんざんに苦労した果ての明快な解法にまさる喜びはない．そんな実例は複素数平面上の図形に関する問題に多い．

例題1　方程式 $z^3=i$（i は虚数単位とする）を満足する複素数の解を z_1, z_2, z_3 とするとき，

(1) z_1, z_2, z_3 を求めよ．

(2) $|z|=1$ であるような複素数 z の偏角を θ として，
$$k=|z_1-z|+|z_2-z|+|z_3-z|$$
を θ の関数として表すとどのような式になるか．

(3) k の最大値と最小値を求め，そのときの z の値を複素数平面上に示せ．

解き方1——創作者の期待したもの

(1) $z=r(\cos\theta+i\sin\theta)$ とおいて θ の値を求めるのがオーソドックスな解き方である．$i=\cos 90°+i\sin 90°$ であることも忘れずに．
$$r^3(\cos\theta+i\sin\theta)^3=i$$
ド・モアブルの定理により
$$r^3(\cos 3\theta+i\sin 3\theta)=\cos 90°+i\sin 90°$$
$$r=1,\quad 3\theta=90°+360°n$$

∴　$\theta=30°+120°n$　（n は整数）

　θ の範囲を $0°\le\theta<360°$ か $-180°<\theta\le 180°$ に制限して考えるのも慣例の智恵である．ここでは前者を選び
$$\theta=30°,\ 150°,\ 270°$$
求める値は次の通り．
$$z_1=\cos 30°+i\sin 30°=\frac{\sqrt{3}}{2}+i\frac{1}{2}$$
$$z_2=\cos 150°+i\sin 150°=-\frac{\sqrt{3}}{2}+i\frac{1}{2}$$
$$z_3=\cos 270°+i\sin 270°=-i$$

(2) 図を書いてみないと無理か．しかし図

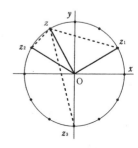

を眺めても角の大きさと符号が複雑で困惑するばかりで式に戻ることになりそう．

$|z|=1$ だから，$z=\cos\theta+i\sin\theta$ とおくと，
$$z_1-z=(\cos 30°-\cos\theta)+i(\sin 30°-\sin\theta)$$
$$|z_1-z|^2=(\cos 30°-\cos\theta)^2+(\sin 30°-\sin\theta)^2$$
$$=2-2(\cos 30°\cos\theta+\sin 30°\sin\theta)$$
$$=2-2\cos(30°-\theta)$$
$$=4\sin^2\frac{30°-\theta}{2}$$

$$\therefore \quad |z_1-z|=2\left|\sin\frac{30°-\theta}{2}\right|$$

$|z_2-z|$, $|z_3-z|$ についても同様であるから

$$k=2\left|\sin\frac{30°-\theta}{2}\right|+2\left|\sin\frac{150°-\theta}{2}\right|$$
$$+2\left|\sin\frac{270°-\theta}{2}\right|$$

(3) 絶対値の記号を取り除かなければ k の変化は見えない．図を再び眺める．全体の構図が $120°$ を周期に持つことを見抜くのはやさしい．そこで角 θ を
$$30°\leqq\theta<150°$$
の範囲にとじ込めて取り扱いやすくする．

θ がこの範囲にあれば
$$-60°<\frac{30°-\theta}{2}\leqq0°$$
$$0°<\frac{150°-\theta}{2}\leqq60°$$
$$60°<\frac{270°-\theta}{2}\leqq120°$$

よって
$$k=2\sin\frac{\theta-30°}{2}+2\sin\frac{150°-\theta}{2}$$
$$+2\sin\frac{270°-\theta}{2}$$

第1項と第2項の和を積にかえて
$$k=4\sin30°\cos\frac{\theta-90°}{2}+2\cos\frac{\theta-90°}{2}$$
$$=4\cos\frac{\theta-90°}{2}\quad\left(-30°\leqq\frac{\theta-90°}{2}<30°\right)$$

$\dfrac{\theta-90°}{2}=0\Longleftrightarrow\theta=90°\Longleftrightarrow k$ は最大

$\dfrac{\theta-90°}{2}=-30°\Longleftrightarrow\theta=30°\Longleftrightarrow k$ は最小

周期 $120°$ を考慮して答をかく

k の最大値 4
（z が図の白丸の点のとき）

k の最小値 $2\sqrt{3}$
（z が図の黒丸の点のとき）

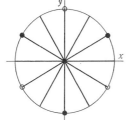

幾何の知識があれば

解き方 2 ── (3)の別解

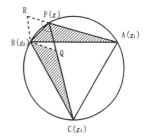

(3)は幾何でみれば「正3角形 ABC の外接円上の点を P とするとき，PA＋PB＋PC が最大になる場合と最小になる場合を求めよ．」という問題になる．

P は弧 AB 上に制限して考える．

内接4角形 PBCA にトレミーの定理を用いると
$$AB\cdot PC=BC\cdot PA+AC\cdot PB$$
$AB=BC=AC$ であるから
$$PC=PA+PB$$
$$k=PA+PB+PC=2PC$$

k の最大・最小は PC の最大・最小と一致する．k が最大になるのは P が弧 AB の中点と一致したときで，k が最小になるのは P が A または B に一致したときである．

　　　　×　　　　　　　　×

トレミーの定理の代わりに，線分 PB を1辺とする正3角形 PBQ（Q は円内）を作る方法もある．Q は PC 上にあり，△APB は △CQB に合同であるから
$$PC=PQ+QC=PB+PA$$
正3角形 PBR（R は円外）を作ったときは
$$PC=RA=RP+PA=PB+PA$$

対称点と3角形の面積

例題2 複素数平面上において，原点 O と点 A(α) を通る直線に関して点 B(β) と

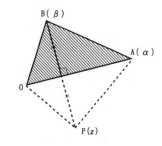

対称な点Pの座標を求めよ.

いろいろの解があるが，最も簡単で複素数にふさわしいものを示そう.

求める点を P(z) とし，OA と BP の交点を

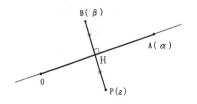

Hとすれば

$$H\left(\frac{z+\beta}{2}\right)$$

であって，$\overrightarrow{OH}\parallel\overrightarrow{OA}$，よって

$$\frac{z+\beta}{\alpha}-\frac{\overline{z+\beta}}{\overline{\alpha}}=0 \qquad ①$$

また，$\overrightarrow{BP}\perp\overrightarrow{OA}$ であるから

$$\frac{z-\beta}{\alpha}+\frac{\overline{z-\beta}}{\overline{\alpha}}=0 \qquad ②$$

$\overline{z}$ を消去するため①＋②を求めると

$$\frac{2z}{\alpha}-\frac{2\overline{\beta}}{\overline{\alpha}}=0 \quad \therefore \quad z=\frac{\alpha}{\overline{\alpha}}\overline{\beta}$$

この信じられないほど簡単な式が求める点の座標を表す.

      ×   ×

例題3 複素数平面上において原点 O と 2 点 A(α)，B(β) を頂点とする 3 角形の面積 S を求めよ.

複素数らしい解を示す．点Bの直線 OA に関する対称点を P(z) とする．S は□ABOP の半分であるから

$$S=\frac{1}{4}\mathrm{OA}\cdot\mathrm{BP}$$
$$=\frac{1}{4}|\alpha|\cdot|z-\beta|$$

例題 2 によれば $z=\dfrac{\alpha}{\overline{\alpha}}\overline{\beta}$ であった.

$$S=\frac{1}{4}|\alpha|\cdot\left|\frac{\alpha}{\overline{\alpha}}\overline{\beta}-\beta\right|=\frac{1}{4}|\alpha|\frac{|\alpha\overline{\beta}-\overline{\alpha}\beta|}{|\overline{\alpha}|}$$

$$\therefore \quad S=\frac{1}{4}|\alpha\overline{\beta}-\overline{\alpha}\beta|$$

円の接線の方程式

原点を中心とする半径 1 の円周上の点 A(z_1) における接線の方程式には 2 種の表し方がある.

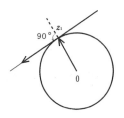

(1) パラメータ型

$$z=z_1+itz_1 \qquad ①$$

(2) 陰関数型

$$\overline{z_1}z+z_1\overline{z}=2$$

これは(1)から導かれる．(1)の両辺の共役複素数を求めて

$$\overline{z}=\overline{z_1}-it\overline{z_1} \qquad ②$$

①×$\overline{z_1}$＋②×z_1 により t を消去し

$$\overline{z_1}z+z_1\overline{z}=2\overline{z_1}z_1=2|z_1|^2=2$$

応用の例を挙げる.

例題4 複素数平面上において，点 A(α) から原点を中心とする単位円にひいた 2 つの接線の接点を通る直線の方程式を求めよ.

解き方によって運命の大きく分かれる問題

の典型として広く知られている.

$$\times \qquad \times$$

解き方 1 —— 正攻法

A から引いた 2 つの接線の接点を $P_1(z_1)$, $P_2(z_2)$ とし,$AP_1=AP_2=t$ とおくと

$$\alpha=z_1+itz_1, \quad \alpha=z_2-itz_2$$

これらを z_1, z_2 について解いて

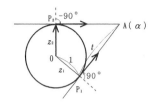

$$z_1=\frac{\alpha}{1+it}, \quad z_2=\frac{\alpha}{1-it} \qquad ①$$

一方,直線 P_1P_2 の方程式

$$z=z_1+s(z_2-z_1), \quad (s \text{ は実数})$$

両辺の共役複素数を求めて

$$\overline{z}=\overline{z_1}+s(\overline{z_2}-\overline{z_1})$$

以上の 2 式から s を消去して

$$(\overline{z_2}-\overline{z_1})z-(z_2-z_1)\overline{z}=z_1\overline{z_2}-\overline{z_1}z_2$$

この式に①を代入する.

$$z_2-z_1=\frac{\alpha}{1-it}-\frac{\alpha}{1+it}=\frac{2it\alpha}{1+t^2}$$

$$\overline{z_2}-\overline{z_1}=-\frac{2it\overline{\alpha}}{1+t^2}$$

$$z_1\overline{z_2}-\overline{z_1}z_2=\frac{\overline{\alpha}\,\alpha}{(1+it)^2}-\frac{\overline{\alpha}\,\alpha}{(1-it)^2}$$

$$=-\frac{4it\alpha\,\overline{\alpha}}{(1+t^2)^2}$$

$$\overline{\alpha}z+\alpha\overline{z}=\frac{2\alpha\overline{\alpha}}{1+t^2}$$

一方 $\alpha\overline{\alpha}=|\alpha|^2=OA^2=1+t^2$ であるから

$$\overline{\alpha}z+\alpha\overline{z}=2$$

これが求める方程式で,形は円上の点 α における接線のものと何ら変らない.

$$\times \qquad \times$$

解き方 2 —— からめ手

城を正門から攻めるのは犠牲多く容易に落ちない.そこで裏門の方から攻める「からめ手戦法」が考えられた.

数学における正攻法は頭よりは計算力が物をいうが,からめ手の方はアイデアが大切で頭で勝負するようなもの.

$A(\alpha)$ から引いた 2 接線の接点を $P_1(z_1)$, $P_2(z_2)$ とすると,接線の方程式は

$$\overline{z_1}z+z_1\overline{z}=2, \quad \overline{z_2}z+z_2\overline{z}=2$$

これらの接線上に点 $A(\alpha)$ はあるから

$$\overline{z_1}\alpha+z_1\overline{\alpha}=2, \quad \overline{z_2}\alpha+z_2\overline{\alpha}=2$$

2 式をよくよく見ると,z_1 と z_2 は方程式

$$\overline{z}\alpha+z\overline{\alpha}=2$$

を満たすことを示している.ところで,この方程式は直線を表すから,2 点 P_1, P_2 を通る直線そのものである.

4 点共円の条件

例題 5 複素数平面上に 4 点 $z_1=-1$, $z_2=1-i$, $z_3=3+i$, $z_4=-\dfrac{1}{3}+3i$ をとる.4 点 $A(z_1)$, $B(z_2)$, $C(z_3)$, $D(z_4)$ は同一円周上にあることを示せ.

状況をつかむため,まず図をかいてみる.

$$\times \qquad \times$$

解き方 1 —— 中心に着目

平凡な着想は,3 線分,たとえば AB,AC,AD の垂直 2 等分線が 1 点で交わることを示すものであろう.任意の点を $P(z)$ とする.

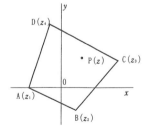

$$AP^2=|z+1|^2=(z+1)(\overline{z}+1) \qquad ①$$

$$BP^2=|z-1+i|^2=(z-1+i)(\overline{z}-1-i)$$

$$=(z-1)(\overline{z}-1)-(z-\overline{z})i+1 \qquad ②$$

$$CP^2 = |z-3-i|^2 = (z-3-i)(\overline{z}-3+i)$$
$$= (z-3)(\overline{z}-3)+(z-\overline{z})i+1 \qquad ③$$

$$DP^2 = \left|z+\frac{1}{3}-3i\right|^2$$
$$= \left(z+\frac{1}{3}-3i\right)\left(\overline{z}+\frac{1}{3}+3i\right)$$
$$= \left(z+\frac{1}{3}\right)\left(\overline{z}+\frac{1}{3}\right)+3(z-\overline{z})i+9 \qquad ④$$

AB の垂直 2 等分線は　①＝②　から
$$(2+i)z+(2-i)\overline{z}=1 \qquad ⑤$$

AC の垂直 2 等分線は　①＝③　から
$$(4-i)z+(4+i)\overline{z}=9 \qquad ⑥$$

AD の垂直 2 等分線は　①＝④　から
$$(6-27i)z+(6+27i)\overline{z}=73 \qquad ⑦$$

⑤と⑥を連立させて解き，その解が⑦を満たすことを示せばよい．⑤，⑥を解くには $\overline{z}$ を消去する．

⑤×$(4+i)$－⑥×$(2-i)$ を計算して
$$12iz=-14+10i$$
$$\therefore\ z=\frac{5+7i}{6} \qquad ⑧$$

これを⑦の左辺に代入すると
$$\text{左辺}=(6-27i)\frac{5+7i}{6}+(6+27i)\frac{5-7i}{6}$$
$$=\frac{1}{6}(5\times6+7\times27)\times2=73$$

⑦をみたすから，3 直線⑤，⑥，⑦は 1 点で交わる．よって 4 点 A，B，C，D は⑧の表す点を中心とする円周上にある．

　　　　×　　　　　　　　　×

　途中の計算を略したから簡単そうに見えるが，実際はかなりやっかいである．

　以上の解き方は xy 平面上のものを複素数平面上へ翻訳したもので，実質に変化はない．複素数平面ならばそれにふさわしい解き方がある．複素数の特長は角を自由に処理できる点にある．したがって，4 点共円は円周角に目をつけるべきである．

解き方 2 ―― 円周角に着目

　図から判断して
$$\angle ACB=\angle ADB$$
となりそう．それを示すには

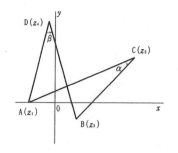

$$\frac{z_1-z_3}{z_2-z_3}\ と\ \frac{z_1-z_4}{z_2-z_4}$$

の偏角が等しいことを示せばよい．それには上の 2 数の一方が他方に正の数をかけたものになることを示せばよい．

$$p=\frac{z_1-z_3}{z_2-z_3}=\frac{-4-i}{-2-2i}=\frac{5-3i}{4}$$

$$q=\frac{z_1-z_4}{z_2-z_4}=\frac{-2-9i}{4-12i}=\frac{5-3i}{8}$$

よって　　　　　　$p=2q$
$$\arg p=\arg 2+\arg q$$
$\arg 2=0$　であるから
$$\arg p=\arg q \quad \therefore\ \alpha=\beta$$

　4 点 A，B，C，D は同一円周上にある．

18 ·············· 整数解の存在定理

今回目指す良問は，1次の不定方程式の整数解に関するもので，特に，そのうちの2問は次の存在定理と深い関係がある.

> **定理1** a と b が互いに素なる整数のとき，方程式 $ax-by=1$ には整数解がある.

この定理の応用に気付けば易問，気付かなければ難問，そこが良問の良問たる理由であろうか.

易しいようで易しくない

レストランの見本を見た限りでは如何にもおいしそうなのに，注文してみたらガックリ，逆に，期待できそうもないのに食べてみたら意外にいける，といったことはよくあるもの. さて，次の問題は…….

> **例題1** (1) x, y が整数のとき，$10x+35y$ がとる最小の正の数を求めよ.
> (2) a, b を自然数とする. x, y が整数のとき，$ax+by$ がとる最小の正の数を d とする. d は a, b の公約数であることを示せ.

前座として，誰でも解けそうな(1)を用意した心くばりは嬉しい. さそわれるままに奥へ入ったら，美女(？)3人に囲まれた. さてどうなる？ 妙な方向へ話がそれた.

　　　　×　　　　　　×

解き方

(1) 10 と 35 の最大公約数は 5，したがって $10x+35y$ は 5 の倍数，5 の倍数のうちで最小の正の数は 5，よって
$$10x+35y=5$$
を満たす整数 x, y があることを示すだけのこと. 暗算で，あっさりと $x=-3$, $y=1$ が見付かる.

(2) 前座にさそわれるままに，a, b の最大公約数を d とおけば $ax+by$ は d の倍数であって，その最小の正の数は d それ自身，したがって
$$ax+by=d$$
をみたす整数 x, y があることを示すことに帰した.

そこで $a=a'd$, $b=b'd$ とおけば
$$a'x+b'y=1$$
で，しかも a' と b' は互いに素であるから，解の存在定理1にあてはまり，この方程式を満たす整数 x, y がある. その1組を x_0, y_0 とすると
$$a'x_0+b'y_0=1 \rightarrow ax_0+by_0=d$$
が成り立つ. これで題意は示されたことになる.

　　　　×　　　　　　×

定理1は高校の教科書にはない. ないものを用いるのは不安というなら，余裕のあるときに証明を補うことをすすめよう.

見るからに難問の風格

　威圧漂わすような風格の人に会うことがある．次の問題は，そんな感じであろう．さすがに伝統ある大学の出題と感じ入る．

> **例題2**　座標平面において，x 座標，y 座標がともに整数である点を格子点と呼ぶ．4つの格子点
> O$(0,\ 0)$, A$(a,\ b)$, B$(a,\ b+1)$, C$(0,\ 1)$
> を考える．ただし，$a,\ b$ は正の整数で，その最大公約数は1である．
> (1)　平行4辺形 OABC の内部(辺，頂点は含めない)に格子点はいくつあるか．
> (2)　(1)の格子点全体を $P_1,\ P_2,\ \cdots,\ P_t$ とするとき，$\triangle OP_iA$ $(i=1,\ 2,\ \cdots,\ t)$ の面積のうちの最小値を求めよ．ただし $a>1$ とする．

　前座抜きの一般論とは手強い．こんなときは自作自演で問題の正体把握につとめよ．

　(1)　たとえば $a=7$, $b=4$ の場合の図をかき平行4辺形 OABC 内の格子点を数えると

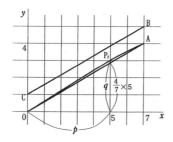

6個ある．分布の様子をみると縦線 $x=1$, $x=2$, $\cdots$, $x=6$ 上に必ず1つずつある．さて，そのわけは？　縦線のうち平行4辺形内にある部分の長さは1で，しかも両端を含まない．このような線分上にある格子点の個数は

① 縦線の両端が格子点のとき …… 0

② 縦線の両端が格子点でないとき …… 1

各線分の下の端の y 座標が

$$\tfrac{4}{7}\times1,\ \tfrac{4}{7}\times2,\ \tfrac{4}{7}\times3,\ \tfrac{4}{7}\times4,\ \tfrac{4}{7}\times5,\ \tfrac{4}{7}\times$$

であって，いずれも整数でないから，下の端は格子点でない．もちろん上の端も格子点にはならず，線分内に格子点が1つずつある．

　(2)　格子点 P_i の座標を $(p,\ q)$ とすると3角形 OP_iA の面積 S_i は，よく知られてい公式によって

$$S_i=\frac{1}{2}|7q-4p|$$

である．点 $(p,\ q)$ は直線 $y=\dfrac{4}{7}x$ の上方にあるから　$q>\dfrac{4}{7}p$, よって $7q-4p>0$, 絶対値の記号は除いてよいことが分った．

$$S_i=\frac{1}{2}(7q-4p)$$

　もし，$7q-4p$ が1になることが出来るなら，そのとき S_i は最小値 $\dfrac{1}{2}$ をとる．

　7と4は互いに素なので，定理1によるでもなく $7q-4p=1$ をみたす整数 p,q がある．たとえば $p=5$, $q=3$, しかもこの値は

$$\frac{4}{7}\times5<q<\frac{4}{7}\times5+1$$

を満たすので点 $(5,\ 3)$ は平行4辺形 OABCの内部にある．これで S_i の最小値は $\dfrac{1}{2}$ であることが明らかになった．

×　　　　　　×

解き方── 定理1の応用

　(1)　前座の実例の一般化により明らかであろう．平行4辺形の内部には $a-1$ 個の格子点がある．

　(2)　格子点 P_i の座標を (p,q) とすると，実例と同様にして

$$S_i=\triangle OP_iA=\frac{1}{2}(aq-bp)>0$$

となるから，もし $aq-bp=1$ を満たす p,q のあることが確められれば，S_i の最小値は $\dfrac{1}{2}$ である．

a と b は互いに素であるから定理1によれば $aq_0 - bp_0 = 1$ をみたす整数の組 (p_0, q_0) は必ずあるが，この点が平行4辺形の内部にあるとは限らない．そこで，ひとまず p_0 を 0 と a の間にあるように修正する．

もし $an \leqq p_0 < a(n+1)$ であるならば，$aq_0 - bp_0 = 1$ の左辺において abn の加減を行って，p_0, q_0 の大きさをかえる．

$$a(q_0 - bn) - b(p_0 - an) = 1$$

ここで，$p_0 - an = p$，$q_0 - bn = q$ とおくと，

$$aq - bp = 1 \qquad ①$$

しかも p は $0 \leqq p < a$ を満たす．

もし $p = 0$ とすると $aq = 1$，これは仮定の $a > 1$ に反するから $p \neq 0$，よって

$$0 < p < a \qquad ②$$

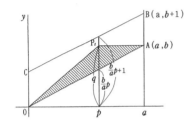

一方 q の範囲が気になるが，①を q について解くと

$$q = \frac{b}{a}p + \frac{1}{a}$$

$\frac{1}{a}$ は1より小さい正の数であるから

$$\frac{b}{a}p < q < \frac{b}{a}p + 1 \qquad ③$$

②と③により点 $P_i(p, q)$ は平行4辺形の内部にあり

$$S_i = \triangle OP_iA = \frac{1}{2}$$

は求める最小値であることが明らかにされた．

教科書にない存在定理の証明

定理を再録の上で証明に入る．

定理1　a と b が互いに素なる整数のとき，方程式 $ax - by = 1$ には整数解がある．

方程式 $ax + by = 1$ の係数 a，b の符号は任意であるが，もし，正の数に制限すれば

$$ax + by = 1, \quad -ax + by = 1$$
$$ax - by = 1, \quad -ax - by = 1$$

の4種類が考えられるが，マイナスは未知数 x，y に吸収することにすれば

$$ax - by = 1, \quad (a, \ b > 0)$$

に統一される．この解が分れば，その符号を調節して他のタイプの方程式の解は求められる．結局，証明は上の1つの方程式に解があることを示したので十分なことが分る．

証明の代表的なものは，次の2つのアイデアにしぼられる．

(i) 互除法によるもの
(ii) a の倍数を b で割ったときの余りに目をつけるもの．

　　　　×　　　　　　　　×

証明の仕方1──a の倍数を b で割る方法

$$ax - by = 1, \quad (a, \ b > 0) \qquad ①$$

by を移項すると

$$ax = by + 1$$

この式は a の倍数 ax を b で割ったときの余りが1であることを示している．したがって証明は余りの中に必ず1があることを示せばよい．

実例に当ってみよ．$a = 7$，$b = 4$ とすると

$7 \cdot 1$ を4で割った余り $\cdots\cdots$ 3
$7 \cdot 2$ 〃 $\cdots\cdots$ 2
$7 \cdot 3$ 〃 $\cdots\cdots$ 1
$7 \cdot 4$ 〃 $\cdots\cdots$ 0

$7 \cdot 5 = 7 \cdot 4 + 7 \cdot 1$ 〃 $\cdots\cdots$ 3 ｜上の繰り
$7 \cdot 6 = 7 \cdot 4 + 7 \cdot 2$ 〃 $\cdots\cdots$ 2 ｜返し
$\cdots\cdots\cdots\cdots\cdots\cdots\cdots\cdots\cdots\cdots\cdots$

a の倍数は無数にあるが，そのうちの b 個

$$a \cdot 1, \ a \cdot 2, \ \cdots, \ a \cdot (b-1), \ a \cdot b \qquad ②$$

を割ってみたのでよい．この先も後も，同じ

余りの繰り返しになる.

②を b で割った余りは $0, 1, \cdots, b-1$ のいずれかであるから,余りがすべて異なることが分れば,余りに必ず1があることになる.

さて,余りに等しいものがあったとし,それを

$$aq_1 = bp_1 + r, \quad aq_2 = bp_2 + r$$
$$(\text{ただし } q_1 \neq q_2)$$

とおく.2式の差をとり

$$a(q_1 - q_2) = b(p_1 - p_2)$$

右辺は b で割り切れるから左辺も b で割り切れるが,a と b は互いに素であるから $q_1 - q_2$ が b で割り切れなければならない.ところが $0 < q_1,\ q_2 \leqq b$ から $|q_1 - q_2| < b$ となるので $q_1 - q_2$ は b で割り切れることはなく,矛盾に達した.

以上により,②の数を b で割った余りの中に必ず1のあることが分った.よって

$$aq = bp + 1 \quad \text{すなわち} \quad aq - bp = 1$$

教科書にない**互除法の原理**

次の証明には予備知識が2つ必要である.

> **定理2** a, b が正の整数のとき,a を b で割ったときの商を q,余りを r とすると,a, b の最大公約数は b, r の最大公約数に等しい.

$$a = bq + r$$

a, b の公約数と b, r の公約数とは一致することを示せばよい.

a, b の公約数を g とし,$a = a'g,\ b = b'g$ とおくと

$$r = a - bq = (a' - b'q)g$$

g は r の約数になるから,b と r の公約数でもある.

逆に b, r の公約数を h とし,$b = b''h,\ r = r''h$ とおくと

$$a = bq + r = (b''q + r'')h$$

h は a の約数になるから,a と b の公約数でもある.

> **定理3** a, b が互いに素なるとき,a を b で割ったときの商 q_1,余り r_1,b を r_1 で割ったときの商 q_2,余り r_2,r_1 を r_2 で割ったときの商 q_3,余り r_3,
> 以下同様のことを繰り返すと,余りが1になるときがある.

$$a = bq_1 + r_1, \quad b > r_1$$
$$b = r_1 q_2 + r_2, \quad r_1 > r_2$$
$$r_1 = r_2 q_3 + r_3, \quad r_2 > r_3$$

余りは次第に小さくなるから,やがて0になって割り切れるときがある.そこで $r_n = $ であるとする.

$$r_{n-2} = r_{n-1} q_n + r_n$$

一般に2数 a, b の最大公約数を $[a, b]$ で表せば定理2によって

$$[a, b] = [b, r_1] = [r_1, r_2] = \cdots = [r_{n-1}, r_n]$$

$r_n = 0$ であるから

$$[a, b] = [r_{n-1}, 0] = r_{n-1}$$

a, b は互いに素であったから $[a, b] = 1$

$$\therefore \quad r_{n-1} = 1$$

存在定理の別証明

定理3で試みたように,除数を余りで割ることを反復するのが**互除法**である.定理3の結果を用いると,$ax - by = 1$ の解が求められ,存在定理の証明にもなる.

$$\times \qquad\qquad \times$$

証明の仕方2 —— 互除法による方法

分り易くするために,たとえば $r_3 = 1$ となったとする.

$$a = bq_1 + r_1 \ \rightarrow\ r_1 = a - bq_1 \qquad ①$$
$$b = r_1 q_2 + r_2 \ \rightarrow\ r_2 = b - r_1 q_2 \qquad ②$$
$$r_1 = r_2 q_3 + r_3 \ \rightarrow\ 1 = r_1 - r_2 q_3 \qquad ③$$

②を③に代入して r_2 を消去する.

$$1 = r_1 - (b - r_1 q_2)q_3$$
$$= r_1(1 + q_2 q_3) - bq_3$$

これに①を代入して r_1 を消去する.

$$1 = (a - bq_1)(1 + q_2 q_3) - bq_3$$
$$= a(1 + q_2 q_3) - b(q_1 + q_3 + q_1 q_2 q_3)$$

（　）の中は正の整数である．これらを順に q, p で表すと

$$aq - bp = 1$$

となって，$ax - by = 1$ の解 (q, p) が求まる．

×   ×

　念のため，$r_4 = 1$ の場合を確めよう．

$$a = bq_1 + r_1 \ \rightarrow \ r_1 = a - bq_1 \qquad ①$$
$$b = r_1q_2 + r_2 \ \rightarrow \ r_2 = b - r_1q_2 \qquad ②$$
$$r_1 = r_2q_3 + r_3 \ \rightarrow \ r_3 = r_1 - r_2q_3 \qquad ③$$
$$r_2 = r_3q_4 + r_4 \ \rightarrow \ 1 = r_2 - r_3q_4 \qquad ④$$

④に③を代入して r_3 を消去する．

$$1 = r_2 - (r_1 - r_2q_3)q_4$$
$$= r_2(1 + q_3q_4) - r_1q_4$$

これに②を代入して r_2 を消去する．

$$1 = (b - r_1q_2)(1 + q_3q_4) - r_1q_4$$
$$= b(1 + q_3q_4) - r_1(q_2 + q_4 + q_2q_3q_4)$$

さらに①を代入して r_1 を消去し，a, b について整理すれば

$$a(q_2 + q_3 + q_3q_4)$$
$$- b(1 + q_1q_2 + q_1q_4 + q_3q_4 + q_1q_3q_4) = -1$$

（　）の中は正の整数，これらを順に q, p で表すと

$$aq - bp = -1$$

となり，意外な結果に驚き，誤算ではないかと不安を感じよう．心配無用，これでよいのだ．$a(-q) - b(-p) = 1$ と書き直して

$$ax - by = 1$$

の解は $(-q, -p)$ であるとみればよい．

×   ×

　以上の証明は未完成．完全な証明のためには $r_n = 1$ の場合について消去を繰り返さねばならないが，それは不可能に近い．次善の策は実行容易な計算の形式を作ることである．これについては最後の行列の応用で明らかにする．

教科書にない連分数展開

　定理3で求めた解の手近な計算法に連分数の応用があり，大学入試でもたまに姿を見せる．

$$a = bq_1 + r_1 \rightarrow \frac{a}{b} = q_1 + \frac{r_1}{b} = q_1 + \frac{1}{\dfrac{b}{r_1}}$$

$$b = r_1q_2 + r_2 \rightarrow \frac{b}{r_1} = q_2 + \frac{r_2}{r_1} = q_2 + \frac{1}{\dfrac{r_1}{r_2}}$$

$$r_1 = r_2q_3 + r_3 \rightarrow \frac{r_1}{r_2} = q_3 + \frac{r_3}{r_2} = q_3 + \frac{1}{\dfrac{r_2}{r_3}}$$

　$r_3 = 1$ のとき，$(r_3 = 1 \rightarrow r_2 = 1 \cdot q_4 + 0 \rightarrow r_2 = q_4)$ 上から順に r_1, r_2 を消去したものを分数の形を保存して示すと次のようになる．

$$\frac{a}{b} = q_1 + \frac{1}{\dfrac{b}{r_1}} = q_1 + \frac{1}{q_2 + \dfrac{r_1}{r_2}}$$

$$= q_1 + \cfrac{1}{q_2 + \cfrac{1}{q_3 + \cfrac{1}{q_4}}}$$

　このように下の方へ延びた矢倉のような形の分数を**連分数**といい，分数を連分数で表すことを**連分数に展開**とするという．

　上の連分数を通分すれば $\dfrac{a}{b}$ に戻るのは当然である．ところが不思議なことに，最下端の分数 $\dfrac{1}{q_4}$ を取り去った連分数を通分したものを $\dfrac{p}{q}$ と表すと，$aq - bp = 1$ となって，$ax - by = 1$ の解が得られる．

$$\frac{p}{q} = q_1 + \cfrac{1}{q_2 + \cfrac{1}{q_3}} = q_1 + \frac{q_3}{q_2q_3 + 1}$$

$$= \frac{q_1 + q_3 + q_1q_2q_3}{1 + q_2q_3}$$

　ここで，q は分母，p は分子をそのまま取り出して，

$$\therefore \quad q = 1 + q_2q_3, \quad p = q_1 + q_3 + q_1q_2q_3$$

　これは証明の仕方2で求めたものと全く同じだから，$aq - bp = 1$ を満たすのは当然であるが，念のため連分数から求めた a, b で確認しよう．

$$\frac{a}{b} = q_1 + \cfrac{1}{q_2 + \cfrac{1}{q_3 + \cfrac{1}{q_4}}} = q_1 + \cfrac{1}{q_2 + \cfrac{q_4}{q_3q_4 + 1}}$$

$$= q_1 + \frac{q_3 q_4 + 1}{q_2 q_3 q_4 + q_2 + q_4}$$

$$= \frac{1 + q_1 q_2 + q_1 q_4 + q_3 q_4 + q_1 q_2 q_3 q_4}{q_2 + q_4 + q_2 q_3 q_4}$$

a, b は分子, 分母をそのまま取り出して,

$a = 1 + q_1 q_2 + q_1 q_4 + q_3 q_4 + q_1 q_2 q_3 q_4$

$b = q_2 + q_4 + q_2 q_3 q_4$

　右辺をかきかえて p, q で表していく.

$a = p q_4 + (1 + q_1 q_2)$

$b = q q_4 + q_2$

$\therefore \quad aq - bp = q(1 + q_1 q_2) - p q_2$

右辺の p, q を q_1, q_2, q_3 の式に戻すと

$aq - bp = (1 + q_2 q_3)(1 + q_1 q_2)$
$\qquad\qquad - (q_1 + q_3 + q_1 q_2 q_3) q_2 = 1$

行列の応用による消去

証明の仕方 3

　互除法で求めた式から余りを消去する計算は行列を用いると形が整い, 極めて見易いものになる.

$a = b q_1 + r_1$ ①

$b = r_1 q_2 + r_2$ ②

$r_1 = r_2 q_3 + r_3$ ③

$\cdots\cdots\cdots\cdots\cdots\cdots$

$r_{n-2} = r_{n-1} q_n + r_n$

①に $b = b$ を組合せ, 行列で表す.

$$\begin{cases} a = b \cdot q_1 + r_1 \cdot 1 \\ b = b \cdot 1 + r_1 \cdot 0 \end{cases} \to \begin{pmatrix} a \\ b \end{pmatrix} = \begin{pmatrix} q_1 & 1 \\ 1 & 0 \end{pmatrix} \begin{pmatrix} b \\ r_1 \end{pmatrix}$$

②には $r_1 = r_1$ を組合せる.

$$\begin{cases} b = r_1 \cdot q_2 + r_2 \cdot 1 \\ r_1 = r_1 \cdot 1 + r_2 \cdot 0 \end{cases} \to \begin{pmatrix} b \\ r_1 \end{pmatrix} = \begin{pmatrix} q_2 & 1 \\ 1 & 0 \end{pmatrix} \begin{pmatrix} r_1 \\ r_2 \end{pmatrix}$$

③には $r_2 = r_2$ を組合せる.

$$\begin{cases} r_1 = r_2 \cdot q_3 + r_3 \cdot 1 \\ r_2 = r_2 \cdot 1 + r_3 \cdot 0 \end{cases} \to \begin{pmatrix} r_1 \\ r_2 \end{pmatrix} = \begin{pmatrix} q_3 & 1 \\ 1 & 0 \end{pmatrix} \begin{pmatrix} r_2 \\ r_3 \end{pmatrix}$$

以下同様にして, 最後は $r_n = 1$ とする.

$$\begin{cases} r_{n-2} = r_{n-1} \cdot q_n + r_n \cdot 1 \\ r_{n-1} = r_{n-1} \cdot 1 + r_n \cdot 0 \end{cases}$$

$$\to \begin{pmatrix} r_{n-2} \\ r_{n-1} \end{pmatrix} = \begin{pmatrix} q_n & 1 \\ 1 & 0 \end{pmatrix} \begin{pmatrix} r_{n-1} \\ r_n \end{pmatrix}$$

　以上の行列の式から $\begin{pmatrix} b \\ r_1 \end{pmatrix}$, $\begin{pmatrix} r_1 \\ r_2 \end{pmatrix}$, $\begin{pmatrix} r_2 \\ r_3 \end{pmatrix}$,

$\begin{pmatrix} r_{n-2} \\ r_{n-1} \end{pmatrix}$ を消去すると

$$\begin{pmatrix} a \\ b \end{pmatrix} = \begin{pmatrix} q_1 & 1 \\ 1 & 0 \end{pmatrix} \begin{pmatrix} q_2 & 1 \\ 1 & 0 \end{pmatrix} \cdots \begin{pmatrix} q_n & 1 \\ 1 & 0 \end{pmatrix} \begin{pmatrix} r_{n-1} \\ r_n \end{pmatrix}$$

$\begin{pmatrix} q_i & 1 \\ 1 & 0 \end{pmatrix} = Q_i$ と略記すれば

$$\begin{pmatrix} a \\ b \end{pmatrix} = Q_1 Q_2 \cdots Q_n \begin{pmatrix} r_{n-1} \\ r_n \end{pmatrix}$$

$Q_1 Q_2 \cdots Q_n$ を計算した結果を $\begin{pmatrix} \alpha & \gamma \\ \beta & \delta \end{pmatrix}$ とお

くと

$$\begin{pmatrix} a \\ b \end{pmatrix} = \begin{pmatrix} \alpha & \gamma \\ \beta & \delta \end{pmatrix} \begin{pmatrix} r_{n-1} \\ r_n \end{pmatrix}$$

　もし $r_{n-1} = 1$ であったとすると $r_n = 0$ となるので, 上の式から

$$\begin{pmatrix} a \\ b \end{pmatrix} = \begin{pmatrix} \alpha & \gamma \\ \beta & \delta \end{pmatrix} \begin{pmatrix} 1 \\ 0 \end{pmatrix} \to \begin{pmatrix} a \\ b \end{pmatrix} = \begin{pmatrix} \alpha \\ \beta \end{pmatrix}$$

$\therefore \quad \alpha = a, \; \beta = b$

これで α, β の正体が分った. 次に

$$Q_1 Q_2 \cdots Q_n = \begin{pmatrix} a & \gamma \\ b & \delta \end{pmatrix}$$

の両辺の行列式を求めると

$$|Q_1| \cdot |Q_2| \cdot \cdots \cdot |Q_n| = \begin{vmatrix} a & \gamma \\ b & \delta \end{vmatrix}$$

$|Q_i| = -1$ であるから

$$(-1)^n = a\delta - b\gamma$$

この式は (δ, γ) が $ax - by = (-1)^n$ の解であることを示している. そこで, 今までの表し方に従い $\gamma = p$, $\delta = q$ と表すことにすれば

$$\begin{pmatrix} q_1 & 1 \\ 1 & 0 \end{pmatrix} \begin{pmatrix} q_2 & 1 \\ 1 & 0 \end{pmatrix} \cdots \begin{pmatrix} q_n & 1 \\ 1 & 0 \end{pmatrix} = \begin{pmatrix} a & p \\ b & q \end{pmatrix}$$

　つまり左辺の行列の積を求めると, その第 2 列の数 (q, p) は方程式 $ax - by = (-1)^n$ の解の 1 組になるのである.

定理 4　a, b が正の整数のとき, a を b で割ることに始まる互除法が商として q_1,

q_2, …, q_n を求めて終ったとき

$$\begin{pmatrix} q_1 & 1 \\ 1 & 0 \end{pmatrix}\begin{pmatrix} q_2 & 1 \\ 1 & 0 \end{pmatrix}\cdots\begin{pmatrix} q_n & 1 \\ 1 & 0 \end{pmatrix}=\begin{pmatrix} \alpha & \gamma \\ \beta & \delta \end{pmatrix}$$

とおけば $\alpha=a$, $\beta=b$ で，しかも (δ, γ) は
方程式 $ax-by=(-1)^n$ の解の 1 組である．

×   ×

実例によって理解を深めたい．

例題 3　$67x-29y=1$ の整数解の 1 組
を定理 4 を用いて求めよ．

はじめに互除法により商を求める．

$$\begin{array}{r} 2 \\ 29\overline{)\,67} \\ 58 \\ \hline 9 \end{array} \qquad \begin{array}{r} 3 \\ 9\overline{)\,29} \\ 27 \\ \hline 2 \end{array} \qquad \begin{array}{r} 4 \\ 2\overline{)\,9} \\ 8 \\ \hline 1 \end{array} \qquad \begin{array}{r} 2 \\ 1\overline{)\,2} \\ 2 \\ \hline 0 \end{array}$$

$q_1=2$, $q_2=3$, $q_3=4$, $q_4=2$ であるから

$$\begin{pmatrix} 2 & 1 \\ 1 & 0 \end{pmatrix}\begin{pmatrix} 3 & 1 \\ 1 & 0 \end{pmatrix}\begin{pmatrix} 4 & 1 \\ 1 & 0 \end{pmatrix}\begin{pmatrix} 2 & 1 \\ 1 & 0 \end{pmatrix}=\begin{pmatrix} 67 & 30 \\ 29 & 13 \end{pmatrix}$$

よって右端の 2 数 (13, 30) は

$$67x-29y=(-1)^4=1$$

の解の 1 組である．

必要も積もれば十分となる

今回の主題は「塵も積もれば山となる」にあやかり「必要も積もれば十分となる」を選んでみた．俳句のまねごとを楽しんでいる家内が語数を気にし「やがて」を追加した．

「必要も　積もればやがて　十分になる」

必要は必要条件，十分は十分条件のことで，重要な証明法の話である．

良問ありて楽し

イントロから始めよう．次の問題をみよ．形が整っていて美しい式である．数学にも美意識がある．見るからにいやらしい式に出会うと，解こうとする意欲を失う．

> **例題1** $a+b+c=0$ を満たす任意の a，b，c について次の等式が成り立つことを証明せよ．
> $$\frac{a^2+b^2+c^2}{2}\cdot\frac{a^3+b^3+c^3}{3}=\frac{a^5+b^5+c^5}{5}$$

見かけによらず証明は易しい．大学によっては全員正解で合否には影響がなかろう．最低の基礎能力を見るのに向いている．

証明は「消去だ」と気付かない人はまれのはず．しかし，消去には2通りある．

一文字消去 —— $c=-a-b$ を代入

一気に消去 —— $a+b+c$ に0を代入

×　　　　×

解き方1 —— 一文字消去による方法

$S_n=a^n+b^n+c^n$ とおき $c=-(a+b)$

を代入すれば

$$S_2=a^2+b^2+(a+b)^2$$
$$=2(a^2+b^2+ab)$$
$$S_3=a^3+b^3-(a+b)^3$$
$$=-3ab(a+b)$$
$$S_5=a^5+b^5-(a+b)^5$$
$$=-5a^4b-10a^3b^2-10a^2b^3-5ab^4$$
$$=-5ab(a^3+b^3)-10a^2b^2(a+b)$$
$$=-5ab(a+b)(a^2+b^2+ab)$$
$$\therefore\quad \frac{S_2}{2}\cdot\frac{S_3}{3}=\frac{S_5}{5}$$

×　　　　×

解き方2 —— 一気に消去する方法

この消去にはチョットしたアイデアが必要である．「対称式は基本対称式で表される」は高校生の常識であるが，証明までは，普通なされない．この定理は古典代数の初頭に現れるが，証明は難解で，多くの学生を悩ませる．

しかし，$a^n+b^n+c^n$ は特殊な対称式なので，基本対称式

$$p=a+b+c,\quad q=bc+ca+ab$$
$$r=abc$$

で表す名案がある．

a，b，c を解に持つ3次方程式を考える

$$(x-a)(x-b)(x-c)=0$$
$$x^3-px^2+qx-r=0$$
$$x^3=px^2-qx+r$$

両辺に x^{n-3} をかけて

$$x^n=px^{n-1}-qx^{n-2}+rx^{n-3}$$

x に a, b, c を代入した式を作り，それらを加えると

$$S_n = pS_{n-1} - qS_{n-2} + rS_{n-3}$$

S_{n-3}, S_{n-2}, S_{n-1} が p, q, r で表されておれば S_n も p, q, r で表される．

$$S_0 = a^0 + b^0 + c^0 = 3$$
$$S_1 = a^1 + b^1 + c^1 = p$$
$$S_2 = a^2 + b^2 + c^2$$
$$= (a+b+c)^2 - 2(bc+ca+ab)$$
$$= p^2 - 2q$$

ここから漸化式を用いる．

$$S_3 = pS_2 - qS_1 + rS_0$$
$$= p(p^2 - 2q) - pq + 3r$$
$$= p^3 - 3pq + 3r$$

同様のことを繰り返して

$$S_4 = p^4 - 4p^2 q + 4pr + 2q^2$$
$$S_5 = p^5 - 5p^3 q + 5p^2 r + 5pq^2 - 5qr$$

例題 1 では $p=0$ であるから，上の式から p を含む項は姿を消し，次のように簡単な式に変る．

$$S_0 = 3$$
$$S_1 = 0$$
$$S_2 = -2q \rightarrow S_2/2 = -q$$
$$S_3 = 3r \quad\rightarrow S_3/3 = r$$
$$S_4 = 2q^2$$
$$S_5 = -5qr \rightarrow S_5/5 = -qr$$

明らかに $\dfrac{S_2}{2} \cdot \dfrac{S_3}{3} = \dfrac{S_5}{5}$

質問ありて楽し

例題 1 にまつわる質問が来た．某誌に，次の記述があったという．

M と N は $2 \leq M \leq N$ を満たす整数とする．$a+b+c=0$ を満たす任意の実数 a, b, c に対して

$$\frac{a^M + b^M + c^M}{M} \cdot \frac{a^N + b^N + c^N}{N}$$
$$= \frac{a^{M+N} + b^{M+N} + c^{M+N}}{M+N}$$

が成り立つのは $(M, N) = (2, 3)$, $(2, 5)$ の

ときに限ります．証明は面倒です．

力不足で証明ができません．高校生にも分かるような証明がありましたら教えて下さい．

某誌の記事なら某誌に質問したらどう…まてよ…余は信頼されているということか…「頼りにしてまっせ」といわれて逃げるのは男の恥…そんな大げさなことでもないが，とにかく挑戦することにした．

$$\times \qquad\qquad \times$$

その前に課題の状況を観察しておこう．

S_n を表す式をもっとほしい．

$p = a+b+c = 0$ のときは

$$S_n = -qS_{n-2} + rS_{n-3}$$

すでに求めたものは

$$S_0 = 3$$
$$S_1 = 0$$
$$S_2 = -2q$$
$$S_3 = 3r$$
$$S_4 = 2q^2$$
$$S_5 = -5qr$$

さらに，n が 5 より大きい場合を求めると

$$S_6 = -2q^3 + r^2$$
$$S_7 = 7q^2 r$$
$$S_8 = 2q^4 - 6qr^2$$
$$S_9 = -9q^3 r + r^3$$
$$S_{10} = -2q^5 + 13q^2 r^2$$

以上結果を眺めれば，2 つの等式

$$\frac{S_2}{2} \cdot \frac{S_3}{3} = \frac{S_5}{5}, \quad \frac{S_2}{2} \cdot \frac{S_5}{5} = \frac{S_7}{7}$$

は発見できるが，その他については何ともいえない．

必要も積もれば十分という証明

この証明の例は高校の数学にもある．簡単なもので説明しよう．

例題 2 任意の数 x について
$$ax^2 + bx + c = 0$$
が成り立つための必要十分条件を求めよ．

数値代入法による.

$x=0$ とおいて　$c=0$

これは必要条件の1つ.

$x=1$ とおいて　$a+b+c=0$

これも必要条件の1つ.

$x=2$ とおいて　$4a+2b+c=0$

これも必要条件の1つ.

以上の3条件をまとめた

$$a=b=c=0$$

も必要条件の1つ. ところが, この条件があると, 任意の数 x について

$$ax^2+bx+c=0\cdot x^2+0\cdot x+0=0$$

は成り立つから十分条件でもある.

　　　　×　　　　　　　　　×

例題2にならうため質問の命題を整理しておく.

例題3　M, N を2以上の整数とする. $a+b+c=0$ を満たす任意の数 a, b, c に対して, 次の等式が成り立つための必要十分条件を求めよ.

$$\frac{a^M+b^M+c^M}{M}\cdot\frac{a^N+b^N+c^N}{N}$$
$$=\frac{a^{M+N}+b^{M+N}+c^{M+N}}{M+N} \quad ①$$

---

①は $a+b+c=0$ を満たす任意の a, b, c について成り立つから, 例題2の解き方のように, 数値代入により必要条件をいくつか求めることができる.

(i) $a=1$, $b=-1$, $c=0$ を代入すると

$$\frac{1+(-1)^M}{M}\cdot\frac{1+(-1)^N}{N}=\frac{1+(-1)^{M+N}}{M+N} ②$$

M, N が偶数か奇数かによって, 3つの場合に分けてみる.

● M, N が共に偶数のとき

$M+N$ も偶数になるので, ②は

$$\frac{2}{M}\cdot\frac{2}{N}=\frac{2}{M+N}$$
$$(M-2)(N-2)=4$$

これを解いて $(M, N)=(4, 4)$, ①に代入した等式

$$\left(\frac{a^4+b^4+c^4}{4}\right)^2=\frac{a^8+b^8+c^8}{8}$$

は成り立たない. それを確めるには, $a=2$, $b=c=-1$ を代入してみるのが早道.

$$左辺=\frac{81}{4}, \quad 右辺=\frac{129}{4}$$

● M, N が共に奇数のとき

$M+N$ は偶数であるから, ②は

$$\frac{0}{M}\cdot\frac{0}{N}=\frac{2}{M+N}$$

となって成り立たない.

● M, N が偶数と奇数のとき

$M+N$ は奇数であるから, ②は両辺が0であって成り立つ.

必要条件(1)　M は偶数, N は奇数
---

①は M, N について対称な式であるから M が奇数で N が偶数の場合は略してよい.

(ii)　$M=2m$, $N=2n+1$ (m, $n=1, 2, \cdots$) とおいて, $a=2$, $b=c=-1$ を①に代入し, 整理すれば

$$\frac{(2^{2m-1}+1)(2^{2n}-1)}{m(2n+1)}=\frac{2^{2m+2n}-1}{2m+2n+1} \quad ③$$

これを満たす m, n を求めるのは容易でない. しばし考えた後で, 大小関係に目をつけることに気付いた. 上の等式を

$$\frac{A}{B}=\frac{C}{D}$$

で表し, A と C の大小を調べてみる.

$$A-C=2^{2m+2n-1}-2^{2m-1}+2^{2n}-2^{2m+2n}$$
$$=-2^{2n}(2^{2m-1}-1)-2^{2m-1}<0$$
$$\therefore A<C \rightarrow B<D \rightarrow B-D<0$$
$$B-D=m(2n+1)-(2m+2n+1)$$
$$=(m-1)(2n-1)-2<0$$
$$\therefore m<1+\frac{2}{2n-1}$$

$2n-1\geqq1$ であるから

$$m<3 \quad \therefore \quad m=1, 2$$

まとめると

$$m=1, 2 \text{ かつ } n\geqq1$$

● $m=2$, $n\geqq1$ のとき

$m=2$ を③に代入して

$$\frac{9(2^{2n}-1)}{2(2n+1)} = \frac{16 \cdot 2^{2n}-1}{2n+5}$$

分母を払い，整理すると

$$(13-46n)4^n = 14n+43$$

左辺は負の数で，右辺は正の数であるから成り立たない．

● $m=1$，$n \geqq 1$ のとき

$m=1$ を③に代入して

$$\frac{3(2^{2n}-1)}{2n+1} = \frac{2^{2n+2}-1}{2n+3} \qquad ④$$

分母を払い，整理すると

$$(5-2n)4^n = 4n+8$$

∴ $5-2n>0$ ∴ $n=1,\ 2$

$(m,\ n)=(1,\ 1),\ (1,\ 2)$ を④に代入してみよ．④を満たすから，④の解である．

結局，残った必要条件は

$$(m,\ n)=(1,\ 1),\ (1,\ 2)$$

M，N にもどし，$M \leqq N$ の順に，まとめておく．

> 必要条件 2 　$(M,\ N)=(2,\ 3),\ (2,\ 5)$

これらの値が十分条件であることは，すでに明らかにした．したがって，求める必要十分条件である．

練習問題を2つ

必要条件を絞って十分条件を導く証明法の練習として次の問題を3つ選んでみた．

> 問題1 　n は整数である．零と異なる任意の実数 a，b，c に対して
> $$a^n(b-c)+b^n(c-a)+c^n(a-b)=0$$
> が成り立つとき，n の値を求めよ．

解き方 　数値代入法により必要条件を導いてみよ．$(a,\ b,\ c)$ に代入する値として

$(1,\ 1,\ -1)$，$(1,\ 2,\ 3)$，$(1,\ 2,\ 4)$ などが考えられよう．さて，どれがよいか．

> 問題2 　n は整数で，d は a，b，c と異なる．このような任意の実数 a, b, c, d に対して等式

> $$(a-d)^n(b-c)+(b-d)^n(c-a)$$
> $$+(c-d)^n(a-b)=0$$
> が成り立つとき，n の値を求めよ．

問題1の一部分を書き改めたもの．解くことは読者におまかせ．

> 問題3 　x, y は実数である．任意の正の数 a，b，c に対して
> $$a^x(b^y-c^y)+b^x(c^y-a^y)+c^x(a^y-b^y)=0$$
> が成り立つとき，x, y はどのような条件を満たすか．また，それを $(x,\ y)$ 平面上に図示せよ．

a，b，c に適当な正の数を代入してみよ．答は次の3つである．

$$x=y, \quad \begin{cases} x=0 \\ y\text{ は実数} \end{cases}, \quad \begin{cases} x \text{ は実数} \\ y=0 \end{cases}$$

20

2 次曲線の準円と準線

「円よ，お前の特技は何か」と問えば，円は得意げに「円周角さ」と答えるであろう．同じ弧に対する円周角が等しいことは，円の不思議な性質である．

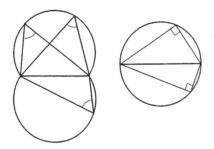

この性質は，見方をかえれば，線分 AB を定角に見る点 P の軌跡は 2 つの円弧になるということ．見る角が特に直角のときは 1 つの完全な円である．

円を定角に見る点の軌跡も円である．さらに，拡張すればどうなるだろう．たとえば，楕円を定角に見る点の軌跡は……と関心は高まってゆく．これに答えるものとして，次の例題を選んでみた．

例題1 $a > 0$, $b > 0$ とする．楕円

$$\frac{x^2}{a^2} + \frac{y^2}{b^2} = 1 \qquad ①$$

に点 P から引いた 2 つの接線が直交するとき，次の問に答えよ．

(1) 2 つの接線が x 軸または y 軸に平行

になる点 P の座標を求めよ．

(2) O を原点とするとき，点 P によらず OP は一定であることを示せ．

難易中庸の良問．接線の方程式の選び方によって解き方が変り，学生の数学的能力を多面的にチェックすることになろうか．

設問(1)は，y 軸に平行な直線には傾き m がないことの暗示のようなもの．答は図を見れば明らか．しかし，こう堂々と設問されては「明らか．答 $(\pm a, \pm b)$」で済ますわけにもいくまい．y 軸に平行な接線を $x = k$ とおいて①に代入し

$$\frac{k^2}{a^2} + \frac{y^2}{b^2} = 1, \quad y = \pm \frac{b}{a}\sqrt{a^2 - k^2}$$

これが 2 重解を持つことから $k = \pm a$，よって $x = \pm a$……まあ，こんなことを書けということか．

以後，(1)を省略し，(2)の解き方のみを考えることにする．

$$\times \qquad\qquad \times$$

解き方1── よく見かける方法

点 P の座標を (x_0, y_0) とし，$x_0 \neq \pm a$ とすれば，P を通る接線の方程式は

$$y = m(x - x_0) + y_0 \qquad ②$$

とおける．②を①に代入すれば

$$\frac{x^2}{a^2} + \frac{(mx + y_0 - mx_0)^2}{b^2} = 1$$

x について整理すれば

$$\left(\frac{1}{a^2}+\frac{m^2}{b^2}\right)x^2+\frac{2m(y_0-x_0)}{b^2}x$$
$$+\frac{(y_0-mx_0)^2}{b^2}-1=0$$

この方程式が2重解をもつことから

$$\frac{\text{判別式}}{4}=\frac{m^2(y_0-mx_0)^2}{b^4}$$
$$-\left(\frac{1}{a^2}+\frac{m^2}{b^2}\right)\left\{\frac{(y_0-mx_0)^2}{b^2}-1\right\}=0$$

m について整理して

$$(a^2-x_0^2)m^2+2x_0y_0m+b^2-y_0^2=0$$

$a^2-x_0^2\neq0$ であるから m の値は2つある. それを m_1, m_2 とする. m_1, m_2 が実数で, しかも $m_1m_2=-1$ であるための条件は

$$\frac{b^2-y_0^2}{a^2-x_0^2}=-1,\quad x_0^2+y_0^2=a^2+b^2$$
$$\therefore\quad \text{OP}=\sqrt{a^2+b^2}$$

$x_0=\pm a$ のとき,

$$(\pm a,\ \pm b)\text{(複号任意)}$$

で, 明らかにこれを満たす.

(コメント) m_1, m_2 が実数の条件は満たされている. さて, なぜか. 一般に, 2次方程式 $x^2+px+q=0$ の2つの解の積 q が負であるとすると

$$\text{判別式}=p^2-4q>0$$

となって, 解は実数になる.

×   ×

以上の解き方は常識的ではあるが, 計算のやっかいなのが玉に瑕か. 計算に自信のない方には, 次の解き方をすすめたい.

解き方2—— 原点から接線までの距離を用いる方法

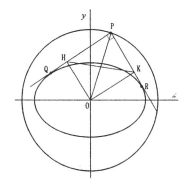

P から楕円に引いた接線 PQ, PR に O からおろした垂線の足をそれぞれ H, K とすると

$$\text{OP}^2=\text{HK}^2=\text{OH}^2+\text{OK}^2$$

ここでも P の x 座標 $\neq\pm a$ とすれば, 接線 PQ の傾きを m とし, その方程式を

$$y=mx+n$$

とおく. これを楕円の式に代入すれば

$$b^2x^2+a^2(mx+n)^2=a^2b^2$$
$$(a^2m^2+b^2)x^2+2a^2mnx+a^2(n^2-b^2)=0$$

2重解を持つことから

$$a^2m^2n^2-(a^2m^2+b^2)(n^2-b^2)=0$$
$$n^2=a^2m^2+b^2$$

よって

$$\text{OH}^2=\frac{n^2}{1+m^2}=\frac{a^2m^2+b^2}{1+m^2}$$

接線 PR の傾きは $-\dfrac{1}{m}$ であるから, 上の式の m を $-\dfrac{1}{m}$ で置きかえて

$$\text{OK}^2=\frac{a^2+b^2m^2}{m^2+1}$$

よって

$$\text{OP}^2=\frac{a^2m^2+b^2+a^2+b^2m^2}{1+m^2}=a^2+b^2$$
$$\text{OP}=\sqrt{a^2+b^2}$$

この後は, 解き方1と同じ.

×   ×

解き方3—— ヘッセの方程式による方法

PR, PQ の方程式を, $\angle\text{KO}x=\theta$ として,

$$x\cos\theta+y\sin\theta=p$$
$$-x\sin\theta+y\cos\theta=q$$

とおいて, p と q を求めてもよい. 読者の課題としよう.

2次曲線の準円

OP が一定ということは, P の軌跡は O を中心とする円であるということ. その円を楕円の準円という.

$$\text{楕円の準円}:x^2+y^2=a^2+b^2$$

双曲線

$$\frac{x^2}{a^2}-\frac{y^2}{b^2}=1,\quad (a,\ b>0)$$

では，例題1と同様にして $OP^2=a^2-b^2$ となるから，$a>b$ のときに限ってPの軌跡は円であって，双曲線の準円という．$a \leqq b$ のときPの軌跡はない．

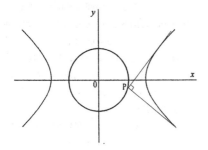

双曲線の準円：$x^2+y^2=a^2-b^2$

放物線 $y^2=4dx$ の場合は解き方の方針は例題1の解き方1と同じでよいが，結論は意外なものになる．OPは一定でなく，Pの軌跡は y 軸に平行な直線 $x=-d$ であって，次の話題の準線と一致する．

放物線の準線：$x=-d$

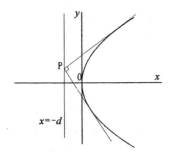

2次曲線の統一的定義へ

2次曲線はその名の如く，x, y に関する2次方程式

$$ax^2+2hxy+by^2+2gx+2fy+c=0$$

の表すグラフのことである．しかし，この式から2次曲線と呼ばれている楕円，双曲線，放物線を探り出すのは容易でない．座標変換というやっかいな計算を伴うからである．

そこで教科書は次善の策として，次のような軌跡による定義を選ぶ．

楕　円──2点からの距離の和が一定な点の軌跡．

双曲線──2点からの距離の差が一定な点の軌跡．

放物線──1点と1直線から等距離にある点の軌跡．

3曲線は同じ一族なのに，自己主張が強くバラバラの定義なのが気になる．核家族に似て，現代社会の反映の感があろう．

動あれば静ありか．3世帯同居の世論に伴い，それにふさわしい家屋建築のコマーシャルがニギニギしい．

この世論にあやかるわけではないが，2次曲線全体を統一するような軌跡による定義が望まれる．そこで次の例題を……．

例題2 1点 F からの距離と1直線 g からの距離の比が一定値 e に等しい点 P の軌跡は何か．

解き方

点Fを原点に，Fを通り直線 g に垂直な直線を x 軸に選び，g の方程式を $x=-k$ とする．ただし $k>0$.

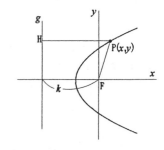

Pから g におろした垂線の足をHとすると

$$\frac{PF}{PH}=e, \quad (e>0)$$

Pの座標を (x, y) とすれば

$$\sqrt{x^2+y^2}=e|x+k|$$

両辺を平方し，整理すれば

$$(1-e^2)x^2-2ke^2x+y^2=k^2e^2$$

(i) $e=1$ のとき
$$y^2=k(2x+k)$$
$k=2d$ とおくと
$$y^2=4d(x+d)$$
原点を d だけ左へ移せば $y^2=4dx$ となって P の軌跡は放物線であることがわかる.

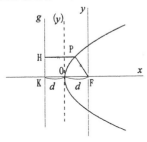

$e \fallingdotseq 1$ のときは, 次の変形が可能
$$x^2-\frac{2ke^2}{1-e^2}x+\frac{1}{1-e^2}y^2=\frac{k^2e^2}{1-e^2}$$
$$\frac{\left(x-\dfrac{ke^2}{1-e^2}\right)^2}{\left(\dfrac{ke}{1-e^2}\right)^2}+\frac{y^2}{\dfrac{k^2e^2}{1-e^2}}=1 \qquad (*)$$

e が 1 より小さいか, 大きいかによって, 2 つの場合に分ける.

(ii) $e<1$ のとき
方程式 (*) において
$$\frac{ke}{1-e^2}=a,\quad \frac{ke}{\sqrt{1-e^2}}=b$$
とおくと a, b は正の数で
$$\frac{(x-ae)^2}{a^2}+\frac{y^2}{b^2}=1$$
原点を ae だけ右へ移せば楕円の標準形になる. したがって P の軌跡は楕円である.

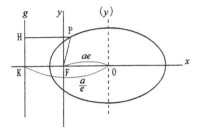

楕円の中心 O と直線 g との距離は

$$KO=KF+FO=k+ae$$
$$=\frac{a(1-e^2)}{e}+ae=\frac{a}{e}$$

(ii) $e>1$ のとき
方程式 (*) において
$$\frac{ke}{e^2-1}=a,\quad \frac{ke}{\sqrt{e^2-1}}=b$$
とおくと a, b は正の数で
$$\frac{(x+ae)^2}{a^2}-\frac{y^2}{b^2}=1$$

原点を ae だけ左へ移せば双曲線の標準形になるので, P の軌跡は双曲線である.

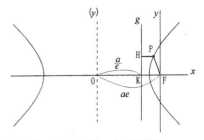

双曲線の中心と直線 g との距離は
$$KO=FO-KF=ae-k$$
$$=ae-\frac{a(e^2-1)}{e}=\frac{a}{e}$$

上の軌跡において, 定点 F を焦点といい, 定直線 g を準線という.

放物線の焦点と準線は共に 1 つで, 標準形でみると焦点の座標は $(d, 0)$ で準線の方程式は $x=-d$ である.

楕円と双曲線は左右対称なので, 焦点と準線は共に 2 つある. 標準形でみると焦点の座標は $(\pm ae, 0)$ で, 準線の方程式は
$$x=\pm\frac{a}{e}$$
である.

なお, 楕円と双曲線では, e のことを離心率という. 標準形でみると, 楕円の離心率は
$$e=\frac{\sqrt{a^2-b^2}}{a}$$
によって表され, 双曲線の離心率は

$$e=\frac{\sqrt{a^2+b^2}}{a}$$

によって表される.

2 次曲線の極座標

極座標は楕円についてのみ考え，双曲線と放物線については読者の課題としよう.

$$楕円:\frac{x^2}{a^2}+\frac{y^2}{b^2}=1,\quad(a>b>0)$$

極座標は極の選び方によって異なる．中心 O を極，長軸を始線（基線）に選んだときは，$x=r\cos\theta$，$y=r\sin\theta$ を上の式に代入して容易に求められる.

$$\frac{1}{r^2}=\frac{\cos^2\theta}{a^2}+\frac{\sin^2\theta}{b^2}\qquad①$$

応用のチャンスは少ない．簡単な問題を示すに止めたい.

例題3　中心 O の楕円の周上の2点を P, Q とするとき，OP⊥OQ ならば

$$\frac{1}{\text{OP}^2}+\frac{1}{\text{OQ}^2}$$

は一定であることを示せ.

解き方

点 P の偏角を θ，点 Q の偏角を $\theta+\dfrac{\pi}{2}$ とおくと

$$\frac{1}{\text{OP}^2}=\frac{\cos^2\theta}{a^2}+\frac{\sin^2\theta}{b^2}$$

$$\frac{1}{\text{OQ}^2}=\frac{\sin^2\theta}{a^2}+\frac{\cos^2\theta}{b^2}$$

これらの2式を加えて

$$\frac{1}{\text{OP}^2}+\frac{1}{\text{OQ}^2}=\frac{1}{a^2}+\frac{1}{b^2},\quad(\text{一定})$$

$$\times\qquad\qquad\times$$

極座標で重要なのは極に焦点の1つを選んだものである．図のように焦点 F を極，半直線 FX を始線に選んだとしよう.

焦点 F に対応する準線 g が FX と交わる点を K，$FK=k$ とおく．楕円上の点 P（r,

θ）から g におろした垂線の足を H とすると，楕円の2次曲線の統一的定義によれば

$$\text{PH}=\frac{r}{e}, \quad よって$$

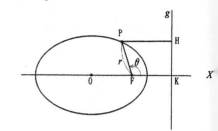

$$\text{FK}=\frac{r}{e}+r\cos\theta=k$$

$$\therefore\quad r=\frac{ke}{1+e\cos\theta}$$

このままでもよいが，k を避け，a, b, e のみで表したいときは，次の式を用いる.

$$ke=\left(\frac{a}{e}-ae\right)e=a(1-e^2)=\frac{b^2}{a}$$

$$r=\frac{b^2/a}{1+e\cos\theta}$$

$$\times\qquad\qquad\times$$

極座標の応用にふさわしい例題を示そう.

例題4　楕円 $\dfrac{x^2}{a^2}+\dfrac{y^2}{b^2}=1$ の離心率を e とする．焦点 F（ae, 0）を通る弦を PQ とするとき，次の問に答えよ.

(1) PQ の最小値と最大値を求めよ.

(2) $\dfrac{1}{\text{OP}}+\dfrac{1}{\text{OQ}}$ は一定であることを示せ.

解き方　(1)　点 P の偏角を θ とすれば，点 Q の偏角は $\theta+\pi$ であるから

$$\text{OP}=\frac{b^2/a}{1+e\cos\theta},\quad \text{OQ}=\frac{b^2/a}{1-e\cos\theta}$$

$$\text{PQ}=\text{OP}+\text{OQ}=\frac{2b^2/a}{1-e^2\cos^2\theta}$$

$0\leqq\cos^2\theta\leqq1$ であるから

$$\min\text{PQ}=\frac{2b^2}{a},\quad \max\text{PQ}=2a$$

$$\frac{1}{\text{OP}}+\frac{1}{\text{OQ}}=\frac{2a}{b^2},\quad(\text{一定})$$

21

……………… 重複組合せと方程式

個数の処理でやっかいなもののひとつは重複組合せであろう。この組合せは1次方程式や不等式にも深い関係がある。それらの関係を実例によってさぐり，さらに，一般化によって知識の定着を計りたい。

不等式と組合せ

不等式の整数解と組合せの関係を前座として取り挙げる。

> 例題1 次の不等式を満たす整数解 (x, y, z, u) はいくつあるか。
> $$1 \leqq x < y < z < u \leqq 6 \qquad ①$$

x, y, z, u がこの順に並べてあるので順列の問題に見えるが，正体はそうでない。選んだものを，後始末として「小→大」の順に並べるだけ。注目すべきは選ぶこと。

解き方

解は6個の数 $1, 2, 3, 4, 5, 6$ から4個選び，小さいものから順に並べて得られる。したがって，その個数は異なる6個のモノから異なる4個を選ぶ組合せ

$$_6C_4 = 15$$

に等しい。

不等式と重複組合せ

問題の中の不等号 $<$ を $\leqq$ にかえただけで，急に難しくなったり，易しくなったりすることがある。さて，次の例題ではどうか。

> 例題2 次の不等式を満たす整数解 (x, y, z, u) は何個あるか。
> $$1 \leqq x \leqq y \leqq z \leqq u \leqq 3$$
> （類題 産能大）

解き方1——解をすべて求める方法

3個の数 $1, 2, 3$ から4個を選ぶことになる。当然，同じ数を2回以上選ぶ場合が起きる。たとえば，$(1, 2, 2, 2)$ のようなものもひとり前の解である。こんな選び方ははじめてという方は，とにかく，すべての解を求めてみてはどうか。もれなく求めるのを助けるものに**樹形図**があった。

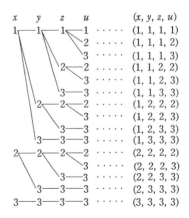

解を数えて　答15

× 　　　 ×

以上のような解き方を試みるのも無駄では

ない. だが, この解き方は数が大きくなると
行き詰る. 一般性を欠く. こんな答案の評価は
人それぞれということか. 腕力よりは知力と
いった解き方はないものか.

解き方2

$x'=x,\ y'=y+1,\ z'=z+2,\ u'=u+3$ と
おいてみよ. 与えられた問題は

$$1\leqq x'<y'<z'<u'\leqq 6 \qquad ②$$

を満たす解 $(x',\ y',\ z',\ u')$ を求める問題
に変わる. この変身は重要. よく見ると例題
1と同じもの, したがって　答15

×　　　　　　　×

（コメント） 上の解き方は①の解の個数と
②の解の個数の等しいことがもとになってい
る. うるさく云えば, その証明が必要, それ
には, ①の解集合Xと②の解集合Yとが1
対1の上へ対応することを示せばよい. この
程度のものを高校では自明とみて省略するこ
とが多いらしい. しかし, 採点者によっては
証明を望むかも知れない. とにかく, 1対1の
上への対応は重要であるから, その証明は完
全にマスターしておくことをすすめたい.

2つの集合X, Yがあって, Xの任意の
要素 x に対してYの1つの要素 y が定まる
とき, x に y が対応するという. この対応を
f として $y=f(x)$ で表す.

この対応が**1対1の上への対応**であるとい

(i)

(ii)

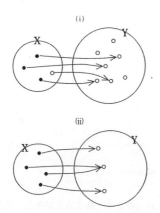

うのは, 次の2つの条件を満たすことである

(1) Yの任意の要素 y に対して $y=f($
を満たすXの要素 x が存在する.

(2) $x\ni x_1,\ x_2$ とするとき

$$x_1\neq x_2 \longrightarrow f(x_1)\neq f(x_2)$$

ただし, (2)は対偶 $f(x_1)=f(x_2)\to x_1=x_2$
用いることが多い. この方が一般には1対
の上への対応があることを示すのが易しい
らである.

条件(1)は, 図の(i)のようなことが起きな
ことを保証するもの. 条件(2)は図の(ii)のよ
なことの起きないことを保証するもの.

(i)では対応からもれた要素がYにある.
(ii)ではXの異なる2つの要素に対応する
の要素が一致する場合がある.

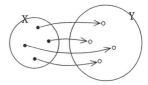

このようなことが起きなければ, 2つの集
合の要素は1つずつ仲よく手をつなぐ. 1対
1の上への対応とは, そういうこと.

以上の知識にもとづいて, 不等式①, ②
解集合X, Yが1対1の上へ対応すること
ガッチリと証明してみよ.

「明らかに出来そうもない」のに, 「明らか
なり」で逃げては, 気分が晴れまい. 「数学
でストレスがたまる」ではわびしい. 「数学
でストレス解消」が最高. それが筆者の願い
でもある.

×　　　　　　　×

例題2は3個の異なる数1, 2, 3から4個選
ぶとき, 同じ数を繰り返し選んでもよかった
このような選び方を, 3個のものから4個選
ぶ**重複組合せ**といい, その選び方の総数を
$_3H_4$ で表す.

この重複組合せは, $x,\ y,\ z,\ u$ に順に
1, 2, 3を加えることによって普通の組合せに
直すことができた.

このアイデアには特に名がないが，筆者は**上げ底の原理**と呼ぶことにしている．

以上の考察を一般化することによって，重複組合せを求める公式が得られる．

第1の不等式

$$1 \leqq x_1 \leqq x_2 \leqq \cdots \leqq x_m \leqq n$$

の未知数 x_1, x_2, $\cdots$, x_m にそれぞれ $0, 1, \cdots$, $m-1$ を加えたものを y_1, y_2, $\cdots$, y_m として，第2の不等式

$$1 \leqq y_1 < y_2 \cdots < y_m \leqq n+m-1$$

を作る．

第1の不等式の解の個数は，n 個の数 1, 2, $\cdots$, n から m 個選ぶ重複組合せの総数 $_nH_m$ に等しい．

一方，第2の不等式の解の個数は $n+m-1$ 個の数 1, 2, $\cdots$, $n+m-1$ から m 個選ぶ普通の組合せの総数 $_{n+m-1}C_m$ に等しい．

両者の総数は一致するので，次の公式が導かれる．

$$_nH_m = {}_{n+m-1}C_m$$

右辺は組合せの性質によって $_{n+m-1}C_{n-1}$ と書きかえることもできる．これは，重複組合せでみると $_{m+1}H_{n-1}$ に等しい．そこで，たちどころに，次の公式を……．

$$_nH_m = {}_{m+1}H_{n-1}$$

この等式の具体的意味については，あとで触れる機会があろう．

方程式と組合せ

1次方程式の正の整数解を求める問題を前座として取り挙げる．

> **例題3** 次の方程式の整数解 (x, y, z) は何個あるか．
>
> $$\begin{cases} x+y+z=7 \\ x>0, \ y>0, \ z>0 \end{cases}$$
>
> （類題　産能大，慶大）

解き方1——$x=1$, 2, $\cdots$ とおく方法

中学生なら誰でもやりそうな方法である．

$x=1$ のとき　$y+z=6$, この解は

$\quad (1, 5), \ (2, 4), \cdots, \ (5, 1)$ 　　　5個

$x=2$ のとき　同様にして　　　　　　4個

　　　　　　……………

$x=4$ のとき　同様にして　　　　　　1個

よって求める解の総数は

$$5+4+3+2+1=15 \quad \text{答15}$$

以上の解き方は方程式が簡単だから成功した．未知数が4個以上では，こううまくはいかない．

正の整数はモノを数えるときの数．モノは何でもよい．玉で代表させると次の解き方に気付く．

解き方2——玉の分配とみる方法

7個の玉を3つの箱に分配すると考える．箱に x, y, z と書いたラベルを張っておく．玉はすべて同じで区別しないが，箱は異なることが，ここの分配の要点．

玉を1列に並べておく．これを3つに分けるには，玉の間に板を差し込めばよい．板は何枚か．3枚！　いや2枚で十分．ここが大切なところ．玉の間はいくつか．7つ！　残念．正解は6つ．小学生でも常識になっている植木算で恥をかかないように．

板の差し込み方は，6つの隙間から2つ選ぶ組合せ，その数は

$$_6C_2 = \frac{6 \cdot 5}{2!} = 15$$

であるから　答15

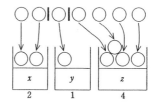

（コメント）解き方2は計算より着想がモノをいう．一般化に向く点でも優れている．

$$\begin{cases} x_1 + x_2 + \cdots + x_n = m \\ x_1 > 0,\ x_2 > 0, \cdots,\ x_n > 0 \end{cases}$$

この方程式の整数解の個数は，m 個の同じ玉を n 個の異なる箱に，空箱がないように分配する仕方の数と同じで

$$_{m-1}C_{n-1}$$

に等しい．

方程式と重複組合せ

例題3の中の不等号＞を≧にかえてみる．その結果何が起きるか．未知数は 0 のこともある．玉を 0 個選ぶは…選ばないこと．

例題4　次の方程式の整数解 $(x,\ y,\ z)$ は何個あるか．

$$\begin{cases} x + y + z = 4 \\ x \geq 0,\ y \geq 0,\ z \geq 0 \end{cases}$$

（類題　上智大，慶大，産能大）

解をすべて求める強引なやり方は，窮余の一策ならば許されよう．

解き方1── $x = 0,\ 1,\ \cdots$ とおく方法

$x = 0$ のときは $y + z = 4$，解は

$(0,\ 4),\quad (1,\ 3),\ \cdots,\ (4,\ 0)$　　　5組

$x = 1$ のときは同様にして　　　　　　4組

………………………………………

$x = 4$ のときは　　　　　　　　　　　1組

よって，すべての解の個数は

$$5 + 4 + 3 + 2 + 1 = 15\quad 答15$$

　　　　×　　　　　　　　×

こんな解き方を試みている間に，名案が浮ぶであろう．再び上げ底の原理．土産物のアレである．「ウワ！　安い」喜んで買って来たのに「開けてびっくり」期待の半分も入っていない．そのときのおかしさ，かなしさ．だが，ものは生かそう．

例題4の解に 1 を加えてみよ．例題3の解に変るではないか．たとえば

$$x + y + z = 4 \qquad x + y + z = 7$$

$$(1,\ 0,\ 3) \longrightarrow (2,\ 1,\ 4)$$

この事実から，第2の解き方へ…．

解き方2──上げ底の原理の応用

$x + 1 = x',\ y + 1 = y',\ z + 1 = z'$ とおくと $x,\ y,\ z \geq 0$ は $x',\ y',\ z' > 0$ に変り，右辺 4 は 7 に変る．

$$① \begin{cases} x + y + z = 4 \\ x,\ y,\ z \geq 0 \end{cases} \quad ② \begin{cases} x' + y' + z' = 7 \\ x',\ y',\ z' > 0 \end{cases}$$

2つの方程式①と②の解は 1 対 1 に対応る．したがって①と②の解の個数は等しい②の解の個数は例題3によれば15であったら，①の解の個数も15である．

玉の分配と重複組合せ

例題4の玉の分配，すなわち4個の同じ玉を，3個の異なる箱に，空箱があってもよとする分配を別の視点から眺めてみる．

　　　　×　　　　　　　　×

解き方3──箱を玉へ分配する方法

3個の同じ玉を箱 x に配ることは，逆に小箱 x を十分用意しておき，そのうちつを玉のところへ 1 つずつ配ることと見るとも出来る．

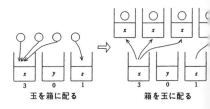

玉を箱に配る　　　　　　箱を玉に配る

この見方によると例題4は，異なる3種箱 $x,\ y,\ z$ から，4個の箱を選ぶ重複組せになる．したがって，その総数は

$$_3H_4 = _{3+4-1}C_4 = _6C_4 = 15 \quad \cdots\cdots 答$$

　　　　×　　　　　　　　×

解き方4──球を板で仕切る方法

例題4の別の見方は，4個の同じ玉を1に並べておき，玉の隙間または両端，合せ5箇所に 2 枚の板を差し込むものである．

だし，空の箱を許すから，2枚の板の間には
玉がなくてもよく，2枚の板を同じ場所に置
くことも許される．

くわしいことは，図を見て理解されたい．

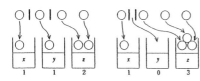

この分配の作業は，5個の場所から2個選
ぶ重複組合せである．したがって，総数は
$$_5H_2 = _{5+2-1}C_2 = _6C_2 = 15 \quad \cdots\cdots 答$$
解き方が変っても総数に変りはなく
$$_3H_4 = _5H_2$$
が成り立つ．2つの解き方は，この等式の内
容を具体的に示す実例である．
　一般化すれば
$$_nH_m = _{m+1}H_{n-1}$$
2つの解き方を一般化して，この等式を説明
することは読者におまかせする．

練習で最後の仕上げ

[例題5]　次の不等式の整数解 (x, y, z) は何個あるか．
$$\begin{cases} x+y+z \leqq 4 \\ x \geqq 0, \ y \geqq 0, \ z \geqq 0 \end{cases}$$
（類題　上智大，産能大）

解き方1——平凡な方法

$x+y+z = 0,1,2,3,4$ とおく．この方程式
の解の個数は，すでに例題4の解き方3，4
で明らかにした．

$x+y+z = 0$ の解の個数　$_3H_0 = 1$

$x+y+z = 1$ 〃 $_3H_1 = 3$

$x+y+z = 2$ 〃 $_3H_2 = 6$

$x+y+z = 3$ 〃 $_3H_3 = 10$

$x+y+z = 4$ 〃 $_3H_4 = 15$

よって求める解の個数は
$$1+3+6+10+15 = 35 \quad \cdots\cdots 答$$

解き方2——方程式にかえる方法

アイデアで勝負．$4 - (x+y+z) = u$ とお
くと $u \geqq 0$，したがって，与えられた不等式
は次の方程式に変る．
$$\begin{cases} x+y+z+u = 4 \\ x \geqq 0, \ y \geqq 0, \ z \geqq 0, \ u \geqq 0 \end{cases}$$
この解の個数は
$$_4H_4 = _{4+4-1}C_4 = _7C_4 = 35 \quad \cdots\cdots 答$$

例題5の一部をほんの僅か変えてみる．

[例題6]　次の不等式の整数解 (x, y, z) は何個あるか．
$$\begin{cases} x+y+z \leqq 6 \\ x > 0, \ y > 0, \ z > 0 \end{cases}$$
（類題　上智大，産能大）

解き方——方程式にかえる方法

前問に做って $6 - (x+y+z) = u$ とおいて
$$\begin{cases} x+y+z+u = 6 \\ x > 0, \ y > 0, \ z > 0, \ u > 0 \end{cases}$$
この解の個数は
$$_{6-1}C_{3-1} = _5C_2 = 10 \quad ？？$$
残念でした．前の答と合わない．さて，なぜ
か．前問の解き方につられ，安易に考えたの
が失敗のもと．

$x+y+z$ は6のこともあるから $u > 0$ では
なく $u \geqq 0$ が正しい．しかし，$u > 0$ としたい
から，そこで1を加え
$$7 - (x+y+z) = u$$
とおけばよかったのだ．
$$\begin{cases} x+y+z+u = 7 \\ x > 0, \ y > 0, \ z > 0, \ u > 0 \end{cases}$$
この解の個数は
$$_{7-1}C_{4-1} = _6C_3 = 20 \quad \cdots\cdots 答$$
となって成功．

最短ルートあれこれ

街の中を，つれづれなるままに散歩するのは楽しい．近道かどうかなどは気にせず気ままに歩くのも，フラクタルと称して数学の対称になるが，ここでは，高校数学の処理対象にふさわしい最短ルートについて考えてみたい．

われわれ日本人は，都市計画が余り得意でないらしい．というよりは関心がうすいらしい．「ひとりでも反対があったら道路を作らない」といった政治家が巾をきかせているようでは，都市計画の実行はおぼつかない．

幸いに，わがM市は碁盤に近い．

街中の最短距離

碁盤目の街中では，最短ルートがいくつか定まり，しかも，その距離は一定である．

数学では碁盤目の街を理想化して方眼といい，交差点を格子点ということが多い．2つの格子点P，Qの最短距離を $d(P, Q)$ で表してみる．

座標を設定し，2つの格子点P，Qの座標をそれぞれ (x_1, y_1)，(x_2, y_2) とすると，次の式が成り立つ．

$$d(P, Q) = |x_2 - x_1| + |y_2 - y_1|$$

例題1 3つの格子点P，Q，Rに対して，次の不等式が成り立つことを示せ．
$$d(P, Q) + d(Q, R) \geqq d(P, R)$$

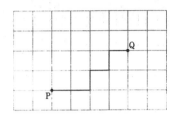

この不等式は **3角不等式** と称するもので，距離を定義したときに，満たすべき重要な条件である．

解き方

P，Q，Rの座標をそれぞれ
$$(x_1, y_1), (x_2, y_2), (x_3, y_3)$$
とすると

$$d(P, Q) = |x_2 - x_1| + |y_2 - y_1| \quad ①$$
$$d(Q, R) = |x_3 - x_2| + |y_3 - y_2| \quad ②$$

ところが，実数の絶対値については，よく知られている3角不等式

$$|a| + |b| \geqq |a + b|$$

が成り立つから

$$|x_2 - x_1| + |x_3 - x_2| \geqq |x_2 - x_1 + x_3 - x_2|$$
$$= |x_3 - x_1|$$

全く同様にして

$$|y_2 - y_1| + |y_3 - y_2| \geqq |y_3 - y_1|$$

したがって①＋②を作ると

$$d(P, Q) + d(Q, R) \geqq |x_3 - x_1| + |y_3 - y_1|$$
$$= d(P, R)$$

となって，証明が終る．

最短ルートを数える

最短ルートの数を求める次の問題は，教科書でもおなじみのものであろう．

> **例題2** 次の図のように道路が碁盤のようになっている街がある．地点 A から地点 B への最短の道は何通りあるか．
>
> （類題　文教大，松阪大）

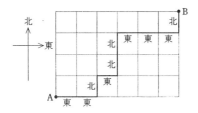

解き方

最短の道は東へ進む区間と北へ進む区間とを適当につないだものになっている．東へ進むことを東，北へ進むことを北と略記することにすれば，これらを並べることによって最短の道は表示できる．たとえば，上の図の太線の道は

東東北東北北東東東北

と表される．したがって最短の道の総数は，6 つの東と 4 つの北の順列の数

$$\frac{(6+4)!}{6!\,4!} = \frac{10\cdot 9\cdot 8\cdot 7}{4!} = 210$$

に等しい．

×   ×

（コメント1） 求める数は，10個の区間から東へ進む区間を 6 個選ぶとみれば，組合せ $_{10}C_6$ で表される．また10個の区間から北へ進む区間を 4 個選ぶとみた組合せ $_{10}C_4$ でもよい．

$$_{10}C_6 = {}_{10}C_4 = \frac{10!}{6!\,4!}$$

（コメント2） 最短の道を定めるのは進行の方向のみであって，区間の距離は関係がない．したがって次図のように道路の間隔がふ

ぞろいであっても，以上の理論はそのままあてはまる．

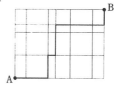

余事象の活用

正直者，いやバカ正直者が損をする話である．実例によるのが早道であろう．

> **例題3** 次の図で，地点 A から地点 B への最短路のうち交差点 P を通らないものは何通りあるか．

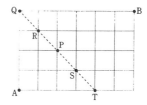

解き方1 —— 正門から攻める方法

要求に忠実に，P を通らないものを拾い集める．4 地点 Q，R，S，T を補う．5 地点のいずれかを通る道は，他の地点を通ることがない．したがって，P を通らないものを求めるには，Q，R，S，T の何れかを通るものをすべて求めたのでよい．

Q を通る道の数 = 1

R を通る道の数 $= \dfrac{(1+3)!}{1!\,3!} \times \dfrac{(5+1)!}{5!\,1!} = 24$

S を通る道の数 $= \dfrac{(3+1)!}{3!\,1!} \times \dfrac{(3+3)!}{3!\,3!} = 80$

T を通る道の数 $= 1 \times \dfrac{(2+4)!}{2!\,4!} = 15$

以上の 4 数を加えて，答は120通り．

×   ×

解き方2 —— 裏門から攻める方法

腕力よりは知力．「余事象の活用」で行き

たいもの．P を通らないものは，P を通るものを全体から除けばよい．

P を通る道の数 $= \dfrac{(2+2)!}{2!2!} \times \dfrac{(4+2)!}{4!2!}$

$= 6 \times 15 = 90$

道の総数 $= 120$（例題 2 により）

P を通らない道の数 $= 210 - 90 = 120$

×　　　　　×

進化は生物に限らない．入試の問題は受験生の能力，対応策の作り出す環境に応じ，易から難へと進化する．通らない地点が 2 つの場合へ．

例題 4　次の図で，地点 A から地点 B への最短路のうち 2 地点 P, Q を共に通らないものは何通りあるか．

解き方――余事象の活用

2 地点 P または Q を通るものを，全体から除くと考えよ．

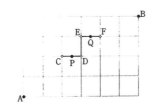

P を通るもの　A→C→P→D→B

$\dfrac{(2+2)!}{2!2!} \times \dfrac{(3+2)!}{3!2!} = 60$

Q を通るもの　A→E→Q→F→B

$\dfrac{(3+3)!}{3!3!} \times \dfrac{(2+1)!}{2!1!} = 60$

P, Q を共に通るもの

A→C→P→D→E→Q→F→B

$\dfrac{(2+2)!}{2!2!} \times \dfrac{(2+1)!}{2!1!} = 18$

よって P または Q を通るものは

$60 + 60 - 18 = 102$

これを全体からひいて，P, Q を共に通らないものは

$210 - 102 = 108$（通り）

×　　　　　×

（コメント）　一般化は知識の総括であっ〔て〕数学に限らず知識のレベルアップに欠かせ〔な〕いもの．以上で用いた原理を一般化しておこ〔う〕．

全事象を U，その一部分を A，A の個〔数〕を $n(A)$ で表すことにすると

余事象の原理：$n(\bar{A}) = n(U) - n(A)$

2 つの事象 A, B に拡張すると

$n(\overline{A \cup B}) = n(U) - n(A \cup B)$

ところが有名な＝モルガンの法則による〔と〕 $\overline{A \cup B}$ は $\bar{A} \cap \bar{B}$ に等しいから，上の式は

$n(\bar{A} \cap \bar{B}) = n(U) - n(A \cup B)$

と書きかえることもできる．

これに，さらに既知の原理

$n(A \cup B) = n(A) + n(B) - n(A \cap B)$

を組合せて $n(\bar{A} \cap \bar{B})$ を求めるのが，包〔含〕の原理と称するもの．例題 4 の解き方は，〔こ〕の原理の応用であった．

左折と右折の数

問題をさらに進化させ，最短路の左折と〔右〕折の数を調べてみよう．

例題 5　次の図で，地点 A から地点 B への最短路で，左折と右折の回数の和が〔何〕回のものが最も多いか．　　（類題　都立大）

計算力より着想，だが着想によっては難〔儀〕になりかねない．実例で解決の糸口をさぐ〔る〕のが先決であろう．

×　　　　　×

解き方

対角線 AB について対称であるから，

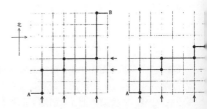

初に右へ進むものについて考えたので十分である.

左側の図は

左折→右折→左折→右折→左折→右折

と進むもので,折れる回数は6（偶数）の実例.この最短路は6本の縦線（周は除く）から選んだ3本と,6本の横線（周は除く）から選んだ2本によって定まり,その数は $_6C_3 \cdot {}_6C_2$ に等しい.

そこで一般に折れる回数 k 回の最短路の数を $f(k)$ で表すことにすると

$$f(6) = {}_6C_3 \cdot {}_6C_2$$

一般化すれば

$$f(2r) = {}_6C_r \cdot {}_6C_{r-1} \quad (1 \leqq r \leqq 6)$$

右側の図は左折にはじまり左折に終るもので,折れる回数は7（奇数）の実例.左側の図の場合にならって,最短路の数は

$$f(7) = {}_6C_3 \cdot {}_6C_3$$

一般化すれば

$$f(2r-1) = {}_6C_{r-1} \cdot {}_6C_{r-1} \quad (1 \leqq r \leqq 7)$$

以上の2つの公式を用いて,すべての場合の最短路の数を求めると次の表になる.

r	1	2	3	4	5	6	7
$f(2r)$	6	90	300	300	90	6	
$f(2r-1)$	1	36	225	400	225	36	1

f の値が最大になるのは $r=4$ のときで,最大値は,最初に右へ進むか左へ進むかの2通りあるから,

$$f(2r-1) = f(7) = 400$$

を2倍した800である.そのときの最短路は,左折4回,右折3回または右折4回,左折3回のものである.

$$\times \qquad\qquad \times$$

（コメント） 以上の解は関数 $_6C_r$ の最大と深い関係がある.一般に n が与えられたときの $_nC_r$ の変化の様子はパスカルの3角形をみれば明らかである.

```
              1
            1   1
          1   2   1
        1   3   3   1
      1   4   6   4   1
    1   5  10  10   5   1
  1   6  15  20  15   6   1
1   7  21  35  35  21   7   1
```

n が偶数とすると $r = \dfrac{n}{2}$ のとき最大で,n が奇数とすると $r = \dfrac{n-1}{2},\ \dfrac{n+1}{2}$ のとき最大であることが読みとれる.

しかし,その証明となると,ひと工夫必要.r は整数なので微分法は役に立たない.頼りになるのは関数の増減,増加から減少に移るところを探ればよい.隣り合う2点の差に目をつけよ.

$$_nC_{r+1} - {}_nC_r = \frac{2 \cdot n!}{(r+1)!(n-r)!}\left\{\frac{n-1}{2} - r\right\}$$

{ } の中の符号を調べればよい.

交差点を直行かどうか

交差点で道路を横断するとき気になるのは車が直進するのかどうかである.判断を誤ると命にかかわる.次の問題,着想の源を知るよしもないが,問題進化のひとコマとみても興味がある.

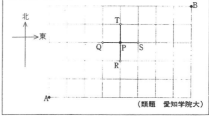

例題6 図のように東西に9本,南北に6本,等間隔に並んだ街路がある.次の性質をみたす交差点（十字に交わっているところ）Pはいくつあるか.

（性質）AからBへのPを通る最短路のうち,Pで直進するものが,Pで折れるものより多い.

（類題 愛知学院大）

解き方

Pに隣り合う4つの交差点を図のようにQ，R，S，Tとする．

AからQへ，AからRへの最短路の数をそれぞれq，rとする．

SからBへ，TからBへの最短路の数をs，tとする．

さらに，Pで直進する最短路の数を m，Pで折れる最短路の数を n としよう．

$$m = qs + rt \qquad n = qt + rs$$

以上の結果から

$$m - n = (qs + rt) - (qt + rs)$$
$$= (q - r)(s - t) \qquad ①$$

Aを原点としたときの交差点Pの座標を (x, y) とすると

交差点Pの座標を (x, y) とすると

$$Q\ (x-1,\ y) \quad R\ (x,\ y-1)$$
$$S\ (x+1,\ y) \quad T\ (x,\ y+1)$$

となる．

$$q = \frac{(x+y-1)!}{(x-1)!\,y!}, \quad r = \frac{(x+y-1)!}{x!\,(y-1)!}$$

$$s = \frac{(12-x-y)!}{(7-x)!\,(5-y)!}, \quad t = \frac{(12-x-y)!}{(8-x)(4-y)!}$$

これらの結果を①に代入して

$$m - n = K(x-y)(y-x+3)$$
$$(ただし\ K > 0)$$

$m - n > 0$ であるためには

$$(y-x)(y-x+3) < 0$$
$$x - 3 < y < x$$

図解すれば，点Pは2直線AC, BDの間にある交点で，その個数は8である．

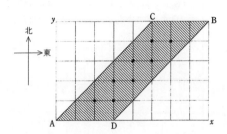

23

.... 街なかの最短ルート

方眼紙は実数で測るとありふれた座標平面に過ぎないが，整数のみで測ると方眼の横線と縦線，およびそれらの交点が浮き彫りになり，離散幾何と称する新しい数学の分野が開ける．この方眼紙で特に重要なのは，座標が整数で表される点で，**格子点**と呼ばれていることはどなたもご存じであろう．

記号化と樹形図

昔のヨーロッパは「道はローマに通ず」といわれ，堂々たる道路が整備されていた．わが国は「かごで行くのはお吉じゃないか」といった風情で，細く，くねくねと曲り，散歩には向くがクルマとは縁がない．数学でみるとトポロジー向きである．

方眼紙と結びつくのは京都や名古屋にみられる碁盤割りの街なみで，広く知られているものに，最短距離のルートの問題がある．

簡単な問題から話をはじめる．

> **例題 1** 次の図のような街で，AからBへ至る最短のルートをすべて求めよ。
>
>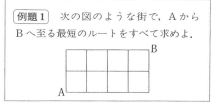

「なんだ，こんな問題」といった声がきこえそう．だがやらせてみるとギブアップ．図に書き込んだルートがからみ合って，どれがどれやら分らないとわめく．

そこを鮮やかに切り抜けるのが，数学が得意とする**記号化**である．

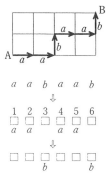

$$a\ a\ b\ a\ a\ b$$
$$\Downarrow$$

1	2	3	4	5	6
□	□	□	□	□	□
a	a		a	a	

$$\Downarrow$$

□	□	□	□	□	□
		b			b

東へ1区間進むことを a，北へ1区間進むことを b で表すことにすれば，最短ルートは4個の a と2個の b を並べて表される．

でも，気の向くままに並べても，すべての場合をもれなく，重複なく並べるのは容易でない．

そこで第2のアイデア……並べる位置を定めておき，そこから a を置く位置または b を置く位置を選び出すことが頭に浮ぶ．選び出したものは記録できればベター．それには並べる位置に1，2，…，6と番号をつけておけばよい．

すべての場合をもれなく，重複なく選ぶには第3のアイデアが必要．そのアイデアとは**樹形図**である．

すべての最短ルートを a，b によって示すことは読者におまかせする．労は避けないで

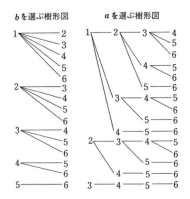

bを選ぶ樹形図　　　　aを選ぶ樹形図

ほしい．実例を作る過程で，何かがひらめく
かもしれない．

×　　　　　　×

　求めた最短ルートの個数は15，これは6個
の場所からaを置くところを4つ選ぶ組合
せの数$_6C_4$に等しい．またbを置くところ
を2つ選ぶ組合せの数$_6C_2$でもある．

$$_6C_4 = {}_6C_2 = \frac{6!}{4!\,2!}$$

　もともとは4個のaと2個のbを並べた
順列の総数であった．これを求めるには，異
なる4個のa_1, a_2, a_3, a_4と異なる2個の
b_1, b_2を並べることに立ち戻ってみればよい．
この順列の総数は6！である．ここで，aの
下ツキの数字を消せば順列の総数は6！÷4！
に減る．さらに，bの下ツキの数字も消せば
順列の総数は$6 \div 4! \div 2!$に減る．

×　　　　　　×

　一般化の可能なものは必ず試みるようにし
たい．前の図で点Aを原点に選んだとき，
点Bの座標が$(m,\ n)$であったとすると，
AからBへの最短ルートの総数は次の式で
求められる．

$$_{m+n}C_m = {}_{m+n}C_n = \frac{(m+n)!}{m!\,n!}$$

　一般化は数学の特技である．社会科学のよ
うに科学の名に価しない理論で一般化をあせ

ると，マルクスのイデオロギーのように教条
主義におちいり，その強制は社会に計り知れ
ない弊害をもたらす．

3 角形の街の最短ルート

　本論はこれからである．街の一部分が通行
できないとすると，最短ルートが減ることは
明らか．そのような実例として，次のモデル
に当ってみよう．

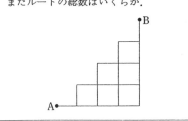

例題2　図のような街において，Aか
らBへの最短ルートをすべて求めよ．
またルートの総数はいくらか．

　すべてのルートを1つの図に書きこむこと
は不可能．例題1にならい，2文字a, bを
並べて示せばよい．しかし，勝手に並べると
街の外へそれたルートが現れる．さて，それ
を避けるには並べ方にどんな注意を払えばよ
いか．

　並べた文字a, bの数を，別々に，左から
右へ順に数えてみよ．(i)では，bの数がaの
数より多くなることがないが，(ii)ではそのよ
うな場合がある．

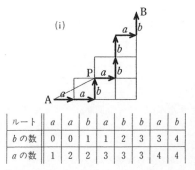

(i)

ルート	a	a	b	a	b	b	a	b
bの数	0	0	1	1	2	3	3	4
aの数	1	2	2	3	3	3	4	4

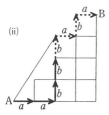

ルート	a	a	b	b	b	a	b	a
b の数	0	0	1	2	3	3	4	4
a の数	1	2	2	2	2	3	3	4

ルート上の任意の格子点をPとするとAPの傾きは(i)では1より大きくなることがないのに(ii)では大きくなることがある. これは

$$\text{AP の傾き} = \frac{b \text{ の数}}{a \text{ の数}}$$

となることからみて当然である.

このような制限があるために, ルートを a, b で表すことは樹形図を用いたとしても容易ではない. 細心の注意を払って樹形図を完成してみよ.

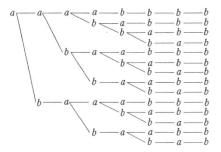

ルートの総数が14であることは分った. しかしそれを計算する方法は見当たらない.

ふるい分けの2つの原理

3角形の街の最短ルートの総数の求め方を探ってみよう. この総数は3角形の直角の2辺の大きさ n の関数であるから u_n で表すことにする.

重要なのはルートの分類である. ルートはすべてAから出発するが, 途中または最後にAB上の格子点 B_1, B_2, B_3, B_4 ($B_4 =$ B) のいずれかに立ち寄る. もちろん, 2点以上に立ち寄るものもあるから, この分類による求め方は簡単でない.

これをよく知られている**ふるい分けの原理**によろうとすると, 4つの集合の場合の公式によらねばならない.

その公式は, 4つの集合を A_1, A_2, A_3, A_4 とし, A_i の要素の数を $|A_i|$ で表すことにすれば, 次のように繁雑なものになる.

$$|A_1 \cup A_2 \cup A_3 \cup A_4| = \sum_i |A_i| - \sum_{i<j} |A_i \cap A_j|$$
$$+ \sum_{i<j<k} |A_i \cap A_j \cap A_k| - |A_1 \cap A_2 \cap A_3 \cap A_4|$$

略式の表現でもこの有様. 正式に書いた式は思いやられるので, この公式の応用はあきらめる.

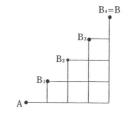

ふるい分けにはもう1つの原理がある. 余り知られていないが, 問題によっては大変重宝なもの. 3つの集合で示す.

$$|A_1 \cup A_2 \cup A_3| = |A_1| + |\overline{A_1} \cap A_2|$$
$$+ |\overline{A_1} \cap \overline{A_2} \cap A_3|$$

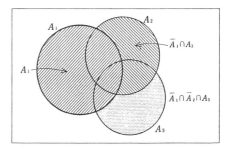

この分け方がすぐれているのは, 数え方に重複がないことである. 集合

$$A_1, \quad \overline{A_1} \cap A_2, \quad \overline{A_1} \cap \overline{A_2} \cap A_3$$

では, どの2つにも共通な部分がない. 事象

でいえば排反である．したがって要素の総数
は，おのおのの要素の数をたして求められる．

　図解の都合で集合が3個の場合を示したが
何個の集合でも同様である．

　このふるい分けを**第2原理**と呼び，よく知
られている方は**第1原理**と呼ぶことにする．

　　　　　×　　　　　　　×

　ルートの総数 u_4 を求めるのに，ふるい分
けの第2原理を用いてみる．

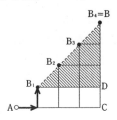

　格子点 B_1 を通るルートは A から B_1 へ進
み，その後は $\triangle B_1BD$ を通るものであるか
ら，その個数は u_3 に等しい．

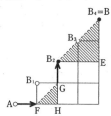

　次に B_1 を通らず B_2 を通るルートは，は
じめに $\triangle FGH$ を通って B_2 に達し，それ以
後は $\triangle B_2BE$ を通るもので，その個数は u_1u_2
に等しい．

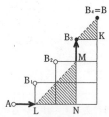

　次に B_1，B_2 を通らず B_3 を通るルートは，
はじめに $\triangle LMN$ を通って B_3 に達し，それ
以後は $\triangle B_3BK$ を通るもので，その個数は

u_2u_1 に等しい．

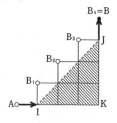

　最後に B_1，B_2，B_3 を通らず B_4 に達する
ルートの個数は u_3 に等しい．

　以上の結果の和が u_4 である．

$$u_4 = u_3 + u_1u_2 + u_2u_1 + u_3 \qquad (*)$$

　図から容易に $u_1 = 1$，$u_2 = 2$，$u_3 = 5$ は分る
ので，これらを（*）に代入すれば

$$u_4 = 5 + 1 \cdot 2 + 2 \cdot 1 + 5 = 14$$

となって，樹形図によって求めた結果と一致
した．

　　　　　×　　　　　　　×

　一般化のため $u_0 = 1$ と約束して（*）の式
の形を整えれば

$$u_4 = u_0u_3 + u_1u_2 + u_2u_1 + u_3u_0$$

　この式の形から一般に u_n については次の
漸化式の成り立つことが分る．

$$
\begin{aligned}
u_n = u_0u_{n-1} + u_1u_{n-2} + \cdots \\
\cdots + u_{n-2}u_1 + u_{n-1}u_0
\end{aligned}
$$

　この漸化式を解くことが出来れば，u_n を
n で表した公式が得られる．しかし，それは
容易でない．母関数を用いた解き方について
は拙書「数学ひとり旅　現代数学社」をごらん
頂きたい．

余事象の原理

　わが街にとなり街を補ってみる．A から
B への最短ルートのうち，となり街にはいり
込むものの個数を v_4 で表してみよ．u_4 と v_4
の和は分っている．

$$u_4 + v_4 = \frac{(4+4)!}{4!\,4!} = 70$$

したがって u_4 を求めるには v_4 を求めればよ

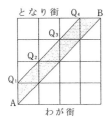

い.

このような求め方は**余事象の原理**と称するものであった. 全体集合を U として, まとめておく.

$$|U| = |A| + |\bar{A}|$$

×　　　　　×

となり街にはいり込むルートは, 境界上の格子点 Q_1, Q_2, Q_3, Q_4 を通るもので, その個数を求めるのには, ふるいわけの第2原理が役に立ちそうである.

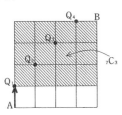

Q_1 を通るが, Q_2, Q_3, Q_4 は通っても通らなくてもよいルートの個数は, Q_1 から B への最短ルートの個数 $_7C_3$ に等しい.

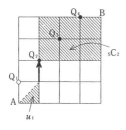

次に Q_1 を通らないが Q_2 を通り, Q_3, Q_4 は通っても通らなくてもよいルートの個数は

$$u_1 \cdot {}_5C_2$$

に等しい.

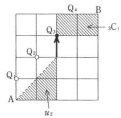

次に Q_1, Q_2 を通らないが Q_3 を通り, Q_4 は通って通らなくてもよいルートの個数は

$$u_2 \cdot {}_3C_1$$

に等しい.

同様にして,

Q_1, Q_2, Q_3 を通らないが Q_4 を通るルートの個数は u_3 に等しい.

以上の結果の和が v_4 である.

$$v_4 = {}_7C_3 + u_1 \cdot {}_5C_2 + u_2 \cdot {}_3C_1 + u_3$$

約束 $u_0 = 1$, $_1C_0 = 1$ を用いると形が整う.

$$v_4 = u_0 \cdot {}_7C_3 + u_1 \cdot {}_5C_2 + u_2 \cdot {}_3C_1 + u_3 \cdot {}_1C_0$$

すでに u_1, u_2, u_3 の値は分っているから, v_4 の値を求めるのはやさしい.

$$v_4 = 1 \cdot 35 + 1 \cdot 10 + 2 \cdot 3 + 5 \cdot 1 = 56$$

よって

$$u_4 = 70 - 56 = 14$$

前に求めた値と一致した.

×　　　　　×

u_n を求める式の一般化は容易で, 次の漸化式が得られる.

$$v_n = u_0 \cdot {}_{2n-1}C_{n-1} + u_1 \cdot {}_{2n-3}C_{n-2} + \cdots$$
$$\cdots + u_{n-2} \cdot {}_3C_1 + u_{n-1} \cdot {}_1C_0$$
$$u_n = {}_{2n}C_n - v_n$$

これを解けば u_n を求める公式が得られることは分るが, 残念ながらこれから直接, 解くのはやさしくない. 筆者は, まだ成功していない. どなたか挑戦してはいかが…….

対称移動の偉力

v_4 の値を, まことに簡単に求めるアイデアがある. 誰が考えたかは知らない. 最短ルートに対称移動を試みる方法である.

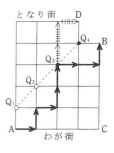

となり街を北の方へ一筋だけ拡張しておく. そして, A から B への最短ルートのうちとなり街にはいり込むものを直線 Q_1Q_4 について対称移動を行う. とはいっても, ルート全体を移動するのではない. 直線 Q_1Q_4 に, はじめて出会った点から後の部分のみを移動する.

たとえば, Q_1, Q_2 を通らないが Q_3 を通

る場合は，Q_3 から後の部分のみを Q_1Q_4 に関して対称移動を行う．これによって，元のルートは A から D へ最短ルートに変る．

逆に A から D への最短ルートを任意に選んでみよ．A と D は Q_1Q_4 の反対側にあるから，そのルートは必ず Q_1Q_4 と交わる．その交点のうち最も Q_1 に近いものを選び，そこから後の部分を Q_1Q_4 に関して対称移動を行うと，A から B への最短ルートのうちとなりの街にはいり込むものに変る．

以上から v_4 は A から D への最短ルートの個数，すなわち ${}_8C_3$ に等しいことが分る．

$$v_4 = {}_8C_3 = 56$$

したがって

$$u_4 = {}_8C_4 - {}_8C_3 = 70 - 56 = 14$$

　　　　×　　　　　　×

以上で明らかになったことを一般化するのはやさしい．

A を原点としたとき，B の座標が (n, n) ならば D の座標は $(n-1, n+1)$ である．したがって

$$u_n = {}_{2n}C_n - {}_{2n}C_{n-1} = \frac{{}_{2n}C_n}{n+1}$$

遂に，u_n を求める公式が求められた．この数は**カタラン数**と呼ばれているもので，個数の処理のなかでは有名である．

　　　　×　　　　　　×

以上で試みた対称移動は，次の図のような台形の街にも応用できる．A から B への最短ルートの総数を求めてごらん．練習問題にふさわしいと思う．

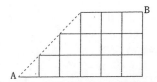

24

……………… 格子点と母数変換

味もよし，香りもよし，かめばかむほど味を増す珍味といった感じの具体的問題から話を始める．

例題1 座標平面上で x 座標，y 座標がともに整数である点を格子点という．

(1) 4点 O(0, 0)，A(15, 0)，B(15, 20)，C(0, 20) について，長方形 OABC の内部にある格子点の個数および両端を除く線分 AC 上の格子点の個数を求めよ．

(2) すべての成分が整数である行列

$$M = \begin{pmatrix} a & b \\ c & d \end{pmatrix}$$

で表される，1次変換によって，△DEF が△D′E′F′ に移されるとき，$ad-bc=1$ ならば△DEF の内部にある格子点の個数と△D′E′F′ の内部にある格子点の個数は等しいことを証明せよ．

(3) 3点 O(0, 0)，P(24, 12)，Q(18, 18) について，△OPQ の内部にある格子点の個数を求めよ． (1996, 山梨医大)

(1)は，肩ひじ張らずに，さあ，いこうぜと声をかけているような問で，解答者の心理を把らえた心遣いがうれしい．

(1)の解き方と研究

□OABC の横は15で縦は20，したがって内部の格子点の数は

$(15-1)(20-1) = 14 \times 19 = 266$ …(答)

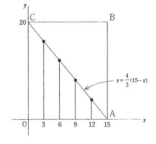

線分 AC 上の格子点を求めるには直線 AC の方程式

$$y = \frac{4}{3}(15-x) \quad (0 < x < 15)$$

の整数解を求めなければならない．

$15-x$ は3で割り切れるから $15-x=3t$ とおくと

$$x = 15-3t \quad (0 < t < 5)$$

よって $x = 12, 9, 6, 3$ に対応する4点が求めるもの． ……(答)4

　　　　　× 　　　　　×

研究1──長方形と格子点

格子点を頂点とする長方形の横が m，縦が n ならば，

内部の格子点の数……$(m-1)(n-1)$

周上の格子点の数……$2(m+n)$

周と内部の格子点の数…$(m+1)(n+1)$

具体例で確めながら，一般の場合を頭に入れておくこと．うっかり誤りがち．

　　　　　× 　　　　　×

研究2──直線上の格子点

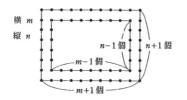

　直線 $ax + by = c$ の上の格子点の座標は，この方程式の整数解である．

　a, b に最大公約数 $k\,(k > 1)$ があって，c が k で割り切れないときは整数解がないから，したがって直線上には格子点がない．

　c が k で割り切れるときは両辺を k で割り

$$ax + by = c\quad (a,\ b\ \text{は互いに素})$$

の形にかえることができる．これには整数解があり，直線上には格子点がある．

　解の1つ $(x_0,\ y_0)$ を見付けたとすると

$$ax_0 + by_0 = c$$

2式の差をとり

$$a(x - x_0) + b(y - y_0) = 0$$

$x - x_0$ は b で割り切れることから

$$x - x_0 = bt\ \text{とおくと}\ y - y_0 = -at$$

$$\begin{cases} x = x_0 + bt \\ y = y_0 - at \end{cases}\quad (t\ \text{は任意の整数})$$

これが直線上の格子点の座標である．

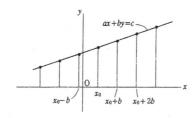

(2)の解き方と研究

　これを証明するには，次の2つを証明しなければならない．

1次変換 $\begin{pmatrix} x' \\ y' \end{pmatrix} = \begin{pmatrix} a & b \\ c & d \end{pmatrix} \begin{pmatrix} x \\ y \end{pmatrix}$

(ただし a, b, c, d は整数，$ad - bc = 1$)

(i) この変換によって，△DEF の内部，

周，外部はそれぞれ △D'E'F' の内部，周，外部に移る．

(ii) $(x,\ y)$ が格子点ならば $(x',\ y')$ も格子点である．逆に $(x',\ y')$ が格子点ならば $(x,\ y)$ も格子点である．

　これらのうち(i)は，1次変換により同じ直線上の線分の比は変らないことから明らかなので省略してもよいであろう．くわしいことは研究へ回す．

　ここの証明の中核は(ii)である．

$$\begin{pmatrix} x' \\ y' \end{pmatrix} = \begin{pmatrix} a & b \\ c & d \end{pmatrix} \begin{pmatrix} x \\ y \end{pmatrix} = \begin{pmatrix} ax + by \\ cx + dy \end{pmatrix}$$

　a, b, c, d は整数であるから，$(x,\ y)$ が格子点ならば $(x',\ y')$ も格子点である．

　逆に，$ad - bc = 1$ を用いて，逆行列を求めれば

$$\begin{pmatrix} x \\ y \end{pmatrix} = \begin{pmatrix} d & -b \\ -c & a \end{pmatrix} \begin{pmatrix} x' \\ y' \end{pmatrix} = \begin{pmatrix} dx' - by' \\ -cx' + ay' \end{pmatrix}$$

よって $(x',\ y')$ が格子点ならば $(x,\ y)$ も格子点である．

　以上によって △DEF と △D'E'F' の内部の格子点は1対1に対応することが明らかにされた．したがって，格子点の数は等しい．

　　　　　×　　　　　　　×

研究3——1次変換と線分の比

　2点 $\mathrm{A}(\vec{x_1})$, $\mathrm{B}(\vec{x_2})$ を結ぶ線分を $m : n\ (m + n = 1)$ に分ける点を $\mathrm{P}(\vec{x})$ とすると

$$\vec{x} = n\vec{x_1} + m\vec{x_2}$$

これに1次変換 $\vec{y} = M\vec{x}$ を行うと

$$M\vec{x} = M(n\vec{x_1} + m\vec{x_2})$$
$$= nM\vec{x_1} + mM\vec{x_2}$$

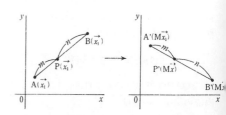

ABを $m:n$ に分ける点Pは，A′B′を $m:n$ に分ける点に P′ に移る．

研究4 —— 1次変換と3角形

上の定理を用いると，△DEF の内部，周，外部はそれぞれ △D′E′F′ の内部，周，外部に移ることが明らかになる．その理由は次の図で理解されたい．

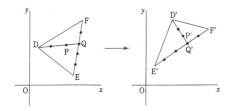

(3)の解き方と研究

(3)の解き方の要点は，△OPQ を内部の格子点を数え易い3角形に変えることにある．1次変換により原点Oは動かないから，移すのはP と Q である．

$\qquad$ P を x 軸上の点 P′(?, 0) へ

$\qquad$ Q を y 軸上の点 Q′(0, ?) へ

移すことに成功すれば目的が達せられる．

P′ の座標は $\begin{pmatrix} a & b \\ c & d \end{pmatrix}\begin{pmatrix} 24 \\ 12 \end{pmatrix} = 12\begin{pmatrix} 2a+b \\ 2c+d \end{pmatrix}$

Q′ の座標は $\begin{pmatrix} a & b \\ c & d \end{pmatrix}\begin{pmatrix} 18 \\ 18 \end{pmatrix} = 18\begin{pmatrix} a+b \\ c+d \end{pmatrix}$

P′ が x 軸にあるためには

$\qquad 2c+d=0 \quad \therefore \quad d=-2c$

Q′ が y 軸にあるためには

$\qquad a+b=0 \quad \therefore \quad b=-a$

これらの2条件を $ad-bc=1$ に代入して

$\qquad ac=-1$

よって，これを満たす整数のうち簡単なもの $a=1,\ c=-1$ を選べば $b=-1,\ d=2$

$\qquad \therefore \quad M=\begin{pmatrix} 1 & -1 \\ -1 & 2 \end{pmatrix}$

P′ の座標は $12\begin{pmatrix} 2-1 \\ -2+2 \end{pmatrix} = \begin{pmatrix} 12 \\ 0 \end{pmatrix}$

Q′ の座標は $18\begin{pmatrix} 1-1 \\ -1+2 \end{pmatrix} = \begin{pmatrix} 0 \\ 18 \end{pmatrix}$

△OPQ の内部の格子点の数を求めるには点 R′(12, 18) を補って □OP′R′Q′ の助けをかりる．

□OP′R′Q′ の内部の格子点の数は

$$11\times 17=187$$

線分 P′Q′ の内部の格子点は，直線 P′Q′ の方程式 $y=18-\dfrac{3}{2}x$ の整数解から求められる．

x は2の倍数で，かつ $0<x<12$ の範囲にあることから

$$x=2,\ 4,\ 6,\ 8,\ 10$$

これに対応する5点が線分 P′Q′ の内部の格子点である．

よって △OP′Q′ の内部の格子点の数は

$$\frac{187-5}{2}=91$$

これは △OPQ の内部の格子点の数に等しい．

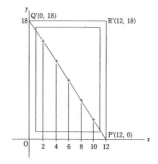

母数変換について

研究5 —— 母数変換の群

1次変換 $\begin{pmatrix} x' \\ y' \end{pmatrix} = \begin{pmatrix} a & b \\ c & d \end{pmatrix}\begin{pmatrix} x \\ y \end{pmatrix}$

は，$a,\ b,\ c,\ d$ が整数で，$ad-bc=\pm 1$ であるとき**母数変換**という．とくに

$\qquad ad-bc=1$ のときは**正の母数変換**

$\qquad ad-bc=-1$ のときは**負の母数変換**

と呼ぶことにする．

母数変換によって格子点は必ず格子点に移る.

> **例題2**　次のことを証明せよ.
> (1)　母数変換の集合は合成に関して群をなす.
> (2)　正の母数変換の集合は(1)の群の部分群をなす.

(1)の証明

母数変換を表す2次の行列について, 次の4条件を証明したのでよい.

(i)　単位元がある.

(ii)　任意の元 $\begin{pmatrix} a & b \\ c & d \end{pmatrix}$, $ad-bc=\pm1$ に

対応して逆元

$$\begin{pmatrix} d & -b \\ -c & a \end{pmatrix}, \quad ad-(-b)\cdot(-c)=\pm1$$

がある.

(iii)　2つの元 $\begin{pmatrix} a & b \\ c & d \end{pmatrix}$, $\begin{pmatrix} a' & b' \\ c' & d' \end{pmatrix}$ の積

を $\begin{pmatrix} p & q \\ r & s \end{pmatrix}$ とするとき, これが元となっている.

$$\begin{pmatrix} p & q \\ r & s \end{pmatrix}=\begin{pmatrix} aa'+bc' & ab'+bd' \\ ca'+dc' & cb'+dd' \end{pmatrix}$$

$ps-qr=(aa'+bc')(cb'+dd')$
$\qquad\qquad -(ab'+bd')(ca'+dc')$
$\qquad = aa'dd'+bc'cb'-ab'dc'-bd'ca'$
$\qquad = (ad-bc)(a'd'-b'c')$

よって　$ad-bc=\pm1$, $a'd'-b'c'=\pm1$ のとき $ps-qr=\pm1$ となる.

(iv)　結合法則が成り立つ. これは, 行列の積が結合法則を満たし, さらに(iii)が成り立つことから容易にわかる.

(2)の証明は略す.

> **例題3**　正の母数変換によって格子点 (x, y) が格子点 (x', y') に移ったとする. このとき x と y が互いに素ならば x' と y' も互いに素であることを示せ.

> **(解き方)**

$$\begin{pmatrix} x' \\ y' \end{pmatrix}=\begin{pmatrix} a & b \\ c & d \end{pmatrix}\begin{pmatrix} x \\ y \end{pmatrix}, \quad ad-bc=1$$

とすると

$$\begin{pmatrix} x \\ y \end{pmatrix}=\begin{pmatrix} d & -b \\ -c & a \end{pmatrix}\begin{pmatrix} x' \\ y' \end{pmatrix}$$

$\therefore\ x=dx'-by', \ y=-cx'+ay'$

x' と y' の最大公約数を k とし, $x'=uk$, $y'=vk$ とおけば

$x=(du-bv)k, \ y=(-cu+av)k$

k は x, y の公約数になる. ところが仮定により x と y は互いに素であるから $k=1$, したがって x' と y' も互いに素である.

> **例題4**　点 $(3, 5)$ を点 $(7, 4)$ に移す正の母数変換があるなら, それを表す行列を求めよ.

> **(解き方)**　次の等式を満たす整数 a, b, c, d を求めればよい.

$$\begin{pmatrix} 7 \\ 4 \end{pmatrix}=\begin{pmatrix} a & b \\ c & d \end{pmatrix}\begin{pmatrix} 3 \\ 5 \end{pmatrix}, \quad ad-bc=1$$

$3a+5b=7 \qquad\qquad ①$
$3c+5d=4 \qquad\qquad ②$

①と②の整数解を別々に求める. ①は1組 $(-1, 2)$ を用いて解くと

$a=5s-1, \ b=-3s+2 \qquad ③$

②は1組の解 $(3, -1)$ を用いて解くと

$c=5t+3, \ d=-3t-1 \qquad ④$

これらの解を $ad-bc=1$ に代入し, 簡単にすれば

$$4s-7t=6$$

s, t は整数であるから, この方程式の整数解を求める. 解の1組 $(12, 6)$ を用いて解くと

$$s=7k+12, \ t=4k+6$$

これらを③と④に代入して求める行列は

$$\begin{pmatrix} a & b \\ c & d \end{pmatrix}=\begin{pmatrix} 35k+59 & -21k-34 \\ 20k+33 & -12k-19 \end{pmatrix}$$

（k は任意の整数）

ピタゴラス角の話

ピタゴラス角とは何か

直角3角形のうち3辺の比が整数で表されるものが**ピタゴラス3角形**で，その比が

$$3:4:5 \qquad 5:12:13$$

のものは中学生でも常識であろう．

ピタゴラス3角形の鋭角には特に呼び名がないが，これから度々用いるので呼び名がほしい．名なしのゴン平では品性を欠く，せんえつながら筆者が名付けの親を買って出て，**ピタゴラス角**の名を贈る．どうぞ，今後ともよろしく，といいたいところか．

ピタゴラス角にはどんな特徴があるだろうか．この問に答えようというのが今回の目標である．とはいっても「どんな特徴が？」では目標がさだかでなかろう．

角というのは円周率 π を単位として測る．角 π は1周の半分で，具象的には明白であるが，π 自信は無理数のなかでも，とくに個性の強い，超越数と称すもので，日常的ないい方をすればひねくれ者である．

このひねくれ者の無理数も文字 π で表してしまうと，いたっておとなしく，親しみやすい単位に変るから不思議である．これこそ，記号化の妙というものであろう．

$$\times \qquad\qquad \times$$

π は角の単位をカン詰にしたようなもの，中味を気にせず取り扱うことにすれば，角は次の2種に大別される．

$$\pi\times\text{有理数} \qquad \pi\times\text{無理数}$$

1周は 2π であるから，今後のことを考慮すると，π よりも 2π の方が都合よい．これによればピタゴラス角はどんな角かという問は，次のどちらの角かという問に変る．

$$2\pi\times\text{有理数} \qquad 2\pi\times\text{無理数}$$

実例に当って見よ．実例こそは数学を生み出す母体である．

$\dfrac{\pi}{6}$，$\dfrac{\pi}{3}$，$\dfrac{\pi}{4}$ などは，いずれも 2π の有理数倍であるが直角3角形でみるとピタゴラス3角形ではない．

念のため $\dfrac{\pi}{12}$ に対す直角3角形も求めてみよ．ごらんのように3辺の比は魅力的な無理数で表される．

これらの実例から「$2\pi\times$有理数」の角はピタゴラス角ではなさそうなこと，さらにピタゴラス角は「$2\pi\times$無理数」になるのではないかといった予想が頭に浮んでくる．これを確かめるのが次の課題である．

その道はいろいろ考えられるが，ここでは方眼紙を用意し，格子点に頼ってみる．

ピタゴラス角の回転と格子点

予備知識として，ピタゴラス角の回転を繰り返したとき，格子点はどのような点に移るかを探ってみる．

数学者はとかく一般論にこだわるが，一般論必ずしも学び易いわけではない．実例で学び，さらに一般化を楽しむという，優れた教育的手法も捨てがたい．この場合，実例は簡単で，し

かも, 一般化に向いたものがよい. このような
実例は, シミュレーションにならい**モデル**と呼
ぶことにしよう.

×　　　　　　×

ピタゴラス角のモデルとして,
3 辺の比が 3：4：5 の直角 3 角
形の 4 に対応する角 θ を選んで
みる.

原点を中心とする角 θ の回転
によって, 点 A_0 (x_0, y_0) が点
A_1 (x_1, y_1) に移ったとすると

$$
\begin{cases}
x_1 = x_0\cos\theta - y_0\sin\theta = \dfrac{3}{5}x_0 - \dfrac{4}{5}y_0 \\
y_1 = x_0\sin\theta + y_0\cos\theta = \dfrac{4}{5}x_0 + \dfrac{3}{5}y_0
\end{cases}
$$

この回転の式の x_0, y_0 の係数は 5 を分母とす
る分数であるから, x_0, y_0 を 5 の倍数に選べば,
x_1, y_1 は整数になる. つまり, 格子点 A_0 は格
子点 A_1 に移る.

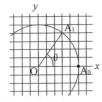

たとえば A_0 を x 軸上の点 $(5, 0)$ に選んだ
とすると

$$x_1 = 3$$
$$y_1 = 4$$

となって A_1 $(3, 4)$ に移る.

角 θ の回転は何回行う場合でも, 有限回であ
る限り, 格子点を次々と格子点に移す例を作る
ことが可能である. それをはっきりさせるには
回転を行列で表しておくのがよい.

先の回転の式を行列で表すと

$$
\begin{pmatrix} x_1 \\ y_1 \end{pmatrix} = F \begin{pmatrix} x_0 \\ y_0 \end{pmatrix} = \frac{1}{5} \begin{pmatrix} 3 & -4 \\ 4 & 3 \end{pmatrix} \begin{pmatrix} x_0 \\ y_0 \end{pmatrix}
$$

回転 F を 2 度行ったとすると

$$
\begin{pmatrix} x_2 \\ y_2 \end{pmatrix} = F^2 \begin{pmatrix} x_0 \\ y_0 \end{pmatrix} = \frac{1}{5^2} \begin{pmatrix} 3 & -4 \\ 4 & 3 \end{pmatrix}^2 \begin{pmatrix} x_0 \\ y_0 \end{pmatrix}
$$

この場合は A_0 の座標を $(5^2, 0)$ に選ぶと

$$
\begin{pmatrix} x_1 \\ y_1 \end{pmatrix} = \frac{1}{5} \begin{pmatrix} 3 & -4 \\ 4 & 3 \end{pmatrix} \begin{pmatrix} 5^2 \\ 0 \end{pmatrix} = \begin{pmatrix} 15 \\ 20 \end{pmatrix}
$$

$$
\begin{pmatrix} x_2 \\ y_2 \end{pmatrix} = \frac{1}{5^2} \begin{pmatrix} 3 & -4 \\ 4 & 3 \end{pmatrix}^2 \begin{pmatrix} 5^2 \\ 0 \end{pmatrix}
$$

$$
= \begin{pmatrix} -7 & -24 \\ 24 & -7 \end{pmatrix} \begin{pmatrix} 1 \\ 0 \end{pmatrix} = \begin{pmatrix} -7 \\ 24 \end{pmatrix}
$$

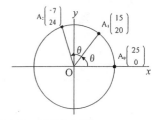

回転 F を n 回行うときは

$$
\begin{pmatrix} x_n \\ y_n \end{pmatrix} = F^n \begin{pmatrix} x_0 \\ y_0 \end{pmatrix} = \frac{1}{5^n} \begin{pmatrix} 3 & -4 \\ 4 & 3 \end{pmatrix}^n \begin{pmatrix} x_0 \\ y_0 \end{pmatrix}
$$

となるから A_0 $(5^n, 0)$ とすれば A_1, A_2, …,
A_n もすべて格子点になり, しかも, これらの点
は原点を中心とする半径 5^n の円上に並ぶ. この
事実から折れ線 $A_0A_1A_2\cdots A_n$ は円に内接する正
多角形, および星形と深いかかわりのあること
が予想されよう. そこで, 次の課題へ.

格子点を結ぶ正多角形

格子点を結んで出来る正多角形はあるだろう
か. 調べるまでもない. ある. 正方形. ロバで
も知っていそう. では, その他に？　となると
人間にも手ごわい.

正 3 角形がないことの証明は易しく高校の数
学の範囲. これを用いれば正 6 角形も存在しな
いことを証明できる.

格子点を頂点とする正 6 角形 ABCDEF があ
ったとする. 図のように対角線をひいてみよ.

4 角形 ABCO は平行 4 辺形で, 3 頂点 A,
B, C は格子点であるから残りの頂点 O も格子
点である. よって, 格子点を頂点とする正 3 角
形 ABO があることになった. これは矛盾. よ
って, 格子点を頂点とする正 6 角形はない.

×　　　　　　×

さて, それでは残りの正 5, 7, 8, 9 角形
の場合はどうであろうか. これらの正多角形では
連続した 4 頂点の両端を結ぶ対角線は中心を通ら

ず，すべてひくと縮小した正多角形が必ずできる．この共通の事実が疑問に答える手がかりになる．

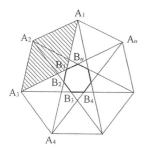

頂点がすべて格子点である

正 n 角形 $A_1 A_2 \cdots A_n$ $(n=5, 7, 8, 9, \cdots)$ があったと仮定する．

これに先に説明した作図を行って小さい正 n 角形 $B_1 B_2 \cdots B_n$ を作る．

4 角形 $A_1 A_2 A_3 B_1$ は平行 4 辺形で，しかも A_1，A_2，A_3 は格子点であるから B_1 も格子点である．同様にして B_2，B_3，$\cdots$，B_n も格子点であるから，正 n 角形 $B_1 B_2 \cdots B_n$ も頂点がすべて格子点である．

正 n 角形 $B_1 B_2 \cdots B_n$ についても同様のことを試みると，もっと小さい正 n 角形で頂点がすべて格子点のものが得られる．

これらの正 n 角形は一定の割合で縮小するから，辺の大きさは限りなく 0 に近づく．これは矛盾．なぜかというと，格子点を結ぶ線分の最小値は 1 であるから．

定理1 格子点を頂点とする正多角形は正方形に限る．

ピタゴラス角の正体

いよいよ本番，ピタゴラス角の正体を見極めるときが来た．

定理2 ピタゴラス角は $2\pi \times$（無理数）である．

証明は背理法によってみよう．

ピタゴラス角 θ のモデルとしては，いままでのものを用いる．

仮に $\theta = 2\pi \times$（有理数）であったとすると．

$$\theta = 2\pi \cdot \frac{m}{n} \quad \left(\frac{m}{n} \text{ は既約分数}\right)$$

とおくことができる．原点 O を中心とする角 θ の回転を考える．こ

の回転を n 回繰り返すと，x 軸上の格子点 A_0 $(5^n, 0)$ は，半径 5^n の円周上を

$$A_0 \to A_1 \to A_2 \to \cdots \to A_n$$

と移って行く．回転角の総和は

$$2\pi \cdot \frac{m}{n} \times n = 2\pi \cdot m$$

であるから，原点 O の周りを n 回まわって，A_n は A_0 に戻る．

移動した点を，円周上の順に結べば必ず正 n 角形が出来る．この正 n 角形の頂点は，前に明らかにしたように，すべて格子点である．

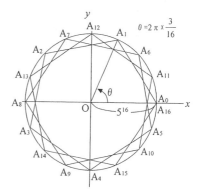

ところが格子点を頂点とする正多角形は正方形に限るから，$n=4$ でなければならない．

$$\theta = 2\pi \cdot \frac{m}{4}$$

一方，ピタゴラス角 θ は鋭角であるから

$$2\pi \cdot \frac{m}{4} < \frac{\pi}{2} \quad \therefore \quad m < 1$$

これは m が正の整数であることに反する．

以上によって

$$\theta = 2\pi \times \text{（無理数）}$$

であることが明らかにされた．

$$\times \qquad \times$$

以上の証明過程から予想できる事実を整理しておく．

定理3 点 A_0 に原点を中心とする角 θ の回転を n 回行った点を A_n とする．

(1) $\theta = 2\pi \times$（有理数）ならば点列 A_0, A_1, A_2, $\cdots$ のなかに重なるものがある．

(2) 上の逆も正しい．

---

(1)の証明

定理 2 の証明過程で済んだ．

(2)の証明

点 A_i が点 A_j $(i>j)$ に重なったとすると,$i\theta$ と $j\theta$ の差は 2π の整数倍に等しい

$$i\theta-j\theta=2m\pi \quad (m \text{ は正の整数})$$

したがって

$$\theta=2\pi\times\frac{m}{i-j}=2\pi\times(\text{有理数})$$

定理3から次の事実も明らかになる.

> **定理4** $\theta=2\pi\times(\text{無理数})$ ならば,点列 A_0, A_1, A_2, … には重なるものがなく,限りなく続く.
> この逆も正しい.

この定理におけるような点列を円周上に作りたいときは,角 θ としてピタゴラス3角形の鋭角を選べば簡単である.

ピタゴラス角の和

ピタゴラス角は $2\pi\times(\text{無理数})$ であるが,無理数の和は,無理数とは限らない.したがって,ピタゴラス角の和がピタゴラス角になる保証はない.

> **定理5** 2つのピタゴラス角の和は,次の何れかである.
> (i) ピタゴラス角
> (ii) ピタゴラス角の外角（補角）
> (iii) 直角

次の図のような,2つのピタゴラス角 α,β の和を作ってみる.

新しく作った3角形 LMN がピタゴラス3角形かどうかを知るには $\alpha+\beta$ の余弦と正弦がどんな値になるかをみればよい.

$$\cos(\alpha+\beta)=\cos\alpha\cos\beta-\sin\alpha\sin\beta$$
$$=\frac{a}{c}\cdot\frac{p}{r}-\frac{b}{c}\cdot\frac{q}{r}=\frac{ap-bq}{cr}$$
$$\sin(\alpha+\beta)=\sin\alpha\cos\beta+\cos\alpha\sin\beta$$
$$=\frac{b}{c}\cdot\frac{p}{r}+\frac{a}{c}\cdot\frac{q}{r}=\frac{bp+aq}{cr}$$

もし $ap-bq=0$ ならば $\alpha+\beta=\frac{\pi}{2}$

$ap-bq>0$ のときは,3辺の比が

$$ap-bq : bp+aq : cr$$

のピタゴラス3角形の角が $\alpha+\beta$ である.

$ap-bq<0$ のときは,3辺の比が

$$bq-ap : bp+aq : cr$$

のピタゴラス3角形の角の外角が $\alpha+\beta$ である.

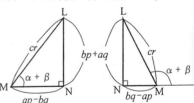

……………… 数列の極限と漸化式

小さな思い出

若い頃（今なら中学1年か），ひとり数学で遊んだのを思い出す．循環小数を分数に直すのに成功したときの喜びは今も忘れない．未知のものを x で表すことを習いはじめた頃であった．

$$0.63636363\cdots\cdots$$
$$=0.63+0.00636363\cdots\cdots$$
$$=0.63+0.01\times(0.636363\cdots\cdots)$$
$$x=0.63+0.01x$$
$$100x=63+x$$
$$x=\frac{63}{99}=\frac{7}{11}$$

こんな解き方であったろう．さっそく7を11で割り確めた．ぴったり合うので自信を深めた．

それから1，2年後，数学の本を買い，ペラペラとめくっていたら，次のような式が目に止った．

$$\sqrt{1+\sqrt{1+\sqrt{1+\cdots\cdots}}}\quad （例題1のかたち）$$

不思議な式もあるものだ，どんな数になるのか知りたいと思ったが，力不足であきらめた．そのあきらめた式を今，話題として原稿を書こうとしている．

その前に，やさしい例で遊んでみたい．無限級数の和を求める冒険である．

$$S=1+\frac{1}{2}+\frac{1}{2^2}+\frac{1}{2^3}+\cdots\cdots$$
$$=1+\frac{1}{2}\left(1+\frac{1}{2}+\frac{1}{2^2}+\frac{1}{2^3}+\cdots\cdots\right)$$

$$S=1+\frac{1}{2}S \quad \therefore \quad S=2$$

成功に気をよくし，次の冒険へ．

$$S=1+2+2^2+2^3+\cdots\cdots$$
$$=1+2(1+2+2^2+2^3+\cdots\cdots)$$
$$S=1+2S \quad \therefore \quad S=-1？$$

冒険には危険も伴う．失敗に懲りず新しい道を切り開くようでありたい．まず，失敗の原因を探れ．

第2の例では級数の和は収束しないから S は数でない．数でないものに数の計算を行うのはナンセンス．S は ∞ であるが，∞ は数でない．計算をしたければ，計算についての約束を定めなければならないが，今は触れない．

$$\times \qquad \times$$

正体のつかみにくい無限級数を，正体の分っている有限数列に立ち戻ってみると，若き日の試みは2項間の漸化式にかわる．

●第1の例

$$S_n=1+\frac{1}{2}+\frac{1}{2^2}+\cdots\cdots+\frac{1}{2^{n-1}}$$
$$=1+\frac{1}{2}\left(1+\frac{1}{2}+\frac{1}{2^2}+\cdots\cdots+\frac{1}{2^{n-2}}\right)$$
$$\therefore \quad S_n=1+\frac{1}{2}S_{n-1} \quad (S_1=1)$$

数列 $\{S_n\}$ が α に収束したとすると S_n と S_{n-1} は限りなく α に近づく．そこで，収束するしないに関係なく，$S_n=S_{n-1}=\alpha$ とおいて作った方程式

$$\alpha=1+\frac{1}{2}\alpha \quad (\alpha=2)$$

の応用を考えよう．これを漸化式からひくと

$$S_n - 2 = \frac{1}{2}(S_{n-1} - 2)$$

よって，$S_n - 2 = \frac{1}{2^{n-1}}(S_1 - 2) = -\frac{1}{2^{n-1}}$

　　$n \to \infty$ のとき $S_n \to 2$

●第2の例

$$S_n = 1 + 2 + 2^2 + \cdots\cdots + 2^{n-1}$$

第1の例と同様にして

$$S_n = 1 + 2S_{n-1} \quad (S_1 = 1)$$

$S_n = S_{n-1} = \alpha$ とおいて

$$\alpha = 1 + 2\alpha \quad (\alpha = -1)$$

2式の差をとり

$$S_n + 1 = 2(S_{n-1} + 1)$$

$$S_n + 1 = 2^{n-1}(S_1 + 1) = 2^n$$

したがって $n \to \infty$ のとき $S_n \to \infty$ となって発散である．

視覚的イメージを求めて

　思考は視覚的イメージとの共同作業ですすめられる．以上の解き方の図解を用意し，一般化への足掛かりとしよう．

●第1の例の漸化式

$$S_n = 1 + \frac{1}{2}S_{n-1} \quad (S_1 = 1)$$

は，2つの直線 $y = x$, $y = 1 + \frac{1}{2}x$ を用いて解くことができる．

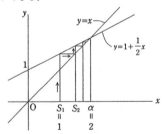

　図をみれば明らかであろう．$S_1 = 1$ から出発して矢印の順に作図を続ければ S_1, S_2, S_3, ……が順に求まり，S_n が限りなく $\alpha = 2$ を目差して近づいて行くことが分って楽しい．

●第2の例の漸化式

$$S_n = 1 + 2S_{n-1} \quad (S_1 = 1)$$

も同じこと．2直線 $y = x$, $y = 1 + 2x$ を用いればよい．

　S_n の動き方は第1の例とはまったく異なり，

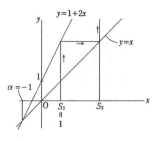

$\alpha = -1$ に背を向け限りなく遠ざかる．

　2つの例の違いが，直線の傾きによることは明らかであろう．傾きが1より小さいか大きいかによって運命が分かれる．

　念のため，傾きが1の例を挙げておく．

$$S_n = 1 + S_{n-1} \quad (S_1 = 1)$$

図解用の2直線 $y = x$, $y = 1 + x$ は平行であるから交点はなく，S_n は $S_1 = 1$ から限りなく，一定の速さで遠のく．数列 $\{S_n\}$ は等差数列で $S_n = n$ である．

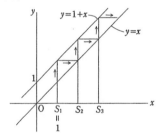

不思議な式の正体

　これからが本番．かつて好奇心の対象であった不思議な式の正体を明かそう．

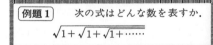

例題1　　　次の式はどんな数を表すか．
$$\sqrt{1 + \sqrt{1 + \sqrt{1 + \cdots\cdots}}}$$

　イントロで学んだ解き方が役に立つ．

　解き方1——代数に頼る方法

$$a_1 = \sqrt{1}$$

$$a_2 = \sqrt{1 + \sqrt{1}} = \sqrt{1 + a_1}$$

$$a_3 = \sqrt{1 + \sqrt{1 + \sqrt{1}}} = \sqrt{1 + a_2}$$

これらの例から一般に

$$a_n = \sqrt{1 + a_{n-1}} \quad (a_1 = 1) \qquad ①$$

となることがわかる.

前に試みたように，$a_n = a_{n-1} = \alpha$ とおいて導いた方程式

$$\alpha = \sqrt{1+\alpha} \qquad ②$$

の活用を試みたい．まず α の値を求めておこう．両辺を平方して $\alpha^2 - \alpha - 1 = 0$，$\alpha$ は正であるから

$$\alpha = \frac{1+\sqrt{5}}{2}$$

①−②から

$$a_n - \alpha = \sqrt{1+a_{n-1}} - \sqrt{1+\alpha} \qquad ③$$

$$= \frac{a_{n-1} - \alpha}{\sqrt{1+a_{n-1}} + \sqrt{1+\alpha}}$$

$$|a_n - \alpha| = \frac{|a_{n-1} - \alpha|}{\sqrt{1+a_{n-1}} + \sqrt{1+\alpha}}$$

①によると a_n はすべて正であるから，上の式の分母は2より大きい．したがって

$$|a_n - \alpha| < \frac{1}{2}|a_{n-1} - \alpha|$$

この式を繰返し用いて

$$|a_n - \alpha| < \frac{1}{2^{n-1}}|a_1 - \alpha|$$

こで $n \to \infty$ とすれば $|a_n - \alpha| \longrightarrow 0$

$$\therefore \quad a_n \to \alpha = \frac{1+\sqrt{5}}{2}$$

これが，あの奇妙な式の正体である．

× × ×

解き方2 —— 微分法による方法

上の解き方の後半に平均値の定理を用いてもよい．$f(x) = \sqrt{1+x}$ とおくと，③から

$$a_n - \alpha = f(a_{n-1}) - f(\alpha) = f'(c)(a_{n-1} - \alpha)$$

$$|a_n - \alpha| = \frac{1}{2\sqrt{1+c}}|a_{n-1} - \alpha|$$

c は a_{n-1} と α の間の数であるから正，よって

$$|a_n - \alpha| < \frac{1}{2}|a_{n-1} - \alpha|$$

これから後は解き方1と同じ．

× × ×

図解により視覚イメージを豊かにしておきたい．x が正の範囲をみると曲線 $y = \sqrt{1+x}$ の接線の傾きは

$$0 < \frac{1}{2\sqrt{1+x}} < \frac{1}{2}$$

となり1より小さい．この事実は一般化の道を開く．

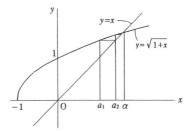

仕上げとしての定理

以上で学んだことを総括することによって次の定理が予測される．

> **定理** 数列 $\{a_n\}$ が漸化式 $a_n = f(a_{n-1})$ を満たし，α は方程式 $x = f(x)$ の実数の解とする．区間 $[\alpha - \varepsilon, \ \alpha + \varepsilon]$ において $|f'(x)| \leq k \, (k < 1)$ で，a_1 をこの区間内に選ぶとき $\{a_n\}$ は α に収束する．

証明は例題1の解き方2にならう．

平均値の定理を用いて

$$|a_n - \alpha| = |f'(c_{n-1})| \cdot |a_{n-1} - \alpha|$$

c_{n-1} は α と a_{n-1} の間の数である．

$n = 2$ とおいて

$$|a_2 - \alpha| = |f'(c_1)| \cdot |a_1 - \alpha|$$

c_1 は α と a_1 の間にあるから $|f'(c_1)| \leq k$

$$\therefore \quad |a_2 - \alpha| \leq k|a_1 - \alpha|$$

$n = 3$ とおいて

$$|a_3 - \alpha| = |f'(c_2)| \cdot |a_2 - \alpha|$$

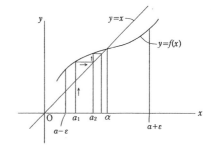

c_2 は α と a_2 の間にあるので $|f'(c_2)| \leqq k$

$\therefore \quad |a_3 - \alpha| \leqq k|a_2 - \alpha| \leqq k^2|a_1 - \alpha|$

同様にして

$$|a_n - \alpha| \leqq k^{n-1}|a_1 - \alpha|$$

$n \to \infty$ のとき $k^{n-1} \to 0$, よって

$$a_n \to \alpha$$

×   ×

例題 2　次の数列の極限値を求めよ.

$$a_n = \frac{1}{2}\left(a_{n-1} + \frac{9}{a_{n-1}}\right), \quad a_1 = 5$$

解き方—— 定理を用いる方法

$a_n = a_{n-1} = \alpha$ とおいて

$$\alpha = \frac{1}{2}\left(\alpha + \frac{9}{\alpha}\right) \quad \therefore \quad \alpha = 3$$

$$f(x) = \frac{1}{2}\left(x + \frac{9}{x}\right), \quad f'(x) = \frac{1}{2}\left(1 - \frac{9}{x^2}\right)$$

$3 \leqq x \leqq 6$ において　$0 \leqq f'(x) \leqq \dfrac{3}{8}$

$a_1 = 5$ は区間 $3 \leqq x \leqq 6$ にあるから, 定理によって

$$a_n \to 3$$

リプシッツの条件とは?

いままでに, しばしば用いて来た不等式

$$|f(b) - f(a)| \leqq k|b - a| \quad (k \text{ は定数})$$

を**リプシッツの条件**という.

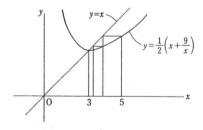

もし, 関数 $f(x)$ が微分可能で, しかも

$$|f'(x)| \leqq k \quad (k \text{ は定数})$$

ならば, 平均値の定理を用いて

$$f(b) - f(a) = f'(c)(b - a)$$

$\therefore \quad |f(b) - f(a)|$

$$= |f'(c)| \cdot |b - a| \leqq k|b - a|$$

となってリプシッツの条件をみたす.

しかし, 関数によっては微分可能でない点があっても, この条件を満たすことがある. その簡単な例は絶対値関数 $|x|$ である.

$$||b| - |a|| \leqq 1 \cdot |b - a|$$

弦 AB の傾きの絶対値が 1 以下であることを示す.

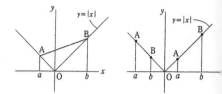

例題 3　次の不等式を証明せよ.

$$\left| \frac{b}{\sqrt{b^2+4}} - \frac{a}{\sqrt{a^2+4}} \right| \leqq \frac{1}{2}|b - a|$$

(類題　大阪教育大)

この不等式は関数

$$f(x) = \frac{x}{\sqrt{x^2+4}} \quad (-\infty < x < \infty)$$

がリプシッツの条件をみたすことを表している.

平均値の定理により

$$|f(b) - f(a)| = |f'(c)| \cdot |b - a|$$
$$(c \text{ は } a \text{ と } b \text{ の間の数})$$

$f(x)$ を微分すると

$$f'(x) = \frac{1}{\sqrt{x^2+4}} - \frac{x^2}{\sqrt{(x^2+4)^3}} = \frac{4}{\sqrt{(x^2+4)^3}}$$

$$\therefore \quad |f'(c)| = \frac{4}{\sqrt{(c^2+4)^3}} \leqq \frac{4}{\sqrt{4^3}} = \frac{1}{2}$$

よって　$|f(b) - f(a)| \leqq \dfrac{1}{2}|b - a|$

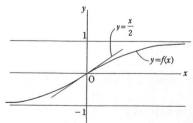

27

·············· 対数関数と不等式

この頃，大学への「とび入学」が話題になり，S大学では何人許可したといった大きな見出しが新聞の第1面に現れ始めた．この種の入学，筆者が若いころは珍しくなかった．旧制中学は5年間であったが，4年から旧制高校へ入学する者がいて，うらやましく思ったものである．終戦の頃からこの制度は姿を消し，その後は「悪しき平等主義」の教育的配慮と世論に押し流され，復活の主張があったにもかかわらず，ズルズルと延ばされ，今頃ようやく日の目を見るようになった．なんとも情けない話である．

人それぞれ個性があり，個性は多様である．生れつき美声の持ち主も音痴の主もおる．国語は嫌いだが数学が好きという人もおる．頭は自信がないが体なら負けないぞという人もいよう．個性を最大限に延ばすのが教育の使命なのに，「出る釘は打て」みたいなモットーにとらわれた人が教育界に少なくないとはかなしい．

ところで，大学入試の数学をみると「問題は高校数学の範囲から出すのだから，高校数学で解け」といったジンクスが常識になっているらしい．「範囲外の高い数学を使うと減点，採点者によっては零点」などと受験生をおどかす指導者もおるときく．これでは高校生の向学心を抑圧し，「とび入学」の精神にも反するだろう．「減点どころか，高い点を与える」ことを大学の先生方に願いたい．

     ×   ×

高校の数学には，範囲からほんのちょっと頭を出すだけで，見通しのよくなるものが少なくない．特に微積分には多い．大学の入試問題にも，そのような内容を，遠慮しながら盛ったものを見かける．

遠慮の仕方もさまざま．分解して段階をつくり，誘導するのが最も多い．ヒント付きもある．解説つきもある．これらの裏街道を読者と語りながら訪ねてみたい．

自然対数と不等式

話題の糸口として取り挙げるのは，自然数の逆数の谷間に見えかくれする自然対数の小山2つといった風情のもの．

例題1 nは正の整数，$\log$を自然対数とする．次の不等式を説明せよ．
$$\frac{1}{n+1} < \log(n+1) - \log n < \frac{1}{n}$$
(滋賀医大)

素晴しいと見るか，なんだつまらないと見るかは，人それぞれ異なる．眺め方も同じこと，小手をかざして静かに眺める人がおるかと思えば，大声ではしゃぎながら眺める人もいよう．天の橋立のように「またのぞき」を楽しむ人もおってよい．

数学の問題の解き方もこれに似ている．解き方は1つで十分という人，解き方は残らず知りたいという人．知識は食べ物とは異なり

貧欲であってよい.

　代数で解くか, 微分法によるか, 積分法によるか……対数関数のような超越関数があるときは代数では心許ない.

　　　　　×　　　　　　　　×

解き方1── 微分法による方法

　変数が正の整数では微分できないから実数にかえねばならない. そのあかしとして n を x で置きかえる. x の範囲は $x \geqq 1$ で十分.

$$\frac{1}{x+1} < \log(x+1) - \log x < \frac{1}{x}$$

$f(x) = \dfrac{1}{x} - \log(x+1) + \log x$ とおき,

$f(x)$ が正であることを示せばよいが, ここで $x = \dfrac{1}{t}$ とおきかえるというテクニックを用いる. すると,

　$0 < t \leqq 1$ のもとで, $f(t) = t - \log\left(\dfrac{1}{t}+1\right)$ $+\log\dfrac{1}{t}$ が正であることを示せばよいことになる. すると

$$f(t) = t - \log\frac{t+1}{t} - \log t$$
$$= t - \log(t+1) + \log t - \log t$$
$$= t - \log(t+1)$$

となる. 微分して

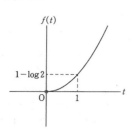

$$f'(t) = 1 - \frac{1}{t+1} = \frac{t}{t+1} > 0$$
$$\lim_{t \to +0} f(t) = 0 - \log 1 = 0$$

よって　$f(t) > 0$　∴ $f(x) > 0$

$g(x) = \log(x+1) - \log x - \dfrac{1}{x+1}$ とおき, $g(x)$ が正になることを示せばよい. 上記と

同じように $x = \dfrac{1}{t}$ とおきかえて

$$g(t) = \log\left(\frac{1}{t}+1\right) - \log\frac{1}{t} - \frac{1}{\frac{1}{t}+1}$$
$$= \log\frac{t+1}{t} + \log t - \frac{t}{1+t}$$
$$= \log(t+1) - \log t + \log t - 1 + \frac{1}{1+t}$$
$$= \log(t+1) - 1 + \frac{1}{t+1}$$

微分して

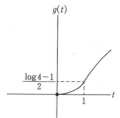

$$g'(t) = \frac{1}{t+1} - \frac{1}{(t+1)^2} = \frac{t}{(t+1)^2} > 0$$

しかも $\lim_{t \to +0} g(t) = \log 1 - 1 + 1 = 0$

よって $g(t) > 0$　∴ $g(x) > 0$

　　　　　×　　　　　　　　×

解き方2── 積分法による方法

　もとの問題に戻って, $\log(n+1) - \log n$ は $\dfrac{1}{x}$ を定積分したものから得られることに気付けば, グラフで面積を用いることが頭に浮かぶであろう.

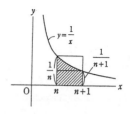

　図において斜線をひいた部分の面積は, 2つの長方形の面積の間にある. したがって

$$\frac{1}{n+1} < \int_n^{n+1} \frac{dx}{x} < \frac{1}{n}$$

$$\frac{1}{n+1}<\bigl[\log x\bigr]_{n}^{n+1}<\frac{1}{n}$$

$$\frac{1}{n+1}<\log(n+1)-\log n<\frac{1}{n}$$

見るからにスマートな解というか，エレガントな解というべきか，美しい解というべきか.

×　　　　×

解き方3—— 平均値の定理による方法

関数 $\log x$ は $x\geqq 1$ において連続で微分可

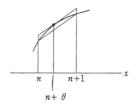

能でもあるから $x=n$, $n+1$ において平均値の定理が成り立つ. $f(x)=\log x$ とおくと

$$f(n+1)-f(n)=f'(n+\theta)(n+1-n)$$

よって

$$\log(n+1)-\log n=\frac{1}{n+\theta}$$

左辺は弦の傾きで，右辺は点 $n+\theta$ における接線の傾きである.

$1>\theta>0$ であることから　$n+1>n+\theta>n$

$$\therefore\quad \frac{1}{n+1}<\log(n+1)-\log n<\frac{1}{n}$$

例題1を拡張させたような問題に一歩踏み込んでみる.

例題2 n は2以上の整数で

$$S_n=1+\frac{1}{2}+\frac{1}{3}+\cdots+\frac{1}{n}$$

とする. このとき次の不等式を証明せよ.

$$\log(n+1)<S_n<1+\log n$$

（滋賀医大）

---

n を x で置きかえて関数 S_x を考えるのは無理なので微分法の応用には馴染まない. 積分法の応用には最適といった感じ.

解き方1—— 積分法を用いる方法

例題1の解き方2に倣う.

図の斜線をひいた部分の面積とその外部にはみ出す長方形の面積の和をくらべてみよ.

$$\int_{1}^{n+1}\frac{1}{x}dx<S_n\quad\therefore\quad \log(n+1)<S_n$$

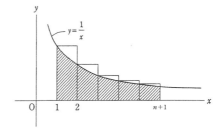

同様に，斜線をひいた部分とその内部に含まれる長方形の面積の和をくらべてみよ.

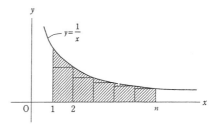

$$S_n-1<\int_{1}^{n}\frac{1}{x}dx\quad\therefore\quad S_n<1+\log n$$

×　　　　×

解き方2—— 例題を用いる方法

例題1の不等式の n を 1, 2, $\cdots$, $n-1$, n で置きかえると，

$$\frac{1}{2}<\log 2<1$$

$$\frac{1}{3}<\log 3-\log 2<\frac{1}{2}$$

$$\cdots\cdots\cdots\cdots\cdots\cdots\cdots\cdots$$

$$\cdots\cdots\cdots\cdots\cdots\cdots\cdots\cdots$$

$$\frac{1}{n}<\log n-\log(n-1)<\frac{1}{n-1}$$

$$\frac{1}{n+1}<\log(n+1)-\log n<\frac{1}{n}$$

最後の式を除き，はじめの $n-1$ 個の不等式を加えると　$S_n-1<\log n$

∴ $S_n < 1 + \log n$

次に，すべての不等式を加えると

$\log(n+1) < S_n$

極限値の存在定理

極限値の存在と求めることとは車の両輪のようなもの．存在を確認したあとでないと値の求められないことがあるが，ときには存在を確認はしたものの値は容易に求まらないということもある．

例題 3 a_n が次の式で与えられているとき $\lim_{n\to\infty} a_n$ が存在することを示せ．

$$a_n = 1 + \frac{1}{2} + \frac{1}{3} + \cdots + \frac{1}{n} - \log n$$

高校の数学では，極限値を求める問題が大部分で，このように極限値の存在を証明するものは殆どない．存在に関する定理がないから当然である．存在定理には高校向きのやさしいものがあるのに，残念ながら教科書にはない．

次の存在定理は証明しようとすれば容易でないが，直観的には自明といった感じ．

定理 数列は単調増加で，上に有界ならば収束する．

数列は単調減少で，下に有界ならば収束する．

上に有界というのは，「これより大きくなるべからず」と上の方に立ちはだかる数があること．数列を $\{a_n\}$ とすると，つねに

$$a_n \leq b$$

が成り立つような定数 b があることで，b のような定数を**上界**という．

このような状況では，数列が収束せざるを得ないと思うのは常識であろう．

減少の場合についても同様である．

解き方——存在定理による方法

例題 2 によると，つねに

$$a_n = S_n - \log n > 0$$

であるから，数列 $\{a_n\}$ は下に有界である．したがって定理を用いるには，減少であることを示せばよい．それには $a_n > a_{n+1}$ を示せばよいが，例題 1 によって

$$a_n - a_{n+1} = \log(n+1) - \log n - \frac{1}{n+1} > 0$$

は明らか．

×   ×

以上により数列 $\{a_n\}$ が収束することは分かったが，残念ながらどんな数に収束するかは分らない．その極限値を求めるのは難しく，ここでは割愛せざるを得ない．求めた値を示せば

$$\gamma = 0.577215664901\cdots$$

で，**オイラーの定数**と称し，有名である．

無限級数の和と定積分

「モノは使いよう」というが，高校生にもっとも親しみのある等比級数も工夫次第でいろいろの級数の和を求めることができる．次の入試問題がその良い例で，高校生の好奇心と向学心を誘いそうである．

例題 4 (1) 自然数 n に対して

$$S_n(x) = 1 - x + x^2 - \cdots + (-1)^n x^n$$

$$R_n(x) = \frac{1}{1+x} - S_n(x)$$

とおくとき，次の極限値を求めよ．

$$\lim_{n\to\infty} \int_0^1 R_n(x)\,dx$$

(2) (1)を利用して，無限級数の和

$$1 - \frac{1}{2} + \frac{1}{3} - \frac{1}{4} + \cdots$$

を求めよ．   (類題 札幌医大)

高校の数学にはない無限級数の和を，高校の数学で巧みに求めるよう工夫してある．範

囲外だなどと，何でも反対で存在価値を保つ野党のまねをせず，よくぞ工夫した良問と評価したいものである．

外見のいかめしさ程の難しさはなさそう．等比級数の和の公式を用い定積分の大きさを評価してみよ．定積分と絶対値の関係

$$\left| \int_a^b f(x)\,dx \right| \leqq \int_a^b |f(x)|\,dx \quad (a<b)$$

も忘れずに．

(1)の解き方

$0 \leqq x \leqq 1$ のとき

$$S_n(x) = \frac{1-(-x)^{n+1}}{1+x}$$

ゆえに

$$R_n(x) = \frac{(-x)^{n+1}}{1+x}$$

$0 \leqq x \leqq 1$ のとき

$$|R_n(x)| = \left| \frac{x^{n+1}}{1+x} \right| \leqq x^{n+1}$$

$$\left| \int_0^1 R_n(x)\,dx \right| \leqq \int_0^1 |R_n(x)|\,dx$$

$$\leqq \int_0^1 x^{n+1} dx = \frac{1}{n+2}$$

ここで $n\to\infty$ とすると $\dfrac{1}{n+2} \to 0$，よって

$$\left| \int_0^1 R_n(x)\,dx \right| \to 0$$

$$\therefore \quad \int_0^1 R_n(x)\,dx \to 0 \qquad ①$$

(2)の解き方

$$S_n(x) = \frac{1}{1+x} - R_n(x)$$

両辺の定積分をとると

$$\int_0^1 S_n(x)\,dx = \int_0^1 \frac{dx}{1+x} - \int_0^1 R_n(x)\,dx \quad ②$$

定積分を求めると

$$\int_0^1 \frac{dx}{1+x} = \left[\log(1+x) \right]_0^1 = \log 2$$

$$\int_0^1 S_n(x)\,dx = \left[x - \frac{x^2}{2} + \frac{x^3}{3} - \cdots \right.$$

$$\left. + \frac{(-1)^n}{n+1} x^{n+1} \right]_0^1$$

$$= 1 - \frac{1}{2} + \frac{1}{3} - \cdots + \frac{(-1)^n}{n+1}$$

②において $n\to\infty$ とすると

$$右辺 \to \log 2 - 0 = \log 2$$

よって　左辺 $\to \log 2$

すなわち

$$1 - \frac{1}{2} + \frac{1}{3} - \frac{1}{4} + \cdots = \log 2$$

テーラーの展開で見なおす

いくつかの問題をバラバラに解いて来た．植木屋が切り落した枝がちらばっている．ここで，ひと休み．もとの木を思い出して見よう．幹と枝との見事な調和が目に浮かぶであろう．

以上の問題を支えているのは対数関数

$$\log(1+x)$$

の展開式らしいことが想像される．そこで，この関数が

$$\log(1+x) = a_0 + a_1 x + a_2 x^2 + \cdots$$

と展開されたものと考え，未定係数 a_0，a_1，a_2，…を求めてみる．

$x=0$ とおいて　$a_0 = 0$

両辺を微分してみよ．

$$\frac{1}{1+x} = a_1 + 2a_2 x + 3a_3 x^2 + 4a_4 x^3 + \cdots$$

ここで，$x=0$ とおくと　$a_1 = 1$

さらに微分して

$$-\frac{1}{(1+x)^2} = 2a_2 + 6a_3 x + 12a_4 x^2 + \cdots$$

ここで $x=0$ とおくと　$a_2 = -\dfrac{1}{2}$

さらに微分して

$$\frac{2}{(1+x)^3} = 6a_3 + 24a_4 x + \cdots$$

ここで $x=0$ とおくと　$a_3 = \dfrac{1}{3}$

これだけあれば，この先は予想がつく．

$$\log(1+x) = x - \frac{x^2}{2} + \frac{x^3}{3} - \frac{x^4}{4} + \cdots \qquad ③$$

$$\times \qquad\qquad \times$$

無限級数は，やたらに微分するな，やたらに積分するな，といった「べからず主義」に

拘束されていたのでは意欲がそがれ冒険もできない．③の展開式は冒険から生れたものである．

　もちろん，冒険には危険も伴う．若し，ヘンなことに出会ったら，原因をさぐればよい．先人の遺産に頼るのもよかろう．展開式③の収束条件が $-1<x\leqq1$ であることは知られている．証明を学ぶのは後に回し，応用を楽しむことをすすめたい．

×　　　　　　　×

　③は $x=1$ のとき収束するから，この値を代入して

$$\log2=1-\frac{1}{2}+\frac{1}{3}-\frac{1}{4}+\cdots \qquad ④$$

これは例題4の(2)と同じもの．

　一方③は $x=-1$ で発散するから

$$1+\frac{1}{2}+\frac{1}{3}+\frac{1}{4}+\cdots$$

は限りなく大きくなる．大きくなるスピードはいたって遅いが…．この部分和を

$$S_n=1+\frac{1}{2}+\frac{1}{3}+\cdots+\frac{1}{n}$$

さらに　　　$L_n=\log n$

とおくと，数列 $\{S_n\}$ と $\{L_n\}$ とは，共に単調増加であるが，数列 $\{S_n-L_n\}$ は例題3によると単調減少で，一定の正の数

$$\gamma=0.577215664901\cdots$$

に収束する．

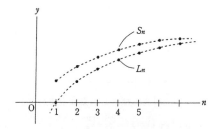

　つまり，n の増加に伴って，L_n は S_n に次第に近づくが，一定の距離 γ 以下になることはない．「3尺下がって師の影を踏まず」と

いったところか．ああ礼節の時代は遠くなにけり．昔の先生は幸福であった．

最後に練習問題を1つ

　$\log(1+x)$ の展開式に直結する問題を1補って終る．

問題　$\log$ は自然対数である．$x>0$ のとき次の不等式を証明せよ．

$$x-\frac{x^2}{2}<\log(1+x)<x-\frac{x^2}{2}+\frac{x^3}{3}$$

　創作の源が $\log(1+x)$ の展開式らしいとは容易に推測できる．

　証明は微分法によるのが無難であろう．

28

.... 指数関数と不等式

入試問題を見ていると創作のルーツの気になるものがある。ルーツを知ってみればナルホドと思い、さらに目をこらして見ると視界がパッと開け、見通しがよくなるのは楽しい。

高校の微積分にはいろいろの関数があるが、小柄で端正な点で指数関数

$$y = e^x$$

に優るものはなかろう。

この関数は微分しても変らない。そこで、当然、微分の逆操作である積分でも変らない。こんな関数はほかにはない。まさかと思うなら、関数 $y = f(x)$ が $y' = y$ を満たすとして、この微分方程式を解いてみよ。

$$\frac{y'}{y} = 1, \quad \int \frac{y'}{y} dy = \int dx$$

$$\log y = x + c, \quad y = e^{x+c}$$

$e^c = k$ とおくと

$$y = ke^x \quad (k \text{ は定数})$$

定数 k がついたが、これは微分の性質上やむを得ない。$x = 0$ のとき $y = 1$ となるものを選べば e^x となる。

私は e^x を見ると、なぜか三葉虫が頭に浮かぶ。海底にじっと住みついて何億年も変らず原始の姿を今に残すその頑固さに親愛の情を抱くからであろうか。

e^x はその展開式も見事である。

$$e^x = 1 + \frac{x}{1!} + \frac{x^2}{2!} + \frac{x^3}{3!} + \cdots$$

テーラー展開の元祖のような形は、ひと度、接すれば忘れることがなかろう。x が任意の実数でよいため、収束や発散を気にせず、気楽に付き合える。x の値として虚数を許すと不思議な世界が見えてくるが、その話は他日にゆずり、入試の現実に立ち戻りたい。

上の展開式を見ていると、なんとなく入試問題などを作りたくなるのも不思議。

良問あり楽しからずや

説明を待つまでもなく出題のタネは明白であろう。

例題 1 $x \geqq 0$ のとき

$$e^x \geqq 1 + x + \frac{x^2}{2}$$

であることを示せ。　　　　(北大)

テーラーの展開でも用いない限り、証明は微分法の応用に限るであろう。

解き方—— 微分法を用いる方法

$$F(x) = e^x - \left(1 + x + \frac{x^2}{2}\right) \quad (x \geqq 0)$$

$F(x)$ の変化からその符号を読みとる。

$$F'(x) = e^x - (1 + x)$$

$$F''(x) = e^x - 1$$

$F''(x) \geqq 0$ であるから $F'(x)$ は増加、これと $F'(0) = 0$ とから $F'(x) \geqq 0$

$F'(x) \geqq 0$ から $F(x)$ は増加、これと $F(0) = 0$ とから $F(x) \geqq 0$

次の4つの関数の関係をグラフで再認識しておきたいもの。

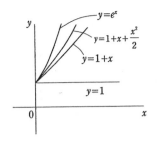

$y=1$

$y=1+x$

$y=1+x+\dfrac{x^2}{2}$

$y=e^x$

例題2 $x\geqq0$ であるとき
$$e^x\geqq1+x+\dfrac{x^2}{2!}+\cdots+\dfrac{x^n}{n!}$$
であることを示せ.

解き方1──例題1の解き方にならう.

$$F(x)=e^x-\left(1+x+\dfrac{x^2}{2!}+\cdots+\dfrac{x^n}{n!}\right)$$

$$F'(x)=e^x-\left(1+x+\dfrac{x^2}{2!}+\cdots+\dfrac{x^{n-1}}{(n-1)!}\right)$$

⋯⋯⋯⋯⋯⋯⋯⋯⋯⋯⋯

⋯⋯⋯⋯⋯⋯⋯⋯⋯⋯⋯

$$F^{(n-1)}(x)=e^x-(1+x)$$

$$F^{(n)}(x)=e^x-1$$

例題1の解き方にならって, 下から上へ順に

$$F^{(n)}(x)\geqq0\to F^{(n-1)}(x)\geqq0\to\cdots\cdots$$
$$\cdots\to F'(x)\geqq0\to F(x)\geqq0$$

というように戻ればよい.

　　　　　×　　　　　　　　×

　しかし, これでは余りにも芸がなさ過ぎよう. $F(x)$ の符号を一気呵成に知る方法を考えてみたい.

解き方2

$$f(x)=1+x+\dfrac{x^2}{2!}+\cdots+\dfrac{x^n}{n!}$$

とおき $e^x-f(x)$ が非負であることを示せばよい. ところが, この式は

$$\{1-f(x)e^{-x}\}e^x$$

と書きかえられるから $1-f(x)e^{-x}$ が非負であることを示せばよい. なぜ, こんな変形するかは, この後ですぐ分る. さて

$$F(x)=1-f(x)e^{-x}$$

とおいて微分してみよ.

$$F'(x)=\{f(x)-f'(x)\}e^{-x}$$

ところが

$$f'(x)=1+x+\dfrac{x^2}{2!}+\cdots+\dfrac{x^{n-1}}{(n-1)!}$$

であるから

$$f(x)-f'(x)=\dfrac{x^n}{n!}$$

よって

$$F'(x)=\dfrac{x^n}{n!}e^{-x}\geqq0\quad(x\geqq0)$$

この式と $F(0)=0$ とから $F(x)\geqq0$
よって $e^x\geqq f(x)$ が示された.

　　　　　×　　　　　　　　×

　以上のアイデアの源は e^x, e^{-x} の導関数 e^x, $-e^{-x}$ となることにある. $f(x)$ を任意の関数とするとき

$$\{f(x)e^x\}'=\{f'(x)+f(x)\}e^x$$
$$\{f(x)e^{-x}\}'=\{f'(x)-f(x)\}e^{-x}$$

こんな式が成り立つことは頭のスミに残しておけば役に立つときがあろう.

一歩進化させた良問

　姉がテレビに出れば妹もその気になる. 試験問題も似たようなもので, 例題1や2が出ると, 1, 2年後には次のような例題が姿を現すとみて大きくるいはない.

例題3　$f_0(x)=1$, $f_1(x)=1-x$, $\cdots$,
$$f_n(x)=1-x+\dfrac{x^2}{2!}-\dfrac{x^3}{3!}+\cdots$$
$$+\dfrac{(-1)^nx^n}{n!}$$

とおく. このとき, 次のことを示せ.

(1)　$n\geqq1$ のとき $f'_n(x)=-f_{n-1}(x)$

(2)　$x\geqq0$ とするとき, n が偶数なら

$f_n(x) \geqq e^{-x}$, 奇数 なら $f_n(x) \leqq e^{-x}$ が成立する.

(3)　n が奇数のとき, $f_n(x)=0$ は $x \geqq 0$ の範囲でただ1つの解をもつ.

（名古屋大）

(1)は例題2と同様で簡単.

(3)は $f_n(0)=1>0$ で, $x \to \infty$ のとき $f_n(x) \to -\infty$ となることから自明に近い.

(2)の解き方──例題2にならう.

$f_n(x)-e^{-x}$ の符号をみればよい. ところが, この式は $\{f_n(x)e^x-1\}e^{-x}$ と書きかえられるから $\{\ \}$ の中の式の符号を調べればよい. そこで

$$F_n(x)=f_n(x)e^x-1$$

とおいて, 微分する.

$$
\begin{aligned}
F'_n(x) &= \{f_n(x)+f'_n(x)\}e^x \\
&= \{f_n(x)-f_{n-1}(x)\}e^x \\
&= \frac{(-1)^n x^n}{n!}e^x
\end{aligned}
$$

仮定により $x \geqq 0$ であるから, n が偶数のとき $F'_n(x) \geqq 0$, これと $F(0)=0$ とから $F(x) \geqq 0$, よって

$$f_n(x) \geqq e^{-x}$$

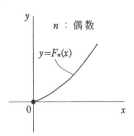

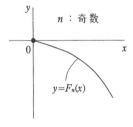

n が奇数のとき $F'_n(x) \leqq 0$, これと $F_n(0)=0$ とから $F_n(x) \leqq 0$, よって

$$f_n(x) \leqq e^{-x}$$

珍しい良問あり

食べものなら珍味といったところか.

例題4　自然数 n に対して関数 $f_n(x)$, $F_n(x)$ を次のように定める.

$$f_n(x)=x^n e^{-x}, \quad F_n(x)=\int_0^x f_n(t)\,dt$$

(1)　$0 \leqq x \leqq 1$ のとき $0 \leqq f_n(x) \leqq e^{-1}$ が成り立つことを示せ.

(2)　$\displaystyle \lim_{n \to \infty} \frac{F_n(1)}{n!}=0$ を示せ.

(3)　(2)を用いて

$$e=1+1+\frac{1}{2!}+\frac{1}{3!}+\cdots+\frac{1}{n!}+\cdots\cdots$$

を示せ.

（名古屋市大医学部）

解き方

(1)　$f'_n(x)=x^{n-1}e^{-x}(n-x) \geqq 0$

よって $f_n(x)$ は $0 \leqq x \leqq 1$ において増加であるから　$f_n(0) \leqq f_n(x) \leqq f_n(1)$, $0 \leqq f_n(x) \leqq e^{-1}$

(2)　上の結果より

$$0 \leqq \int_0^1 f_n(t)\,dt \leqq \int_0^1 e^{-1}dt$$

$$0 \leqq F_n(1) \leqq e^{-1}, \quad 0 \leqq \frac{F_n(1)}{n!} \leqq \frac{e^{-1}}{n!}$$

$n \to \infty$ のとき $\dfrac{e^{-1}}{n!} \to 0$, ゆえに $\dfrac{F_n(1)}{n!} \to 0$

(3)　$\displaystyle F_n(1)=\int_0^1 t^n e^{-t}dt$

$$= \left[-t^n e^{-t}\right]_0^1 + n\int_0^1 t^{n-1}e^{-t}dt$$

$$\therefore \quad F_n(1)=-e^{-1}+nF_{n-1}(1)$$

ただし初期値は

$$F_1(1)=-e^{-1}+\int_0^1 e^{-t}dt=1-2e^{-1}$$

上の漸化式を書きかえて

$$\frac{eF_{n-1}(1)}{(n-1)!}-\frac{eF_n(1)}{n!}=\frac{1}{n!}$$

n を 2, 3, $\cdots$, n で置きかえた式を作り,

それらを加えれば

$$eF_1(1) - \frac{eF_n(1)}{n!} = \frac{1}{2!} + \frac{1}{3!} + \cdots + \frac{1}{n!}$$

ここで $n \to \infty$ とすると

$$e(1 - 2e^{-1}) = \frac{1}{2!} + \frac{1}{3!} + \cdots + \frac{1}{n!} + \cdots$$

$$\therefore \quad e = 1 + 1 + \frac{1}{2!} + \frac{1}{3!} + \cdots + \frac{1}{n!} + \cdots$$

裏街道穴場探訪

　人の知らないことをチョッピリ知っているというのは気持いいもの．奇術のタネを知っているのに似ている．e^x の展開式の正体を明らかにしよう．

　指数関数 e^x が，次のように展開できたとして，未定の係数 a_0, a_1, a_2……の値を求めてみる．

$$e^x = a_0 + a_1 x + a_2 x^2 + a_3 x^3 + \cdots \quad ①$$

$x = 0$ とおいて $a_0 = 1$

次に微分して

$$e^x = a_1 + 2a_2 x + 3a_3 x^2 + \cdots$$

$x = 0$ とおいて $a_1 = 1$

さらに微分して

$$e^x = 2a_2 + 6a_3 x + \cdots\cdots$$

$x = 0$ とおいて $a_2 = \frac{1}{2}$

同様にして　$a_3 = \frac{1}{6}$

以後同様のことを繰り返せばどうなるかは分るはず．形を整えて示せば

$$e^x = 1 + \frac{x}{1!} + \frac{x^2}{2!} + \frac{x^3}{3!} + \cdots \quad ②$$

これは真偽の明らかでない①をもとにして導いたもので真偽が明らかでない．

　そこで，②の右辺の2次以上の項を除き，さらに等式

$$e^x = 1 + x + kx^2$$

が成り立つような k を求めることを試みる．

　そのためには奇術に近いアイデア，次の関数 $g(t)$ が必要である．

$$g(t) = e^x - e^t - e^t(x-t) - k(x-t)^2 \quad ③$$

この関数においては

$$g(0) = e^x - 1 - x - kx^2 = 0$$
$$g(x) = e^x - e^x = 0$$

しかも $g(t)$ は区間 $[0, x]$ において連続で区間 $(0, x)$ において微分可能なことは明らかゆえ，**ロルの定理**より

$$g'(\theta x) = 0 \quad (0 < \theta < 1)$$

を満たす θ が必ずある．

　③を t について微分して

$$g'(t) = e^t(x-t) + 2k(x-t)$$
$$= 2(x-t)\left\{ k - \frac{e^t}{2} \right\}$$

したがって

$$g'(\theta x) = 2x(1-\theta)\left\{ k - \frac{e^{\theta x}}{2} \right\} = 0$$

$$\therefore \quad k = \frac{e^{\theta x}}{2}$$

ついに k が求められて

$$e^x = 1 + x + \frac{x^2}{2}e^{\theta x} \quad (0 < \theta < 1)$$

　②において3次以上の項を除き，以上と同様のことを試みれば

$$e^x = 1 + x + \frac{x^2}{2!} + \frac{x^3}{3!}e^{\theta x} \quad (0 < \theta < 1)$$

　一般に，次の式が予測できる．

$$e^x = 1 + x + \frac{x^2}{2!} + \cdots + \frac{x^n}{n!} + R_{n+1}(x)$$
$$R_{n+1}(x) = \frac{x^{n+1}}{(n+1)!}e^{\theta x} \quad (0 < \theta < 1) \quad ④$$

　極限の知識によると

$$n \to \infty \text{ のとき } \frac{x^{n+1}}{(n+1)!} \to 0$$

であるから $R_{n+1}(x) \to 0$ となるので，次の展開式が完成する．

　x がどんな実数であっても，次の展開式が成り立つ．

$$e^x = 1 + x + \frac{x^2}{2!} + \cdots + \frac{x^n}{n!} + \cdots \quad ⑤$$

　　　　×　　　　　　×

　これらの展開式を用いるならば，前の例題は信じられないほど簡単に解決される．

双曲線と積分の奇縁

日本のというよりは世界の名将東郷平八郎は「百発一中の砲百門は一発必中の砲一門に劣る」と称えて部下をはげまし，見事にバルチック艦隊を破り日本を救った．

この教訓を入試にあてはめれば「くだらない問題を百題解くことは良い問題を一題解くことに劣る」となる．似たような問題を何題も解く暇に，内容の充実した典型的問題を掘り下げて学ぶこともすすめたい．

例題 1 次の問に答えよ．

(1) $x+\sqrt{x^2-1}=t$ とおくことにより，次の不定積分を求めよ．

$$I=\int \sqrt{x^2-1}\,dx$$

(2) 曲線 $x^2-y^2=1$ 上に点 $P(p, q)$ $(p>1, q>0)$ と点 $A(1, 0)$ がある．2 直線 OA，OP とこの曲線とで囲まれる図形の面積 S を p の式で表せ．

(3) (2)における S を $\dfrac{\theta}{2}$ とおくとき，p，q を θ の式で表せ．

(秋田大，類題慶応大)

一読，内容の充実を感じよう．高校の教科書にはないと思うが，古典的微積分ではおなじみのもので，極めて行けば奥行は深い．

(1)の解き方と研究

巧妙な置き換えがヒントとして与えられて

いなかったらお手上げであろう．この先人の遺産は感謝をこめて受け入れる以外に手がない．

$$x+\sqrt{x^2-1}=t \qquad ①$$

この両辺の逆数をとり分母を有理化せよ．

$$x-\sqrt{x^2-1}=\frac{1}{t}$$

2 式を x と $\sqrt{x^2-1}$ について解いて

$$x=\frac{1}{2}\left(t+\frac{1}{t}\right), \quad \sqrt{x^2-1}=\frac{1}{2}\left(t-\frac{1}{t}\right) \qquad ②$$

置換積分になるから x を t で微分したものが必要．

$$\frac{dx}{dt}=\frac{1}{2}\left(1-\frac{1}{t^2}\right)=\frac{t^2-1}{2t^2}$$

$$\begin{aligned}
I &=\int \sqrt{x^2-1}\frac{dx}{dt}\,dt \\
&=\int \frac{t^2-1}{2t}\cdot\frac{t^2-1}{2t^2}\,dt \\
&=\int \left(\frac{t}{4}+\frac{1}{4t^3}-\frac{1}{2t}\right)dt \\
&=\frac{1}{8}\left(t^2-\frac{1}{t^2}\right)-\frac{1}{2}\log|t|+C
\end{aligned}$$

もとの変数 x に戻さねばならない．

$$\begin{aligned}
t^2-\frac{1}{t^2} &=\left(t+\frac{1}{t}\right)\left(t-\frac{1}{t}\right) \\
&=4x\sqrt{x^2-1}
\end{aligned}$$

$$\therefore\ I=\frac{1}{2}x\sqrt{x^2-1}$$
$$-\frac{1}{2}\log|x+\sqrt{x^2-1}|+C$$

予想外の結果に驚かされる．一般に微分からは，驚くほどの新しい関数が現れないが，

逆操作の積分からは奇妙な関数が現れる.

×　　　　　　×

研究 1 ――置き換えの正体を探る.

置き換え①は奇妙に見えるが,②から直角
双曲線 $x^2-y^2=1$ のパラメータ表示であるこ
とに気付く.

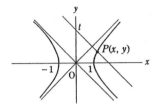

傾き -1 の漸近線に平行な直線を

$$y=t-x$$

とし,直角双曲線 $x^2-y^2=1$ との交点を求め
れば

$$x=\frac{1}{2}\Big(t+\frac{1}{t}\Big),\ \ y=\frac{1}{2}\Big(t-\frac{1}{t}\Big)$$

パラメータ t は 0 以外の任意の実数でよい.
とくに t が 1 より大きいならば,第 1 象限の
ブランチ $y=\sqrt{x^2-1}$,$(x\geqq1)$ を表す.

このパラメータ表示は応用が広い.お忘れ
なく.

直角双曲線には,このほかにもパラメータ
表示があるが,それは円のときに学ぶことに
しよう.

×　　　　　　×

研究 2 ―― 似た積分がある.

関数 $\sqrt{x^2-1}$ を含むもののうち,次の形の
ものは古くから学生に親しまれて来た.

$$x^m(\sqrt{x^2-1})^n\ \ (m,\ n は整数)$$

それらのうち簡単なものを練習問題として
挙げておく.ただし $X=x^2-1$ で,積分定数
は省いてある.

$$\int x\sqrt{X}dx=\frac{1}{3}\sqrt{X^3}$$

$$\int\frac{\sqrt{X}}{x}dx=\sqrt{X}-\tan^{-1}\sqrt{X}$$

$$\int\frac{1}{\sqrt{X}}dx=\log(x+\sqrt{X})\ \ （慶応大）$$

$$\int\frac{x}{\sqrt{X}}dx=\sqrt{X}$$

$$\int\frac{x^2}{\sqrt{X}}dx=\frac{1}{2}x\sqrt{X}+\frac{1}{2}\log(x+\sqrt{X})$$

$$\int\frac{1}{x\sqrt{X}}dx=\tan^{-1}\sqrt{X}$$

×　　　　　　×

研究 3 ――さらに似た積分がある.

方程式 $y^2-x^2=1$ も直角双曲線を表し,y
について解けば $y=\pm\sqrt{x^2+1}$ となる.

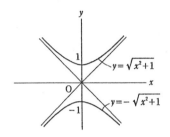

そこで,次の練習問題を追加する.ただ
し $X=x^2+1$,積分定数は省略.

$$\int\sqrt{X}dx=\frac{1}{2}\{x\sqrt{X}+\log(x+\sqrt{X})\}$$

$$\int x\sqrt{X}dx=\frac{1}{3}\sqrt{X^3}$$

$$\int\frac{\sqrt{X}}{x}dx=\sqrt{X}-\log\frac{1+\sqrt{X}}{x}$$

$$\int\frac{1}{\sqrt{X}}dx=\log(x+\sqrt{X})\ \ （慶応大）$$

$$\int\frac{1}{x\sqrt{X}}dx=-\log\frac{1+\sqrt{X}}{x}$$

(2),(3)の解き方と研究

(2)面積を求める式は図を見ながら作る.
P から x 軸に下した垂線の足を H とすれば

$$S=\triangle POH-図形 PAH$$

$$=\frac{1}{2}p\sqrt{p^2-1}-I$$

$$I=\int_1^p\sqrt{x^2-1}dx$$

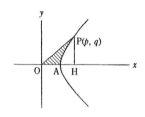

$$= \left[\frac{1}{2} x\sqrt{x^2-1} - \frac{1}{2}\log(x+\sqrt{x^2-1}) \right]_1^p$$

$$= \frac{1}{2} p\sqrt{p^2-1} - \frac{1}{2}\log(p+\sqrt{p^2-1})$$

よって　$S = \frac{1}{2}\log(p+\sqrt{p^2-1})$　$(p>1)$

(3)　ここで $S = \dfrac{\theta}{2}$ とおく.

$$\theta = \log(p+\sqrt{p^2-1})$$

これを p について解けばよい.

$$p+\sqrt{p^2-1} = e^\theta$$

移行して平方するのは素人. ベテランは両辺
の逆数を求め, 分母を有理化するだろう.

$$p-\sqrt{p^2-1} = e^{-\theta}$$

2式を p, $\sqrt{p^2-1}$ について解いて

$$p = \frac{e^\theta+e^{-\theta}}{2}$$

$$q = \sqrt{p^2-1} = \frac{e^\theta-e^{-\theta}}{2}$$

　　　×　　　　　　　×

研究 4───双曲線関数という関数.

　以上で求めた 2 つの関数

$$f(\theta) = \frac{e^\theta+e^{-\theta}}{2}, \quad g(\theta) = \frac{e^\theta-e^{-\theta}}{2}$$

は高校生にも親しみの深いもので, ときには
計算の問題として, またときには変化を調べ
る問題として現れたはず. しかし, これらの
関数を表す記号は姿を見せない.

　$f(\theta)$ は $\cosh\theta$, $g(x)$ は $\sinh\theta$ で表し, そ
れぞれ双曲線余弦, 双曲線正弦といい, まと
めて双曲線関数という.

　双曲線と縁があることは分るが, 3 角関数
とはおよそ縁がなさそう. それなのになぜ余
弦, 正弦なのか, cosh, sinh なのか. その
わけは, 後で明らかにしたい.

cosh, sinh の中の h は双曲線 hyperbolic
のイニシャルに由来することは説明するまで
もなかろう.

研究 5───双曲線関数の変化.

　双曲的余弦の変化を見たいなら, e^θ と $e^{-\theta}$
のグラフを用いるのが早道. この関数が偶関
数であることはグラフを見るまでもなく, 式
から明らかであろう.

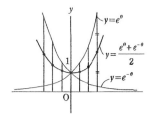

　なお, $\theta=0$ で最小値 1 を取ることは微分
してみれば明白.

$$f'(\theta) = \frac{e^\theta-e^{-\theta}}{2} = \frac{(e^\theta+1)(e^\theta-1)}{2e^\theta}$$

　双曲線正弦の変化も同様にして調べよ. こ
れは奇関数で, つねに増加するから極値を持
たない.

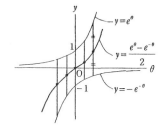

　　　×　　　　　　　×

研究 6───加法定理はどうなるか.

$$f(\alpha)f(\beta) = \frac{e^\alpha+e^{-\alpha}}{2} \cdot \frac{e^\beta+e^{-\beta}}{2}$$

$$= \frac{1}{4}(e^{\alpha+\beta}+e^{-\alpha-\beta}+e^{\alpha-\beta}+e^{\beta-\alpha})$$

$$g(\alpha)g(\beta) = \frac{e^\alpha-e^{-\alpha}}{2} \cdot \frac{e^\beta-e^{-\beta}}{2}$$

$$=\frac{1}{4}(e^{\alpha+\beta}+e^{-\alpha-\beta}-e^{\alpha-\beta}-e^{\beta-\alpha})$$

2式を加えてみよ. 次の等式が成り立つ.

$$f(\alpha+\beta)=f(\alpha)f(\beta)+g(\alpha)g(\beta)$$

同様にして

$$g(\alpha+\beta)=g(\alpha)f(\beta)+f(\alpha)g(\beta)$$

3角関数と比べやすくするため, 双曲線関数の記号にかえてみる.

$$\cosh(\alpha+\beta)=\cosh\alpha\cosh\beta+\sinh\alpha\sinh\beta$$
$$\sinh(\alpha+\beta)=\sinh\alpha\cosh\beta+\cosh\alpha\sinh\beta$$

このほかに

$$\cosh^2\theta-\sinh^2\theta=1$$

が成り立つことを確めてみよ.

×　　　　　×

研究7 —— 3角関数との比較.

以上の成果をつらつら眺めるに, 双曲線関数は3角関数に, オヤと驚くほど似ていたり, オヤと驚くほど似ていなかったり, 似て非なるものとはこのようなことか.

双曲線関数は指数関数 e^x を組合せたもの, その e^x と3角関数の関係として思い出されるのは**オイラーの等式**

$$e^{i\theta}=\cos\theta+i\sin\theta$$

である. θ の符号をかえて

$$e^{-i\theta}=\cos\theta-i\sin\theta$$

この2式から

$$\cosh i\theta=\frac{e^{i\theta}+e^{-i\theta}}{2}=\cos\theta$$

$$\sinh i\theta=\frac{e^{i\theta}-e^{-i\theta}}{2}=i\sin\theta$$

2種の関数は不思議な式で結ばれている. これらの式をガウス平面上に表してみる.

神秘のベールをはいでみれば, 意外と平凡な構図になっている.

これみな愛 (i) の仕業, 媒介役のオイラーの等式の恩も忘れがたいといった感じか.

研究8 —— その他の双曲線関数.

3角関数には

$$\tan\theta,\ \cot\theta,\ \sec\theta,\ \cosec\theta$$

があるように, 双曲線関数にも

$$\tanh\theta,\ \coth\theta,\ \mathrm{sech}\theta,\ \mathrm{cosech}\theta$$

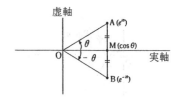

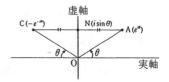

がある. これらの定義は説明するまでもないと思うが念のためまとめておく

$$\tanh\theta=\frac{\sinh\theta}{\cosh\theta}$$

$$\coth\theta=\frac{1}{\tanh\theta}$$

$$\mathrm{sech}\theta=\frac{1}{\cosh\theta}\quad \mathrm{cosech}\theta=\frac{1}{\sinh\theta}$$

これらの関数の変化を調べ, さらにグラフをえがくことは読者の課題としよう.

×　　　　　×

研究9 —— 双曲線関数の逆関数.

双曲線関数の逆関数のいくつかはすでに現れたが, ここでまとめておく.

● **$\sinh\theta$ の逆関数**

$$x=\sinh\theta=\frac{e^\theta-e^{-\theta}}{2}$$

これを θ について解けばよい.

$$(e^\theta)^2-2x(e^\theta)-1=0$$

e^θ は正の数であるから

$$e^\theta=x+\sqrt{x^2+1}$$

$$\therefore\quad \theta=\log(x+\sqrt{x^2+1})$$

$\cosh\theta$ の逆関数

以上と同様にして

$$\theta=\log(x\pm\sqrt{x^2-1})\quad(x\geqq1)$$

$\theta\geqq0$ ならば複号は+を選ぶ.

$\theta\leqq0$ ならば複号は-を選ぶ.

三角関数の積分の穴場

高校の数学には思い出深いものがある．次の定積分もその1つ．

$$I = \int_0^1 \sqrt{1^2 - x^2}\,dx$$

私が若い頃の旧制中学（現在の高校）の数学は代数，幾何，三角法が中核で，ベクトルや微積分はなかった．私は田舎の町唯一の本屋の乏しい数学書の中に，微積分の初歩の本を見付け，無理を承知で買い求めた．

読んでみると，微分法という不思議な計算によって，接線の傾きや瞬間の速度が簡単に求まる．さらに学んで行くと，面積や体積は積分法で見事に求まる．とくに半径1の球の体積が

$$V = 2\pi \int_0^1 (1 - x^2)\,dx$$

の計算で簡単に求められたのが嬉しかった．

嬉しさにつられ円の面積を求めようとして式を作ったら，初めに挙げた定積分が現れて行き詰った．本を読み返してみたが，この計算が見当たらない．球の体積はあるのに，円の面積はなぜないのか．体積よりは面積の方が易しいはずというのが，当時の私の予想であったから一層不可解であった．

この謎が解けたのは，上の学校へ進み，数学を専攻するようになってからであった．

現在の高校の微分分では置換積分は常識であるが，最初に考えた先人の努力を忘れるべきでなかろう．

なぜ不定積分がないか

定積分 I は $x = \sin\theta$ とおくことによって簡単に解決される．x が0から1まで変るとき，θ は0から $\dfrac{\pi}{2}$ まで変るから

$$I = \int_0^{\frac{\pi}{2}} \sqrt{1 - \sin^2\theta} \cdot \frac{dx}{d\theta} \cdot d\theta$$

$$= \int_0^{\frac{\pi}{2}} \cos^2\theta\,d\theta = \int_0^{\frac{\pi}{2}} \frac{1 + \cos 2\theta}{2}\,d\theta$$

$$= \left[\frac{\theta}{2} + \frac{\sin 2\theta}{4} \right]_0^{\frac{\pi}{2}} = \frac{\pi}{4}$$

さて，それでは不定積分

$$J = \int \sqrt{1 - x^2}\,dx$$

はどうなるだろうか．同じ置き換えによって

$$J = \int \cos^2\theta\,d\theta = \frac{1}{2}\theta + \frac{1}{4}\sin 2\theta$$

$$= \frac{1}{2}\theta + \frac{1}{2}\sin\theta\cos\theta + C$$

x の式に戻そうとすると

$$J = \frac{1}{2}(\,?\,) + \frac{1}{2}x\sqrt{1 - x^2} + C$$

戻しようのない部分が出来た．なぜか．高校には $x = \sin\theta$ を θ について解いて x で表す式，つまり $\sin\theta$ の逆関数がないからである．

$\sqrt{1 - x^2}$ の定積分はあるが，不定積分はないのが現在の高校の実状，当然のことながら大学入試にはこの定積分は現れるが不定積分の現れる恐れはない．

不定積分の求められるものは

$\sqrt{1-x^2}$ を含む関数

$$x^n\sqrt{1-x^2},\quad \frac{x^n}{\sqrt{1-x^2}}$$

のうち不定積分の容易に求まるものは重要である。それを探るのには，微分法を行ってみればよい。

$$(\sqrt{1-x^2})' = \frac{1}{2}\frac{-2x}{\sqrt{1-x^2}} = -\frac{x}{\sqrt{1-x^2}}$$

積分は微分の逆操作であるから

$$\int \frac{x}{\sqrt{1-x^2}}dx = -\sqrt{1-x^2}+C$$

もう一つ重要なのがある。

$$(\sqrt{(1-x^2)^3})' = \frac{3}{2}\sqrt{1-x^2}\cdot(-2x)$$
$$= -3x\sqrt{1-x^2}$$

したがって

$$\int x\sqrt{1-x^2}dx = -\frac{1}{3}\sqrt{(1-x^2)^3}+C$$

以上の2つは忘れないように。

例題 1　次の定積分の値を求めよ。

$$I = 2\int_{\frac{1}{2}}^{1}\sqrt{1-x^2}dx$$

$\sqrt{1-x^2}$ の定積分が現れたら，置換 $x=\sin\theta$ を思い出すか，円を思い出そう。

解き方1── 置換による方法

$x=\sin\theta$ とおく。x が $\frac{1}{2}$ から1まで変るのに対応して，θ は $\frac{\pi}{6}$ から $\frac{\pi}{2}$ まで変る。

$$I = 2\int_{\frac{\pi}{6}}^{\frac{\pi}{2}}\cos^2\theta d\theta$$

$$= \int_{\frac{\pi}{6}}^{\frac{\pi}{2}}(1+\cos2\theta)\,d\theta$$

$$= \left[\theta+\frac{\sin2\theta}{2}\right]_{\frac{\pi}{6}}^{\frac{\pi}{2}} = \frac{\pi}{3}-\frac{\sqrt{3}}{4}$$

×　　　　　　×

解き方2── 図形から求める方法

式の内容を図形で読みとれば，I は次の[図]の弓形の面積である。

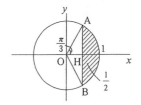

$$I = \text{扇形 OAB} - \triangle\text{OAB} = \frac{\pi}{3}-\frac{\sqrt{3}}{4}$$

例題 2　$r>0$ とするとき，次の積分を求めよ。

(1)　$\dfrac{2}{\pi r^2}\displaystyle\int_{a-r}^{a+r}x\sqrt{r^2-(x-a)^2}dx$

(2)　$\dfrac{2}{\pi r^2}\displaystyle\int_{a-r}^{a+r}x^2\sqrt{r^2-(x-a)^2}dx$

（大阪教育大）

解き方

置きかえによって簡単な式にかえ，どん[な]基本形に分解されるかをみよ。

$x=a+rt$ とおくと，x が $a-r$ から $a+$[r]まで変るとき t は -1 から1まで変る。

(1) $I = \dfrac{2}{\pi r^2}\displaystyle\int_{-1}^{1}(a+rt)\,r\sqrt{1-t^2}rdt$

$$= \frac{2a}{\pi}\int_{-1}^{1}\sqrt{1-t^2}dt + \frac{2ar}{\pi}\int_{-1}^{1}t\sqrt{1-t^2}d[t]$$

$$= \frac{2a}{\pi}I_1 + \frac{2ar}{\pi}I_2$$

I_1 はグラフでみれば単位円の半分の面[積] $\dfrac{\pi}{2}$ である。I_2 は基本形で不定積分が求まる

$$I_2 = \left[-\frac{1}{3}\sqrt{(1-t^2)^3}\right]_{-1}^{1} = 0$$

$$\therefore\quad I = \frac{2a}{\pi}\times\frac{\pi}{2} = a \qquad\cdots\cdots\text{(答}$$

（コメント）I_2 は $t\sqrt{1-t^2}$ が**奇関数**であ[る]ことに気付いたときは，その性質からただ[ち]に0であることが分る。

$f(x)$ が奇関数のとき $\displaystyle\int_{-a}^{a}f(x)\,dx=0$

$f(x)$ が偶関数のとき

$$\int_{-a}^{a}f(x)\,dx=2\int_{0}^{a}f(x)\,dx$$

(2) 同じ置きかえによると

$$J=\frac{2}{\pi r^2}\int_{-1}^{1}(a+rt)^2\cdot r\sqrt{1-t^2}\cdot r\,dt$$

$$=\frac{2a^2}{\pi}\int_{-1}^{1}\sqrt{1-t^2}\,dt+\frac{4ar}{\pi}\int_{-1}^{1}t\sqrt{1-t^2}\,dt$$

$$+\frac{4r^2}{\pi}\int_{0}^{1}t^2\sqrt{1-t^2}\,dt$$

$$=\frac{2a^2}{\pi}J_1+\frac{4ar}{\pi}J_2+\frac{4r^2}{\pi}J_3$$

前と同様に $J_1=\dfrac{\pi}{2}$, $J_2=0$, J_3 を知るには

置換 $t=\sin\theta$ によらねばならない.

$$J_3=\int_{0}^{\frac{\pi}{2}}\sin^2\theta\cos^2\theta\,d\theta$$

$$=\frac{1}{4}\int_{0}^{\frac{\pi}{2}}\sin^2 2\theta$$

$$=\frac{1}{8}\int_{0}^{\frac{\pi}{2}}(1-\cos4\theta)\,d\theta$$

$$=\frac{1}{8}\left[\theta-\frac{\sin4\theta}{4}\right]_{0}^{\frac{\pi}{2}}=\frac{\pi}{16}$$

$$\therefore\quad J=a^2+\frac{r^2}{4}$$

計算のみでは済まない

体積を求めるのは定積分の計算のほかに,
式を作る過程で, 空間を頭でつかむことが必
要. 図解も大切であるが, 空間を平面上に表
すことには無理がある. 目を閉じても空間が
心眼に浮かぶようでありたい.

例題3 xyz 空間に 5 点 A(1, 1, 0),
B(-1, 1, 0), C(-1, -1, 0), D
(1, -1, 0), P(0, 0, 3) をとる. 四角
錐 PABCD の

$$x^2+y^2\geqq1$$

をみたす部分の体積を求めよ.　　(東大)

解き方

体積を求める部分の立体図形が対称である

ことに目をつけ, 8 分の 1 の部分 Γ を取り
出して図解せよ. とはいっても楽ではないが.

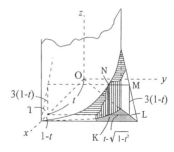

立体 Γ を yz 平面に平行な平面で切った断
面の形は長方形 KLMN である. KL の延長
が x 軸と交わる点を T とし OT$=t$ とおくと

$$\text{LM}=3(1-t),\quad \text{KL}=t-\sqrt{1-t^2}$$

となり, t は $\dfrac{1}{\sqrt{2}}$ から 1 まで変化する. よ

って求める体積を V とし, $\dfrac{1}{\sqrt{2}}=\alpha$ とおけ

ば

$$V=8\int_{\alpha}^{1}3(1-t)(t-\sqrt{1-t^2})\,dt$$

$$=24\int_{\alpha}^{1}(t-t^2+t\sqrt{1-t^2}-\sqrt{1-t^2})\,dt$$

$$=24\left[\frac{t^2}{2}-\frac{t^3}{3}-\frac{\sqrt{(1-t^2)^3}}{3}\right]_{\alpha}^{1}-24I$$

$$=4\sqrt{2}-2-24I$$

I は円を描いて求めよ. $I=\dfrac{\pi}{8}-\dfrac{1}{4}$

$$\therefore\quad V=4+4\sqrt{2}-3\pi\qquad\cdots\cdots(答)$$

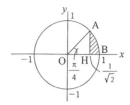

3 角関数の積分の基本

3 角関数の積分の基礎は次の 2 つである.

$(\sin ax)'=a\cos ax$ から

$$\int \cos ax\,dx = \frac{1}{a}\sin ax + C$$

$(\cos ax)' = -a\sin ax$ から

$$\int \sin ax\,dx = -\frac{1}{a}\cos ax + C$$

以上の2つを組合せて，積分のすぐ求められるのは，$\sin ax$ と $\cos bx$ の1次式

$$p\sin ax + q\cos bx + r$$

である．

次に重要なのは

$(\sin^{n+1}x)' = (n+1)\sin^n x\cos x$

$(\cos^{n+1}x)' = -(n+1)\cos^n x\sin x$

から導かれる次の2つの積分である．

$$\int \sin^n x\cos x\,dx = \frac{\sin^{n+1}x}{n+1} + C$$

$$\int \cos^n x\sin x\,dx = -\frac{\cos^{n+1}x}{n+1} + C$$

3角関数の公式は多い．それらを巧みに用い，以上の積分の公式が役に立つような式を導かなければならない．

例題4　次の定積分の値を求めよ．

(1) $\displaystyle\int_\beta^\alpha \frac{\sin 3x}{\sin x}\,dx$　(2) $\displaystyle\int_\beta^\alpha \frac{\sin 4x}{\sin x}\,dx$

ただし $\alpha = \dfrac{\pi}{2}$，$\beta = \dfrac{\pi}{4}$ である．

（名古屋市大）

解き方

(1)　加法定理を用い $\sin 3x$ から因数 $\sin x$ をくくり出す．

$\sin 3x = \sin 2x\cos x + \cos 2x\sin x$

$\qquad = (2\cos^2 x + \cos 2x)\sin x$

$\qquad = (2\cos 2x + 1)\sin x$

$\therefore\ I = \displaystyle\int_\beta^\alpha (2\cos 2x + 1)\,dx$

$\qquad = \Big[\sin 2x + x\Big]_\beta^\alpha = \dfrac{\pi}{4} - 1$　　……(答)

(2)　2倍角の公式を用いる．

$\sin 4x = 2\sin 2x\cos 2x$

$\qquad = 4\sin x\cos x\cos 2x$

$\qquad = 4\sin x\cos x(1 - 2\sin^2 x)$

$\therefore\ I = 4\displaystyle\int_\beta^\alpha (\cos x - 2\sin^2 x\cos x)\,dx$

$\qquad = 4\Big[\sin x - \dfrac{2}{3}\sin^3 x\Big]_\beta^\alpha$

$\qquad = \dfrac{4}{3} - \dfrac{4}{3}\sqrt{2}$　　……(答)

例題5　正の整数 a, b, $c\,(a \leqq b \leqq c)$ に対して，次の定積分を求めよ．

$$\int_{-\pi}^\pi (\cos ax)(\cos bx)(\cos cx)\,dx$$

（大阪市大）

学生の余り得意でない公式，すなわち積和に変える公式を2度用いる．

解き方

$4(\cos ax)(\cos bx)(\cos cx)$

$\quad = 2\{\cos(a+b)x + \cos(a-b)x\}(\cos cx)$

$\quad = \cos(a+b+c)x + \cos(a+b-c)x$

$\qquad + \cos(a-b+c)x + \cos(a-b-c)x$

ここで $a+b+c = p$，$a+b-c = q$，

$\qquad a-b+c = r$，$a-b-c = s$

とおく．仮定によると a, b, c は自然数しかも $0 \leqq a \leqq b \leqq c$ を満たすから p, r, は0でない．したがって

$$\int_{-\pi}^\pi \cos px\,dx = \frac{1}{p}\big[\sin px\big]_{-\pi}^\pi = 0$$

同様にして

$$\int_{-\pi}^\pi \cos rx\,dx = 0,\quad \int_{-\pi}^\pi \cos sx\,dx = 0$$

q は0かどうか不明なので2つの場合にかれる．

$a+b-c \neq 0$ のとき $I = 0$　　……(答)

$a+b-c = 0$ のとき

$$I = \frac{1}{4}\int_{-\pi}^\pi 1\,dx = \frac{\pi}{2}$$　　……(答)

例題6　すべての実数 x に対して

$f_1(x) = 1$，

$f_n(x) = \displaystyle\int_0^x f_{n-1}(t)\cos t\,dt$

$\qquad (n = 2,\ 3,\ 4,\ \cdots\cdots)$

で定義された関数 $f_1(x)$，$f_2(x)$，$\cdots$，

$f_n(x), \cdots$ がある．このとき $f_n(x)$ を求めよ．

（東京学芸大）

解き方── 実例から帰納する方法

$f_1(x) = 1$

$$f_2(x) = \int_0^x f_1(t)\cos t\,dt$$

$$= \int_0^x \cos t\,dt = \sin x$$

$$f_3(x) = \int_0^x f_2(t)\cos t\,dt$$

$$= \int_0^x \sin t\cos t\,dt = \frac{1}{2}\sin^2 x$$

同様にして

$$f_4(x) = \frac{1}{6}\sin^3 x$$

これらの例から

$$f_n(x) = \frac{1}{(n-1)!}\sin^{n-1} x \qquad \cdots\cdots（答）$$

と予想し，念のため数学的帰納法で確めよ．

正弦と余弦の逆関係

　三角関数の逆関数は高校にはないが，知っていて損はない．知識への貪欲は環境破壊をおこさない．

　正弦 $y = \sin x$ でみると，y の1つの値に対応する角 x は無数にあり，逆関数を考える障害になる．この障害は x の範囲を制限することによって避けられる．たとえば

$$-\frac{\pi}{2} \leqq x \leqq \frac{\pi}{2}$$

とすると，$y = \sin x$ は単調増加になるから y の値に対して x の値は1つずつ対応するので逆関数が定まる．

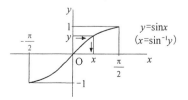

この逆関数を $x = \sin^{-1}y$ と表す．ただし，独立変数としては x を用いることが多いので $\sin^{-1}x$ と表しておく．

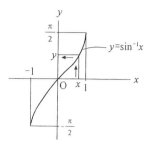

値の対応を具体例で示せば

$$\sin^{-1}\frac{1}{2} = \frac{\pi}{6}, \quad \sin^{-1}\frac{1}{\sqrt{2}} = \frac{\pi}{4}, \quad \sin^{-1}1 = \frac{\pi}{2}$$

　余弦 $y = \cos x$ のときは，x の範囲を

$$0 \leqq x \leqq \pi$$

に制限すれば単調減少となり，逆関数を考えるのに都合よい．逆関数は $\cos^{-1}x$ と表す．

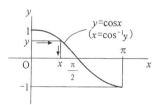

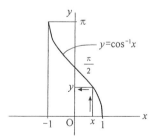

逆関数の導関数と不定積分

　逆関数 $y = \sin^{-1}x$ を微分するには，もとの関数 $\sin y = x$ にもどり，両辺を x について微分すればよい．

$$\frac{d}{dy}(\sin y)\frac{dy}{dx}=1 \quad (\cos y)y'=1$$

$$y'=\frac{1}{\cos y}=\frac{1}{\sqrt{1-\sin^2 y}}=\frac{1}{\sqrt{1-x^2}}$$

　意外な結果とみるか，当然の結果とみるか
は人それぞれ．

$$(\sin^{-1}x)'=\frac{1}{\sqrt{1-x^2}}$$

　そこで，おのずから

$$\int\frac{dx}{\sqrt{1-x^2}}=\sin^{-1}x+C$$

　初めの不定積分に戻って，（？）の中も式
で満される．

$$\int\sqrt{1-x^2}\,dx=\frac{1}{2}\sin^{-1}x+\frac{1}{2}x\sqrt{1-x^2}+C$$

例題 7　次の関数の不定積分を求めよ．

(1) $\dfrac{\sqrt{1-x^2}}{x^2}$　(2) $x^2\sqrt{1-x^2}$

　解くのは読者におまかせし，答だけを載せ
ておく．ただし $X=1-x^2$

(1) $-\dfrac{\sqrt{X}}{x}-\sin^{-1}x+C$

(2) $\dfrac{x^3}{4}\sqrt{X}-\dfrac{x}{8}\sqrt{X}+\dfrac{1}{8}\sin^{-1}x+C$

三角関数と指数関数の結合

積分に関する公式で，やっかいではあるが重宝なのは**部分積分法**である．これはもともと関数の積を積分するために考案されたものであるから積の積分法というべきなのに，なぜか部分積分法の名が定着してしまった．

$$\int u'vdx = uv - \int uv'dx$$

なかなか，やっかいな式である．暗記の迷案（？）を考える前に，忘れたときの用心として，公式の導き方を振り返っておこう．

この公式の元祖は，積の微分法の公式
$$(uv)' = u'v + uv'$$
である．両辺を積分すると
$$uv = \int u'vdx + \int uv'dx$$
さらに移項して
$$\int u'vdx = uv - \int uv'dx$$

等式の中味を読みとるのが容易でない．左辺の u' が右辺で u に変るのは積分であるから，u' を u で，u を $\int udx$ で置きかえるのが正直な表し方ではあるが，そうやると
$$\int uvdx = \left(\int udx\right)v - \int\left(\int udx\right)v'dx$$
ごらんのように，親ガメが子ガメを抱いたようなややこしい式になった．やっぱり，もとの式のままがよい．

この公式は暗記しておかないと役に立たない．次の歌詞をソーラン節で歌うのはどうか．3つに区切って，ゆっくりと．

① お前，積分……（$u' \to u$）

② わしゃ，微分……（$v \to v'$）

③ ともに積分で，

引きまする．……$-\int uv'dx$

ソーラン，ソーラン

$$\int u'v\,dx = uv - \int uv'dx$$

この要領で，次の問題を……．

例題1 2次関数 $f(x) = x^2 + ax + b$ が次の条件(i)，(ii)を満たすように定数 a，b の値を定めよ．

(i) $\int_0^{\frac{\pi}{2}} f(x)\sin xdx = 0$

(ii) $\int_0^{\frac{\pi}{2}} f(x)\cos xdx = 0$　　　　（広島大）

解き方──計算は小さく分けて．

(i)の式を $I = I_1 + aI_2 + bI_3$ とおく．

$$I_3 = \int_0^{\frac{\pi}{2}}\sin xdx = \left[-\cos x\right]_0^{\frac{\pi}{2}} = 1$$

残りの2つは部分積分法による．

$$I_2 = \int_0^{\frac{\pi}{2}} x\sin xdx$$
$$= \left[-x\cos x\right]_0^{\frac{\pi}{2}} + \int_0^{\frac{\pi}{2}}\cos xdx$$
$$= 0 + \left[\sin x\right]_0^{\frac{\pi}{2}} = 1$$

$$I_1 = \int_0^{\frac{\pi}{2}} x^2\sin xdx$$

$$= \left[-x^2\cos x\right]_0^{\frac{\pi}{2}} + \int_0^{\frac{\pi}{2}} 2x\cos x\,dx$$

$$= \left[2x\sin x\right]_0^{\frac{\pi}{2}} - \int_0^{\frac{\pi}{2}} 2\sin x\,dx$$

$$= \pi + \left[2\cos x\right]_0^{\frac{\pi}{2}} = \pi - 2$$

これらの値を I の式に代入して

$$I = \pi - 2 + a + b = 0$$

$$\therefore \quad a + b = 2 - \pi \qquad\qquad ①$$

(ii)の式を $J = J_1 + aJ_2 + bJ_3$ とおいて前と同様の計算を行う．計算は読者にまかせ結果を示すに止める．

$$J_3 = 1, \quad J_2 = \frac{\pi}{2} - 1, \quad J_1 = \frac{\pi^2}{4} - 2$$

$$J = \frac{\pi^2}{4} - 2 + a\left(\frac{\pi}{2} - 1\right) + b = 0$$

$$\therefore \quad \left(1 - \frac{\pi}{2}\right)a - b = \frac{\pi^2}{4} - 2 \qquad ②$$

①と②を連立させて解いて

$$a = -\frac{\pi}{2}, \quad b = 2 - \frac{\pi}{2} \qquad \cdots\cdots(答)$$

例題2　(1)　次の積分の値を求めよ．

$$I_1 = \int_0^\pi x\cos x\,dx, \quad I_2 = \int_0^\pi x\cos 2x\,dx$$

$$I_3 = \int_0^\pi \cos x\cos 2x\,dx$$

(2)　a, b を実数として，関数

$$f(x) = a\cos x + b\cos 2x$$

を考える．積分

$$J = \int_0^\pi (x - f(x))^2\,dx$$

を最小にする a, b の値とそのときの J の値を求めよ．

(埼玉大)

難易中庸の良問というべきか．内容は関数 x を関数 $f(x)$ によって近似しようとするもので数学的にも興味がある．内容を知れば解くのも楽しかろう．

解き方── 例題1にならえ．

(1)　I_1 と I_2 の計算は例題1と同様であるから省略．$I_1 = -2$, $I_2 = 0$

I_3 は三角関数の公式によって，積を和の形

にかえるのが常識．部分積分法を用いた参考書もあるが，感心しない．

$$I_3 = \frac{1}{2}\int_0^\pi (\cos 3x + \cos x)\,dx$$

$$= \frac{1}{2}\left[\frac{1}{3}\sin 3x + \sin x\right]_0^\pi = 0$$

(2)　$$J = \int_0^\pi \{x^2 - 2xf(x) + (f(x))^2\}\,dx$$

$$= J_1 - 2J_2 + J_3$$

とおいて，計算を小分けにし，気を楽にしよう．

$$J_1 = \int_0^\pi x^2\,dx = \frac{\pi^3}{3}$$

$$J_2 = \int_0^\pi xf(x)\,dx$$

$$= aI_1 + bI_2 = -2a$$

$$J_3 = \int_0^\pi (f(x))^2\,dx$$

$$= a^2\int_0^\pi \cos^2 x\,dx + b^2\int_0^\pi \cos^2 2x\,dx$$

$$= a^2\int_0^\pi \frac{1 + \cos 2x}{2}\,dx$$

$$\qquad + b^2\int_0^\pi \frac{1 + \cos 4x}{2}\,dx$$

$$= a^2\left[\frac{x}{2} + \frac{\sin 2x}{4}\right]_0^\pi$$

$$\qquad + b^2\left[\frac{x}{2} + \frac{\sin 4x}{8}\right]_0^\pi$$

$$= \frac{a^2\pi}{2} + \frac{b^2\pi}{2}$$

したがって

$$J = \frac{\pi^3}{3} + 4a + \frac{\pi a^2}{2} + \frac{\pi b^2}{2}$$

$$= \frac{\pi}{2}\left(a + \frac{4}{\pi}\right)^2 + \frac{\pi}{2}b^2 + \frac{\pi^3}{3} - \frac{8}{\pi}$$

J を最小にする a, b の値，および J の最小値は次のとおりである．

$$a = -\frac{4}{\pi}, \quad b = 0, \quad J = \frac{\pi^3}{3} - \frac{8}{\pi} \qquad \cdots\cdots(答)$$

例題3　次の積分，または，極限の値を求めよ．

(1)　$$I = \int x^2\sin x\,dx$$

(2)　$$I_k = \int_{(k-1)\pi}^{k\pi} |x^2\sin x|\,dx$$

(3) $J = \lim_{n \to \infty} \int_0^\pi |x^2 \sin nx|\, dx$

（類題　大阪工大）

絶対値記号とくれば場合分けと答えたくなるが，この例は工夫次第で分けずに済む．

解き方——$(-1)^k$ をうまく用いる方法

(1)　同様のものをすでに取り扱ったから結果のみを示す．

$I = (2-x^2)\cos x + 2x\sin x + C$　……（答）

(2)　区間 $(k-1)\pi \le x \le k\pi$ における $\sin x$ の符号を調べることにより

k が奇数ならば $|\sin x| = \sin x$

k が偶数ならば $|\sin x| = -\sin x$

となるが，1つの式

$$|\sin x| = (-1)^{k+1}\sin x$$

にまとめることもできる．したがって

$$I_k = (-1)^{k+1}\int_{(k-1)\pi}^{k\pi} x^2 \sin x\, dx$$

$$= (-1)^{k+1}\Big[(2-x^2)\cos x + 2x\sin x\Big]_{(k-1)\pi}^{k\pi}$$

代入したとき $\cos k\pi = (-1)^k$，$\sin k\pi = 0$ などとなることに注意して

$$I_k = (-1)^{k+1}\{(2-k^2\pi^2)(-1)^k$$
$$\qquad -(2-(k-1)^2\pi^2)(-1)^{k-1}\}$$
$$= (-1)^{2k}\{-2+k^2\pi^2-2+(k-1)^2\pi^2\}$$
$$= 2\pi^2 k^2 - 2\pi^2 k + (\pi^2-4)\qquad ……（答）$$

(3)　極限を求める前に

$$J_n = \int_0^\pi |x^2 \sin nx|\, dx$$

を求めなければならない．(2)の形に近づけるため $nx = t$ とおくと

$$J_n = \int_0^{n\pi} \left|\left(\frac{t}{n^2}\right)^2 \sin t\right| \frac{1}{n}\, dt$$

$$= \frac{1}{n^3}\int_0^{n\pi} |t^2 \sin t|\, dt$$

$$= \frac{1}{n^3}\sum_{k=1}^{n} I_n$$

$$= \frac{1}{n^3}\{2\pi^2 \sum_{k=1}^{n} k^2 - 2\pi^2 \sum_{k=1}^{n} k - n(\pi^2-4)\}$$

$$= \frac{\pi^2}{3}\left(1+\frac{1}{n}\right)\left(2+\frac{1}{n}\right)$$

$$\quad -\pi^2\left(1+\frac{1}{n}\right)\frac{1}{n} - (\pi^2-4)\frac{1}{n^2}$$

よって　　$J = \lim_{n\to\infty} J_n = \dfrac{2\pi^2}{3}$　　……（答）

$e^x \times$（三角関数）の積分

$e^x \sin x$，$e^x \cos x$ などの積分は基本的で，入試の花形であり，部分積分法が活躍する舞台でもある．

$$\int e^x \sin x\, dx = \frac{1}{2}e^x(\sin x - \cos x) + C$$

$$\int e^x \cos x\, dx = \frac{1}{2}e^x(\sin x + \cos x) + C$$

第1の方法　部分積分法を2回用いる．

e^x と $\sin x$ のどちらを先に積分してもよい．たとえば，e^x を先に積分したとすると

$$\int e^x \sin x\, dx = e^x \sin x - \int e^x \cos x\, dx$$

$$= e^x \sin x - e^x \cos x - \int e^x \sin x\, dx$$

最後の積分を最初へ移し，両辺を2で割ればよい．残りの積分も同様である．

$\times$　　　　　　　$\times$

第2の方法　次のような解き方もある．

$$(e^x \sin x)' = e^x \sin x + e^x \cos x$$
$$(e^x \cos x)' = e^x \cos x - e^x \sin x$$

この左辺を $e^x \sin x$ と $e^x \sin x$ について解いて

$$e^x \sin x = \frac{1}{2}\{(e^x \sin x)' - (e^x \cos x)'\}$$

$$e^x \cos x = \frac{1}{2}\{(e^x \sin x)' + (e^x \cos x)'\}$$

ここで，両辺を積分すれば右辺の（'）は消えて目的の式になる．

この方法は $e^x \sin x$ と $e^x \cos x$ の積分をペアで求めるのが特徴で，計算は微分が主役であるのが優れている．

$\times$　　　　　　　$\times$

入試詳解には次のような求め方があった．

$$\int e^x \sin x\, dx = e^x(A\sin x + B\cos x)$$

両辺を微分して

$$e^x \sin x = e^x(A\sin x + B\cos x)$$

$$+ e^x(A\cos x - B\sin x)$$

両辺の係数を比較して

$$1 = A - B, \quad 0 = A + B$$

$$\therefore \quad A = \frac{1}{2}, \quad B = -\frac{1}{2}$$

この証明は最初の仮定の等式が正しいときに限って成り立つ。では、仮定が正しいことの保証はどうするのであろう。

×   ×

以上を一般化すれば、次の積分を求めることも可能である。

> **例題** 次の不定積分を求めよ。
>
> $$\int e^{mx}\sin nx\,dx, \quad \int e^{mx}\cos nx\,dx$$

求め方は読者の課題とし、答を示す。

$$\frac{me^{mx}\sin nx - ne^{mx}\cos nx}{m^2 + n^2} + C$$

$$\frac{me^{mx}\sin nx + ne^{mx}\cos nx}{m^2 + n^2} + C$$

> **例題** n を自然数とする数列 $\{a_n\}$ と $\{b_n\}$ が
>
> $$a_n = \int_0^{2\pi} e^{-x}\sin nx\,dx$$
>
> $$b_n = \int_0^{2\pi} e^{-x}\cos nx\,dx$$
>
> で定められている。このとき、次の問いに答えよ。
>
> (1) a_n と b_n を求めよ。
>
> (2) 極限値 $\lim_{n\to\infty} a_n$ と $\lim_{n\to\infty} b_n$ を求めよ。
>
> （信州大）

解き方

(1) 部分積分法を用いてみる。

$$a_n = \left[-e^{-x}\sin nx \right]_0^{2\pi} + \int_0^{2\pi} \frac{e^{-x}\cos nx}{n}\,dx$$

$$= \left[-\frac{e^{-x}\cos nx}{n} \right]_0^{2\pi} - \int_0^{2\pi} \frac{e^{-x}\sin nx}{n^2}\,dx$$

$$= \frac{-e^{-2\pi}+1}{n} - \frac{a_n}{n^2}$$

a_n について解いて

$$a_n = \frac{(1 - e^{-2\pi})\,n}{n^2 + 1} \qquad \cdots\cdots（答）$$

同様にして

$$b_n = \frac{1 - e^{-2\pi}}{n^2 + 1} \qquad \cdots\cdots（答）$$

（コメント） 部分積分法によると、計算は楽でなかった。$e^{-x}\sin nx$ と $e^{-x}\cos nx$ を微分する方法ではどうであろうか。

$$(e^{-x}\sin nx)' = -e^{-x}\sin nx + ne^{-x}\cos nx$$

$$(e^{-x}\cos nx)' = -e^{-x}\cos nx - ne^{-x}\sin nx$$

これらの2式の両辺を区間 $0 \le x \le 2\pi$ で積分すると

$$\left[e^{-x}\sin nx \right]_0^{2\pi} = -a_n + nb_n$$

$$\left[e^{-x}\cos nx \right]_0^{2\pi} = -b_n - na_n$$

左辺を計算して

$$-a_n + nb_n = 0$$

$$-b_n - na_n = e^{-2\pi} - 1$$

a_n, b_n について解いて

$$a_n = \frac{(1 - e^{-2\pi})\,n}{n^2 + 1}, \quad b_n = \frac{1 - e^{-2\pi}}{n^2 + 1}$$

(2) この極限は余りにも易し過ぎる。

$$a_n = \frac{(1 - e^{-2\pi})\,n^{-1}}{1 + n^{-2}}, \quad b_n = \frac{(1 - e^{-2\pi})\,n^{-2}}{1 + n^{-2}}$$

$n \to \infty$ のとき $a_n \to 0$, $b_n \to 0$ $\cdots\cdots$（答）

×   ×

（研究） 問題の内容をグラフに表してみよ。

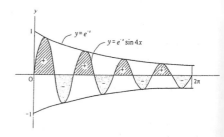

図は $n = 4$ の場合である。定積分の値は正と負が交互に続くが、その総和は n の増加に伴って減少し、極限では0になる。

（いしたに　しげる）

漸化式の定型と非定型

定型から非定型へ

　樹木の成長をみると，先に幹が天に向って伸び，次に枝が横へ伸びる．木を画くのも同様の順序をふむ．枝から画きはじめることはなかろう．

　数学の学び方も似ている．定型とは幹に当たり，非定型は枝に当たる．

　数列 $\{a_n\}$，すなわち

$$a_1,\ a_2,\ \cdots\cdots,a_n,\ a_{n+1},\ \cdots\cdots$$

の２項間の１次の漸化式でみると，定型に当たるものは

$$a_{n+1}=pa_n+q,\ \ (p,\ q\ \text{は定数})$$

である．

　この定型は更に，次の３つの場合に分けて見ると正体が明かになる．

- (i) $p=1$ のとき　$a_{n+1}=a_n+q$
- (ii) $q=0$ のとき　$a_{n+1}=pa_n$
- (iii) $p\neq1$，$q\neq0$ のとき　$a_{n+1}=pa_n+q$

　説明するまでもなく，(i)は公差 q の等差数列を表し，解は

$$a_n=a_1+(n-1)q$$

である．(ii)は公比 p の等比数列を表し，解は

$$a_n=a_1p^{n-1}$$

である．

　(i)と(ii)は見かけは異なるが，本質は同じもの．なぜかというに，(2)の両辺の対数をとる

と

$$\log a_{n+1}=\log a_n+\log p$$

となって，数列 $\{\log a_n\}$ は公差 $\log p$ の等差数列をなすからである．a_{n+1}, a_n, p に負数があるときが気になるというなら，絶対値をとっておけばよい．

$$|a_{n+1}|=|pa_n|,\ \ |a_{n+1}|=|p|\cdot|a_n|$$

ここで対数を求め

$$\log|a_{n+1}|=\log|a_n|+\log|p|$$

とすれば安心か．

　解き方が問題になるのは(iii)である．

$a_{n+1}=pa_n+q$ の解き方

　最も簡単な解き方を１つ知っておけばよいというものではない．漸化式の解き方は単純でないから，いろいろの解き方を知り，漸化式の形に応じて解き方を選ぶようにしたいものである．

　　初項 a_1 を与えられたとき，次の漸化式を解け．
　　$$a_{n+1}=pa_n+q,\ \ (p\neq1,\ q\neq0)\qquad ①$$

解き方1 —— 帰納的方法

　最も原始的解き方は，a_1, a_2, a_3, $\cdots$ を実際に求め，それらを眺めて，一般項 a_n を予想する方法である．

$$a_2=pa_1+q$$
$$a_3=pa_2+q=p(pa_1+q)+q$$
$$=p^2a_1+pq+q$$

$$a_4 = pa_3 + q = p(p^2 a_1 + pq + q) + q$$
$$= p^3 a_1 + p^2 q + pq + q$$

a_n の予想には，これで十分であろう．

$$a_n = p^{n-1} a_1 + p^{n-2} q + \cdots + pq + q$$
$$= p^{n-1} a_1 + \frac{1 - p^{n-1}}{1 - p} \cdot q$$
$$= \left(a_1 - \frac{q}{1-p}\right) p^{n-1} + \frac{q}{1-p}$$

$$\times \qquad \qquad \times$$

解き方2 —— 特殊解を媒体とする方法

本物の解でなく，その特殊な解 $f(n)$ が求められたとすると，

$$f(n+1) = pf(n) + q \qquad \qquad ②$$

①から②を引くと q が消去されて

$$a_{n+1} - f(n+1) = p\{a_n - f(n)\}$$

これは(ii)のタイプ．したがって

$$a_n - f(n) = \{a_1 - f(1)\} p^{n-1}$$
$$a_n = f(n) + \{a_1 - f(1)\} p^{n-1}$$

となって，本物の解が見つかる．

さて，それでは $f(n)$ はどのようにして求めるのか．$f(n)$ が若し定数であったとすると，②で $f(n) = f(n+1) = \alpha$ とおいて

$$\alpha = p\alpha + q \qquad \qquad ③$$

$p \neq 1$ であるから，α は必ず1つ求まる．

$$\alpha = \frac{q}{1-p}$$

この α は③を満たす，①から③を引くと

$$a_{n+1} - \alpha = p(a_n - \alpha)$$

前と同様にして

$$a_n = \alpha + (a_1 - \alpha) p^{n-1}$$

例題1 以上の2通りの方法で，次の漸化式を解け．

(1) $a_{n+1} = \frac{1}{5} a_n + 8, \quad a_1 = 14$

(2) $a_{n+1} + a_n = 6, \quad a_1 = 1$

答を示すにとどめる．

(1)の解 $a_n = 10 + \dfrac{4}{5^{n-1}}$

(2)の解 $a_n = 3 + 2(-1)^n$

係数が n の関数のとき

以上では $a_{n+1} = pa_n + q$ の係数 p，q が定数であったが，一歩すすめて，変数 n を含む場合，すなわち

$$a_{n+1} = p(n) a_n + q(n) \qquad ①$$

の解き方を考えてみよう．入試で重要なのはこの種のタイプである．

解き方として，次の代表的方法が考えられよう．

解き方1

両辺を適当な関数で割る，掛ける，ときには加減を行うことによって，係数が定数のものに変える．

解き方2

特殊解を求め，それを媒体として，易しい漸化式にかえる．たとえば，特殊解の1つ $a_n = f(n)$ を求めたとすると

$$f(n+1) = p(n) f(n) + q(n) \qquad ②$$

が成り立つから，①から②をひくと

$$a_{n+1} - f(n+1) = p(n)\{a_n - f(n)\}$$

ここで $a_n - f(n) = b_n$ とおけば

$$b_{n+1} = p(n) b_n$$

となって簡単な漸化式に変る．

解き方3

帰納的方法が成功することもある．a_1，$a_3, \cdots$ を実際に求め，a_n を予想する．ただし最後のしめくくりとして数学的帰納法で確めることを忘れずに．

$$\times \qquad \qquad \times$$

実例によって理解するのが早道，代表的例をあげよう．

例題2 次の漸化式を解け．

$$a_{n+1} = 3a_n - 5 \cdot 2^n, \quad (a_1 = 13) \qquad ①$$

重要な漸化式の一種である．

解き方1 —— 両辺を 2^{n+1} で割る方法

$$\frac{a_{n+1}}{2^{n+1}} = \frac{3}{2} \cdot \frac{a_n}{2^n} - \frac{5}{2}$$

ここで $\dfrac{a_n}{2^n}=b_n$ とおくと

$$b_{n+1}=\frac{3}{2}b_n-\frac{5}{2} \qquad\qquad ②$$

となって，定係数のものに変る．これは定数を特殊解に持つ．

$$\alpha=\frac{3}{2}\alpha-\frac{5}{2} \text{ から } \alpha=5$$

$$\therefore \quad 5=\frac{3}{2}\cdot5-\frac{5}{2} \qquad\qquad ③$$

②－③ $\quad b_{n+1}-5=\dfrac{3}{2}(b_n-5)$

$$b_n-5=(b_1-5)\left(\frac{3}{2}\right)^{n-1}$$

$$a_n=3^n+5\cdot2^n$$

$$\times \qquad\qquad \times$$

解き方2── 特殊解を求める方法

式を眺めて，$a_n=A\cdot2^n+B$ が解の1つであろうと予想する．①に代入して

$$A\cdot2^{n+1}+B=3\cdot(A\cdot2^n+B)-5\cdot2^n$$

2^n についての恒等式とみて

$$2A=3A-5, \quad B=3B$$

$$A=5, \quad B=0$$

よって $5\cdot2^n$ が解の1つ．①に代入して

$$5\cdot2^{n+1}=3\cdot5\cdot2^n-5\cdot2^n \qquad ④$$

①－④ $\quad a_{n+1}-5\cdot2^{n+1}=3(a_n-5\cdot2^n)$

$$a_n-5\cdot2^n=(a_1-5\cdot2^1)3^{n-1}$$

$$\therefore \quad a_n=3^n+5\cdot2^n$$

例題3 $a_1=1$ のとき，次の漸化式を解け．

$$a_{n+1}=2a_n+n \qquad\qquad ①$$

漸化式を眺めて，n の1次式が解の1つであろうと予想し，a_n に $An+B$ を代入．

$$An+(A+B)=(2A+1)n+2B$$

これが任意の自然数 n について成り立つとすると

$$A=2A+1, \quad A+B=2B$$

$$\therefore \quad A=B=-1$$

よって $\alpha_n=-n-1$ は解の1つであるから

$$\alpha_{n+1}=2\alpha_n+n \qquad\qquad ②$$

①－②を求めると

$$a_{n+1}-\alpha_{n+1}=2(a_n-\alpha_n)$$

となって n が消去された．

$$a_n-\alpha_n=(a_1-\alpha_1)2^{n-1}$$

$$\therefore \quad a^n=(a_1-\alpha_1)2^{n-1}+\alpha_n$$

$$=3\cdot2^{n-1}-n-1$$

非定型への挑戦

見慣れない型の漸化式でも，ちょっとした工夫で，ありきたりのものに書きかえられるものがある．その代表例を1つ．

例題4 数列 $\{a_n\}$ のはじめの n 項の和を S_n で表すとき

$$S_n=3a_n+2n-1 \quad(n=1,\ 2,\ \cdots)$$

を満たす a_n を求めよ．

$$\overbrace{\underbrace{a_1+a_2+a_3+\cdots+a_{n-1}}_{S_{n-1}}+a_n}^{S_n}$$

この図を見ていると，等式

$$a_n=S_n-S_{n-1}$$

を疑う余地はなさそう．しかし，落し穴は落葉などでかくしてあるのがつね．災は忘れたころにやってくるというではないか．$n=1$ とおいてみよ．$a_1=S_1-S_0$，S_0 よ，お前は何者ぞ，というわけで，ようやく目をさまそうでは心もとない．正しいのは次の式．

$$\begin{cases} n=1 \text{ のとき} \quad a_1=S_1 \\ n\geqq2 \text{ のとき} \quad a_n=S_n-S_{n-1} \end{cases}$$

次のまとめ方でもよい．

$$\begin{cases} a_1=S_1 \\ n\geqq1 \text{ のとき } a_{n+1}=S_{n+1}-S_n \end{cases}$$

$$\times \qquad\qquad \times$$

解き方

①において $S_1=3a_1+1$，よって

$$a_1=3a_1+1, \quad a_1=-\frac{1}{2}$$

次に，$n\geqq1$ のとき

$$S_n=3a_n+2n-1$$

$$S_{n+1}=3a_{n+1}+2n+1$$

下の式から上の式をひき

$$a_{n+1}=3a_{n+1}-3a_n+2$$

$$\therefore \quad a_{n+1}=\frac{3}{2}a_n-1, \quad \left(a_1=-\frac{1}{2}\right)$$

この解き方はすでに学んだ.

$$a_n=2-\frac{5}{2}\left(\frac{3}{2}\right)^{n-1}$$

例題5 $a_1=1$, $a_2=2$ のとき, 次の漸化式から a_n を求めよ.

$$(n-1)a_{n+1}=(n+2)a_n-(2n+1)$$

解き方1—— よく見かける解き方

$n\geqq 2$ のとき, 両辺を $(n-1)n(n+1)(n+2)$ で割って

$$\frac{a_{n+1}}{n(n+1)(n+2)}-\frac{a_n}{(n-1)n(n+1)}$$
$$=-\frac{2n+1}{(n-1)n(n+1)(n+2)}$$

ここで $b_n=\dfrac{a_n}{(n-1)n(n+1)}$ とおき, 右辺を変形すれば

$$b_{n+1}-b_n=\frac{1}{n(n+2)}-\frac{1}{(n-1)(n+1)}$$

したがって

$$b_n=b_2+(b_3-b_2)+\cdots+(b_n-b_{n-1})$$
$$=b_2+\sum_{k=2}^{n-1}(b_{k+1}-b_k)$$
$$=b_2+\sum_{k=2}^{n-1}\left\{\frac{1}{k(k+2)}-\frac{1}{(k-1)(k+1)}\right\}$$
$$=\frac{1}{3}+\frac{1}{(n-1)(n+1)}-\frac{1}{1\cdot 3}$$
$$=\frac{1}{(n-1)(n+1)}$$

ゆえに $a_n=n$

この式は $n=1$ のときも成り立つ.

答 $a_n=n$, $(n=1, 2, 3, \cdots)$

$\times$ $\quad\quad\quad\quad$ $\times$

こんなやっかいな計算を限られた時間内にスラスラと済せる人は少ないだろう. 次の名案を推めたい.

解き方2—— 特殊解を応用する方法

特殊解として $a_n=An+B$ を予想すると

$$(n-1)(An+A+B)=(n+2)(An+B)$$
$$-(2n+$$

両辺の n の係数を比べて

$$B=2A+B-2, \quad -A-B=2B-1$$
$$\therefore \quad A=1, \quad B=0$$
$$a_n=n$$

これが一般解であることを数学的帰納法で示せばよい. $a_1=1$, $a_2=2$ は成り立つ. $(n\geqq 2)$ のとき成り立つとすると

$$a_{n+1}=\frac{(n+2)n-(2n+1)}{n-1}=n+1$$

となって $n+1$ のときも成り立つ.

よって $a_n=n$ は求める一般解である.

3 項間漸化式の定型

3 項間の漸化式の基本になる定型は, 係が定数で, しかも1次の同次式のもの. す わち

$$a_{n+2}=pa_{n+1}+qa_n$$
$$(p, q \text{ は定数}, \; n=1, 2, 3, \cdots)$$

である.

解き方はいろいろあるが, それらを支え いるのは特殊解である.

$\times$ $\quad\quad\quad\quad$ $\times$

①の解の1つが, もし, $a_n=x^n$, (x を解に持ったとすると

$$x^{n+2}=px^{n+1}-qx^n$$

両辺を x^n で割り, 移項すれば

$$x^2-px-q=0$$

これを解くことによって x が定まる. 2 の解を α, β とすると,

(i) $\alpha+\beta=p$, $q=-\alpha\beta$

(ii)一般解は

$\alpha\neq\beta$ のとき $a_n=A\alpha^n+B\beta^n$

$\alpha=\beta$ のとき $a_n=(An+B)\alpha^n$

ただし A, B は定数で, その値は初 値 a_1, a_2 によって定まる.

これらの知識を用いることによって, 漸 式①は見事に解決される.

③を①の**固有方程式**といい, その解 α,

を**固有値**という．固有の代りに特性を用いることもある．

×　　　×

(i)の応用による解き方

③を①に代入すると

$$a_{n+2} = (\alpha+\beta)a_{n+1} - \alpha\beta a_n \qquad ④$$

これを次の形に書きかえる着想が大切．

$$a_{n+2} - \alpha a_{n+1} = \beta(a_{n+1} - \alpha a_n)$$

この式は数列 $\{a_{n+1} - \alpha a_n\}$ が公比 β の等比数列であることを示すから

$$a_{n+1} - \alpha a_n = (a_2 - \alpha a_1)\beta^{n-1}$$

この式は数列 $\{a_n\}$ の2項間の漸化式であり，解き方はすでに例題2で学んだ．

×　　　×

(ii)の応用による解き方

この解き方を支えている原理は次の定理である．

> **定理 1** $f(n)$ と $g(n)$ が漸化式①を満たすならば
> $$Af(n) + B\,g(n),\quad (A,\ B\ \text{は定数})$$
> も①を満たす．

証明はいたって簡単である．

$f(n)$, $g(n)$ は①を満すから

$$f(n+2) = pf(n+1) + qf(n)$$
$$g(n+2) = p\,g(n+1) + q\,g(n)$$

第1式に A，第2式に B をかけて加えると

$$Af(n+2) + B\,g(n+2)$$
$$= p\{Af(n+1) + B\,g(n+1)$$
$$+ q\{Af(n) + B\,g(n)\}$$

この式は $Af(n) + B\,g(n)$ が①を満すことを示している．

$\alpha \neq \beta$ のとき

α^n と β^n は①を満すから定理1によって
$$A\alpha^n + B\beta^n$$
も①を満す．この式が一般解であることは，数学的帰納法で証明すればよかろう．

$\alpha = \beta$ のとき

α^n は①を満す．さらに，$n\alpha^n$ も①を満すことを示すのは易しい．①を

$$a_{n+2} = 2\alpha a_{n+1} - \alpha^2 a_n$$

と書きかえ a_n に $n\alpha^n$ を代入してみよ．

$n\alpha^n$ と α^n が①を満すならば，定理1によって

$$An\alpha^n + B\alpha^n \quad \text{すなわち}\ (An+B)\alpha^n$$

も①を満たす．一般解であることは数学的帰納法で証明すればよい．

一般論では肩がこるだろう．実例で学ぶのが易しい．

実例で解き方を学ぶ

固有値が異なる実例からはじめる．

> **例題 6** 数列 $a_1,\ a_2,\ a_3,\cdots$ が次の式を満たすとき，a_n を求めよ．
> $$a_1 = -1,\quad a_2 = 7$$
> $$a_{n+2} - 8a_{n+1} + 15a_n = 0 \qquad ①$$

解き方1——固有値を用いる方法

固有方程式 $x^2 - 8x + 15 = 0$ を解いて固有値は3と5である．①を書きかえて

$$a_{n+2} - 3a_{n+1} = 5(a_{n+1} - 3a_n)$$
$$\therefore\quad a_{n+1} - 3a_n = (a_2 - 3a_1)5^{n-1}$$
$$a_{n+1} - 3a_n = 2\cdot5^n \qquad ②$$

両辺を 5^{n+1} で割って

$$\frac{a_{n+1}}{5^{n+1}} - \frac{3}{5}\cdot\frac{a_n}{5^n} = \frac{2}{5}$$

$\dfrac{a_n}{5^n} = b_n$ とおくと

$$b_{n+1} - \frac{3}{5}b_n = \frac{2}{5} \qquad ③$$

この解き方はすでに学んだ．$b_n = b_{n+1} = x$ とおいて

$$x - \frac{3}{5}x = \frac{2}{5} \quad \therefore\quad x = 1$$
$$1 - \frac{3}{5}\cdot1 = \frac{2}{5} \qquad ④$$

③－④　$b_{n+1} - 1 = \dfrac{3}{5}(b_n - 1)$

$$\therefore\quad b_n - 1 = (b_1 - 1)\left(\frac{3}{5}\right)^{n-1}$$

$b_1 = \dfrac{a_1}{5} = -\dfrac{1}{5}$ を代入して

$$b_n-1=-2\left(\frac{3}{5}\right)^n$$

$$\therefore\quad a_n=5^n-2\cdot3^n$$

×   ×

（コメント1）

②から後の解き方としては，次の簡単な方法を選んでもよい．

固有値3と5は平等であるから，これらを入れかえた式も成り立つ．

$$a_{n+2}-5a_{n+1}=3(a_{n+1}-5a_n)$$

$$\therefore\quad a_{n+1}-5a_n=3^{n-1}(a_2-5a_1)$$

$$a_{n+1}-5a_n=4\cdot3^n \qquad\qquad ⑤$$

②と⑤を a_n について解いて

$$a_n=5^n-2\cdot3^n$$

（コメント2）

②の解き方としては，特殊解として

$$a_n=A\cdot5^n+B$$

を予想し，A，B の値を求める方法もある．

$$(A\cdot5^{n+1}+B)-3(A\cdot5^n+B)=2\cdot5^n$$

5^n についての恒等式とみて

$$5A-3A=2,\quad B-3B=0$$

$$\therefore\quad A=1,\quad B=0$$

よって $a_n=5^n$ は解の1つであるから，②に代入した式

$$5^{n+1}-3\cdot5^n=2\cdot5^n \qquad\qquad ⑥$$

が成り立つ．

②−⑥　$(a_{n+1}-5^{n+1})-3(a_n-5^n)=0$

$$\therefore\quad a_n-5^n=(a_1-5)\cdot3^{n-1}$$

$$\therefore\quad a_n=5^n-2\cdot3^n$$

×   ×

解き方2——特殊解を用いる方法

5^n と 3^n は元の漸化式の特殊解である．これらの1次結合

$$a_n=A\cdot5^n+B\cdot3^n$$

を考え，定数 A と B は，$n=1$，2のとき成り立つように定める．

$n=1$ とおいて　$5A+3B=-1$

$n=2$ とおいて　$25A+9B=7$

これらを解いて $A=1$，$B=-2$

$$\therefore\quad a_n=5^n-2\cdot3^n \qquad\qquad ⑦$$

これが一般解であることを数学的帰納法によって明かにしよう．

$n=1$，2のときは成り立つ．

$n=k$，$k+1$ のとき成り立つと仮定する

$$a_{k+2}=8a_{k+1}-15a_k$$

$$=8(5^{k+1}-2\cdot3^{k+1})-15(5^k-2\cdot3^k)$$

$$=5^{k+2}-2\cdot3^{k+1}$$

となって $n=k+2$ のときも成り立つ．

よって，⑦は求める一般解である．

×   ×

固有値が2重解の実例へ．

例題7　数列 $\{a_n\}$ が次の式を満たすとき a_n を求めよ．

$$a_1=1,\quad a_2=15$$

$$a_{n+2}-10a_{n+1}+25a_n=0 \qquad ①$$

解き方1——固有値を用いる方法

固有方程式　$x^2-10x+25=0$

固有値　　　$x=5$，（2重解）

①をかきかえる．

$$a_{n+2}-5a_{n+1}=5(a_{n+1}-5a_n)$$

$$\therefore\quad a_{n+1}-5a_n=(a_2-5a_1)5^{n-1}$$

$$a_{n+1}-5a_n=2\cdot5^n$$

両辺を 5^{n+1} で割ると

$$\frac{a_{n+1}}{5^{n+1}}-\frac{a_n}{5^n}=\frac{2}{5}$$

$$\therefore\quad \frac{a_n}{5^n}=\frac{a_1}{5}+(n-1)\cdot\frac{2}{5}$$

$$a_n=(2n-1)5^{n-1}$$

×   ×

解き方2——特殊解を用いる方法

5^n は①をみたす．$n5^n$ も①をみたすことは，代入して容易に確かめられる．そこで，2つの特殊解の1次結合

$$a_n=A\cdot n5^n+B5^n=(An+B)5^n$$

を考えて，定数 A，B の値を初期値によって求める．

$n=1$ のとき　$5(A+B)=1$

$n=2$ のとき　$25(2A+B)=15$

これらを解いて

$$A = \frac{2}{5}, \quad B = -\frac{1}{5}$$

よって

$$a_n = (2n-1)5^{n-1} \qquad ②$$

これが一般解であることは数学的帰納法によって示す.

$n=1, 2$ のときは成り立つ.

$n=k, k+1$ のとき成り立つとすると

$$a_{k+2} = 10a_{k+1} - 25a_k$$
$$= 10(2k+1)5^k - 25(2k-1)5^{k-1}$$
$$= (2k+3)k^{k+1}$$

よって $n=k+2$ のときも成り立ち, ②は求める一般解であることが明かになった.

3 項間漸化式の非定型

1次式で, しかも定数項のあるもの

$$a_{n+2} = pa_{n+1} + qa_n + r$$

を取り挙げる. p, q, r を定数とすると, 今までに学んだ解き方が生かされる.

[例題 8] 次の漸化式を解け.
$$a_1 = 7, \quad a_2 = 15$$
$$a_{n+2} = 5a_{n+1} - 6a_n + 4 \qquad ①$$

$a_n = a_{n+1} = a_{n+2} = x$ とおいて

$$x = 5x - 6x + 4, \quad x = 2$$
$$\therefore \quad 2 = 5 \cdot 2 - 6 \cdot 2 + 4 \qquad ②$$

①-②

$$a_{n+2} - 2 = 5(a_{n+1} - 2) - 6(a_n - 2)$$

$a_n - 2 = b_n$ とおくと

$$b_{n+2} = 5b_{n+1} - 6b_n$$
$$b_1 = 5, \quad b_2 = 13$$

すでに学んだ解き方により

$$b_n = 2^n + 3^n$$
$$\therefore \quad a_n = 2^n + 3^n + 2$$

[例題 9] 次の漸化式を解け.
$$a_1 = 1, \quad a_2 = 2$$
$$a_{n+2} = 3a_{n+1} - 2a_n + 5 \qquad ①$$

$a_n = a_{n+1} = a_{n+2} = x$ とおいてみると

$$x = 3x - 2x + 5$$

x は求まらない. ①を書きかえて

$$a_{n+2} - a_{n+1} = 2(a_{n+1} - a_n) + 5$$

$a_{n+1} - a_n = b_n$ とおけば

$$b_{n+1} = 2b_n + 5, \quad b_1 = 1$$

すでに学んだ解き方により

$$b_n = 3 \cdot 2^n - 5$$
$$\therefore \quad a_{n+1} - a_n = 3 \cdot 2^n - 5$$
$$a_n = a_1 + (a_2 - a_1) + \cdots + (a_n - a_{n-1})$$
$$= 1 + \sum_{k=1}^{n-1}(3 \cdot 2^k - 5)$$
$$= 1 + 6 \cdot \frac{2^{n-1} - 1}{2 - 1} - 5(n-1)$$

これを簡単にして

$$a_n = 3 \cdot 2^n - 5n$$

[例題 10] 次の漸化式を解け.
$$a_1 = 1, \quad a_2 = 2$$
$$a_{n+2} = 2a_{n+1} - a_n + 5$$

定数の解を持たないので定数項5の消去はできない.

与えられた式を書きかえて

$$(a_{n+2} - a_{n+1}) = (a_{n+1} - a_n) + 5$$

数列 $\{a_{n+1} - a_n\}$ は公差5の等差数列をなすから

$$a_{n+1} - a_n = (a_2 - a_1) + 5(n-1)$$
$$= 5n - 4$$

これを反復して用いる.

$$a_n = a_1 + (a_2 - a_1) + \cdots + (a_n - a_{n-1})$$
$$= 1 + \sum_{k=1}^{n-1}(5k - 4)$$
$$= 1 + 5 \cdot \frac{n(n-1)}{2} - 4(n-1)$$

簡単にして

$$a_n = \frac{5n^2 - 13n + 10}{2}$$

著者紹介：

石谷 茂 （いしたに・しげる）

大阪大学理学部数学科卒

主　書　初めて学ぶトポロジー
大学入試　新作数学問題 100 選
∀と∃に泣く
$\varepsilon - \delta$ に泣く
Max と Min に泣く
Dim と Rank に泣く
2 次行列のすべて
入門入門群論
エレガントな入試問題解法集　上・下
数学の本質をさぐる 1　集合・関係・写像・代数系演算・位相・測度
数学の本質をさぐる 2　新しい解析幾何・複素数とガウス平面
数学の本質をさぐる 3　関数の代数的処理・古典整数論
初学者へのひらめき実例数学

（以上 現代数学社）

大学数学への架け橋　教科書に載らない王道数学

2022 年 7 月 21 日　初版第 1 刷発行

著　者　　石谷　茂

発行者　　富田　淳

発行所　　株式会社　現代数学社
〒 606-8425 京都市左京区鹿ヶ谷西寺ノ前町 1
TEL 075 (751) 0727　FAX 075 (744) 0906
https://www.gensu.co.jp/

装　幀　　中西真一（株式会社 CANVAS）

印刷・製本　　亜細亜印刷株式会社

ISBN 978-4-7687-0587-2　　　　　　　　　　2022 Printed in Japan